宗白华美学现代性问题研究

王冰冰 ○ 著

中国出版集团 东方出版中心

图书在版编目（CIP）数据

宗白华美学现代性问题研究 / 王冰冰著. －上海：
东方出版中心, 2023.8
　ISBN 978-7-5473-2237-6

　Ⅰ. ①宗… Ⅱ. ①王… Ⅲ. ①宗白华（1897-1986）
－美学思想－研究 Ⅳ. ①B83-092

　中国国家版本馆CIP数据核字（2023）第134820号

宗白华美学现代性问题研究

著　　者　王冰冰
责任编辑　黄　驰　刘　叶
装帧设计　钟　颖

出 版 人　陈义望
出版发行　东方出版中心
地　　址　上海市仙霞路345号
邮政编码　200336
电　　话　021-62417400
印 刷 者　山东韵杰文化科技有限公司

开　　本　710mm×1000mm　1/16
印　　张　15.75
字　　数　239千字
版　　次　2023年8月第1版
印　　次　2023年8月第1次印刷
定　　价　89.00元

本书为江苏省"双创博士"资助项目"宗白华与康德哲学研究"的研究成果（编号：JSSCBS20210833）

目　录

绪　论

毋庸置疑,资本主义社会化大生产早已将世界联系成一个整体,中国的现代化进程自起步阶段,便既要与世界资本主义博弈,又要融入世界经济政治结构之中。因此在处理与外部环境的关系时,中国既重视求同存异,互利共赢,又始终将"继承性""民族性"与"现代化"作为一组搭档紧密联系在一起,以凸显中国特色社会主义现代化道路的本质。经历几代人的历史接力,而今,久经风霜的中国也终于迎来了现代化建设的崭新局面,随着经济现代化进程的大幅前进,作为个体的人,在社会中的现代属性也在不断发展,这预示着我们国家不仅在经济层面,也亟须在制度层面与精神层面完成现代化的根本转变,从而实现人的现代化与社会的现代化的统一、中国性与现代性的统一,在精神文化领域获得与之相应的大国地位。

对于哲学社会科学来说,文化问题并不陌生。尤其自 20 世纪 70 年代以来,继"语言学"转向之后,国际学界普遍转向文化研究,使得文化批评日益成为一种支配社会学、历史学及文学研究的新思潮。发展至今天,似乎无论哪一个学科都可以划入到文化批评的范畴之内。而放眼世界,当下我们显然处于一种文化多元主义声音迸发的时代,如果要寻找一个超越的领域进行沟通和对话,那么非文化莫属。文化作为一种与信仰、价值相关的意义系统和象征系统,它的独立性和自主性力量备受重视。对于中国来说,尽管有着绵延数千年的浓厚的文化底蕴,但自 19 世纪末开始,似乎对自身文化一直都未能显示出足够的自信,尤其自"五四"以来的百余年间,"中国知识分子一方面自动撤退到中国文化的边缘,另一方面又始终徘徊在西方文化的边缘,好像大海上迷失了的一叶孤舟,两边都靠不上岸"〔1〕,而且逐渐形成了一个颠扑不破的观念,"以为中国文化传统是现代化的主要障碍;现代化即是西化,必须以彻底摧毁中国文化传统为前提"〔2〕。因此,以振兴昔日的伟大民族为己任,复兴中华文化、实现中华文化的现代转型与重建成为一代又一代知识分子的梦想与目标。

正如提到"西方美学在中国"、必然与朱光潜联系起来一样,而研究"中国文化"与"中华美学精神",也必然要回到宗白华。宗白华终其一生都在践行对"中国文化美丽精神"的阐释与守护,其伟大之处在于对中国传统文化的自信与发掘,在于始终如一的对改造世界的渴望与实践。在复兴民族文化理想的背景下,从立志建设"少年中国"的文化批评时期,到探索新诗创作的青年哲学诗人,再到留欧后学贯中西的中年艺术哲学时期,宗白华最终成为深得中国古典文化精髓的现代美学家,完成了对中国传统美学理论话语的现代诠释与建构。学界对宗白华的关注与整个学术研究的潮流紧密相关。自20世纪80年代以来,围绕宗白华美学的性质问题,一直存在着"古典性"与"现代性"之争。发展至20世纪90年代,学界开始以"中华性"来概括宗白华美学的性质。无论是20世纪80年代从马克思主义哲学角度,还是20世纪90年代从现代分析哲学角度来研究宗白华美学,前辈学人似乎一直都在为将其纳入主流话语之中而努力,但始终存在着隔阂。显然,宗白华美学既不符合20世纪西方主流美学所具有的经验的、实证的、分析的现代思维模式,也不符合西方现代美学对艺术自律性的强调。进入21世纪的第一个十年,一些青年学者开始从不同维度,如精神人格、新诗理论、艺术学理论、文艺批评、文化研究等对宗白华美学内容进行细化研究。总体来说,与学界对朱光潜的研究兴趣相比较,宗白华似乎一直处于暗影之中。但正如柏拉图与亚里士多德在西方学术史上的关系那样,研究柏拉图必然要提及亚里士多德,反之亦然。作为中国现代美学的两位奠基人朱光潜和宗白华,也是彼此互为存在,即使研究朱光潜仍不免要以宗白华为比照。尤其在最近的几年,振兴中国文化精神的呼声,从未像今天这样如此高涨。具有鲜明中国特色的宗白华美学,自然被越来越多的学者所重视并要求对其美学价值进行重新评定。

本书正是在前人研究成果的基础上,自觉接力,围绕宗白华美学的"古典

---

〔1〕 余英时. 中国文化的重建[M]. 北京:中信出版社,2011:44.
〔2〕 余英时. 中国文化的重建[M]. 北京:中信出版社,2011:13.

性"与"现代性"争论问题,继续探索,重新反思宗白华美学的现代性问题。宗白华以审美方式回应了人的存在意义与现代性危机,最终将人的现代性问题与学术话语的中华性问题联系在了一起,既突破了西方近代美学中的二元对立思维模式,又实现了中国美学话语的现代更新。今天,似乎成了重新发现宗白华美学的时代,也似乎成了重新发现什么是真正的中国美学的时代。在宗白华这里,他为我们论证了"现代性"与"中华性"的同一性,并指出中国美学的现代性路径并不在于单纯的维护传统或是紧跟西方,而应是在中西美学的并置中,平等对待中国文化与艺术的"基础和实在",建构具有中国自身特色的中国现代美学体系。

一、宗白华美学性质问题的提出及研究路径

运用中国知网(CNKI),将美学与现代性作为关键词进行检索并统计,我们可以发现,起始于20世纪80年代的宗白华美学与朱光潜美学性质的比较研究,伴随整个学术潮流,贯穿至今。在20世纪末分别形成了以80年代的"现代化研究"与90年代的"现代性反思"为代表的两个学术热点问题。改革开放后的新中国在探索现代化的道路上,开始大量引进各种西方批评思潮,及至20世纪90年代,由于世界格局发生根本性的变化,从二元对立转向多元共生,以及全球化声音的出现,学术话语也从传统的东方与西方、传统与现代、政治与经济等二元对立模式走向对话与交流。一方面,由于西方社会现代性产生了诸多负面问题,一些学者们开始反思现代性自身的合法性;另一方面他们又开始探寻本民族的文化特性,也即在追求现代化的进程中,逐渐将目光转回对中国本土学术话语的反思与知识体系的建构。张法、张颐武、王一川在《从"现代性"到"中华性"——新知识型的探寻》(1994)一文中,首次明确提出"中华性"这一概念,他们认为,由于中国的现代化显示为一种"他者化"的过程,现在应当力图跨出"他者化"语境,转向对自身民族文化特性的关注和转化,这种趋势被概括为从"现代性"向"中华性"的转变。他们进一步对"中华性"的具体所指作出解释,指出中华性并不主张放弃和否定现代性中有价值的目标和追求,而是说中华性既是对古典性和现代性的双重继承,同时也是对古典性和现

代性的双重超越。[1] 也就是鲁迅在《文化偏至论》中所说的"外之既不后世于世界之思潮,内之仍弗失固有之血脉,取今复古,别立新宗"[2]。简言之,20 世纪 90 年代中后期的学术话语已经有意识地提出要"去西方化"和建构具有自身本土特性的中华民族的现代性问题。因此,宗白华美学在该时期也同时受到学者们的青睐,在探索具有本民族特色的美学理论话语体系建构中,他们将橄榄枝伸向了宗白华。以 1994 年《宗白华全集》的出版为标志,尤其是在 1996 年,由北京大学哲学系和德国波恩大学汉学系在安徽黄山联合召开的纪念朱光潜、宗白华诞辰一百周年国际研讨会,直接推动了宗白华美学研究的第一个高峰,主要研究成果也都汇集在由叶朗根据此次会议选编的《美学的双峰——朱光潜、宗白华与中国现代美学》论文集中。也正是在这次会议上,宗白华被给予了极高的评价,与朱光潜并称为"美学的双峰"。进入 21 世纪后,"现代性"更是以一种总结性的、包容性的话语模式成为中国学术研究的关键词,并且学者们达成共识,即"现代性"一词用来概括 20 世纪中国思想界的特点再合适不过了。在头一个十年,出现了一批青年学者,他们开始从基础性工作做起,在前辈学人对宗白华美学性质界定的基础上,展开对宗白华美学内容的细化研究,注重宗白华美学与中国文化的内在关联。在某种程度上,一般来说,人们关注的仍是宗白华美学思想中的古典性。在最近的十年,随着社会现代化进程的快速发展,以及整个学术话语体系的成熟化,宗白华美学思想的现代性也在不断发掘中。

(一)研究现状及研究阶段的划分

尽管在 20 世纪 30 年代和 40 年代,已经有学人对宗白华作出过评价,但由于时代原因,直到 20 世纪 80 年代,宗白华的著作才受到人们的关注。所以,从中国大陆和中国台湾学者的研究情况来看,真正称得上学理性的、系统性的宗白华研究要从 80 年代开始。[3] 以 1980 年至 2019 年为起讫,可以将其划分为三个主要时期:

---

[1] 张法,张颐武,王一川. 从"现代性"到"中华性"——新知识的探寻[J]. 文艺争鸣,1994(2):10—20.

[2] 鲁迅. 鲁迅小说杂文散文全集(上)[M]. 南宁:广西民族出版社,1995:9.

[3] 台湾学者龚鹏程认为,"(大陆)要到八十年代中期,美学热兴起后,早期朱光潜宗白华的贡献才重新得到重视。宗白华著作之重见天日,时期甚至还要晚于台湾对宗白华的继承。"这表明,中国台湾地区重视宗白华美学的学习与研究在起步上并不晚于大陆。(见龚鹏程. 美学在台湾的发展[M]. 嘉义县大林镇:南华管理学院,1998:20.)

第一个时期是 1980—1990 年。评述性的文章，以 1981 年李泽厚与杨牧两人分别为大陆、台湾版的《美学散步》所作的"序"，以及 1987 年刘小枫在宗白华逝世一周年后发表的一篇随笔性评论文章《湖畔漫步的美学老人：忆念宗白华师》为代表。专门的学术性论文则是发表在 1984 年《文艺研究》第 4 期的《宗白华美学思想初探》一文，这篇文章由宗白华的学生邹士方与当时刚从北京大学毕业的王德胜合作撰写。两年后，也即 1986 年，两人再次合作撰写了《宗白华美学思想再探》，并于 1987 年由香港新闻出版社出版了《朱光潜宗白华论》。同年，林同华所著的《宗白华美学思想研究》出版，并作为"当代中国美学思想"系列丛书中的一部，宗白华也首次与其他美学家朱光潜、王朝闻、蔡仪、李泽厚、蒋孔阳、高尔泰等人共同成为中国当代美学大家中的一员。由此，宗白华美学也逐渐成为中国现代美学研究中的一个稳定课题。随即，在中西比较、宗白华美学风格、对林同华所著《宗白华美学思想研究》进行再研究等方面，均有一两篇文章出现，如杨帆《宗白华美学思想论》(1987)、王德胜《宗白华中西比较美学思想简论》(1988)、李杰《宗白华美学思想研究》(1988)、喜勇《诗化的美学和美学的诗化——读林同华〈宗白华美学思想研究〉》(1988)、叶秀山《守护着那诗的意境——读宗白华〈美学与意境〉》(1988)。其中值得注意的是，在这一时期出现了多篇关于宗白华与田汉、郭沫若交往的考证性文章，如陈明远《宗白华谈田汉》(1983)、龚继民与方仁念《郭沫若事迹考》(1983)、邹士方《对〈宗白华谈田汉〉的订正》(1984)、陈明远《田汉和少年中国学会》(1985)、冯宪光《论郭沫若对宗白华美学思想的影响——再读〈三叶集〉札记》(1987)。

第二个时期是 1990—2000 年。相比较 20 世纪 80 年代的稀疏性研究，该阶段研究宗白华美学的学人明显增加，既有总体性的评价研究，又有关于其美学思想的具体方面的研究，仅从单篇论文的内容来看，研究关键词广涉生命美学、散步美学、体验美学、比较美学、艺术学、意境、诗论、书论、画论等，如佟旭《宗白华关于中西艺术的空间意识的比较》(1992)、邹华《古代意境论的现代诠释》(1994)、王岳川《宗白华：中国式的体验美学》(1995)、穆纪光《宗白华与敦煌艺术研究——兼议敦煌艺术研究的哲学方法》(1996)等等。这主要得益于 1994 年《宗白华全集》的出版，为学界研究宗白华提供了很好的原始资料准备工作。全集共分为四卷，大约两百余万字，尤其是大量未刊的笔记、讲义、手稿、诗作、译作等公布于世，使得学界出现了要求重新评定宗白华美学价值的声音。

在 1996 年召开的纪念朱光潜、宗白华诞辰一百周年国际学术研讨会之后,形成了宗白华研究的一个热潮。此次会议的部分论文由叶朗选编、以论文集的形式出版。另外其他单篇论文研究也迅速增多,如张晓刚《艺术空间的凝望》(1997)、肖鹰《宗白华的美学精神》(1997)、李衍柱《生命艺术化、艺术生命化——宗白华的生命美学新体系》(1997)、王明居《宗白华先生的周易美学研究》(1997)、彭锋《从〈流云〉看"艺境"》(1997)、毛宣国《宗白华的意境理论及启示》(1998)、邓家林《生命之舞——宗白华先生论中国艺术的审美灵境》(1998)等等。也正是在这次会议上,宗白华的学术史地位被明确,他开始与朱光潜并称为中国现代美学史上的"双峰"。因而,对宗白华美学思想的研究,也由单一的个体性研究转向多维度的比较性研究,这主要是指与朱光潜的比较研究,如叶朗《从朱光潜"接着讲"》(1997)、章启群《"现代的"与"古典的"之我见》(1997)、邹华《突围的合力——朱光潜、宗白华美学的互补》(1997)等,由于对"现代性"内涵的界定不同,便产生了关于宗白华美学性质相异的观点。前辈学人们普遍认为朱光潜美学更具现代性,他们以为朱光潜的思想更符合 20 世纪西方现代美学的思维特征,即经验的、实证的、分析的,宗白华美学风格显然与这一特征不符。由此,也引发了宗白华研究的两种不同学术理路,一方面是关于宗白华与中国美学关系的研究,开始有学者以宗白华为例,研究中国美学的现代转换问题,以及宗白华对 20 世纪中国美学的贡献问题,如汪裕雄《中国传统美学的现代转换——宗白华美学思想评议之二》(1999)、刘成纪《向美还归:散步美学对 20 世纪中国美学的贡献》(1999)、葛泳波《气化宇宙与音乐之境——宗白华论中国艺术创造的文化哲学基础》(1999);另一方面也有些学者已经注意到宗白华思想的西学渊源,如彭锋《宗白华美学与生命哲学》(2000)、桑农《宗白华美学与玛克斯·德索之关系》,希望以此探测到宗白华的文化美学思想,如蔺熙民《生命节奏——宗白华美学的形上感型》(2000)、夏艳《从宗白华虚实观管窥其艺术文化理想》(2000)。总体来说,虽然这一时期并未出现专门性的宗白华研究论著,但在某种程度上,我们甚至可以说,这些前辈学人们的文章在内容上为后来的青年学者们继续开展深入而具体的宗白华研究奠定了前导性的基础。

第三个时期是 2001—2019 年。由于西方各种美学思潮的引进,特别是发生在国际学界的文化转向,以及 21 世纪自由、开放的学术环境,使宗白华研究也热闹起来。除了接续 20 世纪 90 年代的研究论题,如意境、空间、虚实等问题之外,研究领域也更加广泛。在头一个十年,专门性的研究论著出版达 11 部之多,评传 1 部,单篇论文数量从原来每年的几篇增加到每年 40 篇左右;最近的 10 年,则有 6 部研究性著作、2 部评传出版,其中大多为一些青年学者的博士论文。与 20 世纪八九十年代的研究相比,这一时期的宗白华研究建立在对前人观点达成普遍共识基础上。根据出版专著的研究方向,我们可以将其细分为六类:

一是从生命哲学角度展开的宗白华美学研究。专著方面,如 2006 年上海三联书店出版的萧湛的《生命·心灵·艺境:论宗白华生命美学之体系》,2013 年辽宁人民出版社出版的刘萱的《自由生命的创化——宗白华美学思想研究》;论文方面,明确以生命美学命名的硕士论文有六篇,如张爱武的《宗白华生命美学研究》(2002)、向丹《审美化的生存理想——论宗白华的审美人生美学》(2005)、张慧《宗白华生命美学思想研究》(2007)、智小平《宗白华美学思想的生命观》(2010)、王兴《宗白华生命诗学研究》(2012)、果海富《宗白华生命美学研究》(2016),单篇论文则更多了,如蔺熙民《生命节奏:宗白华美学问题与范畴的关节点》(2001)、陈望衡《宗白华的生命美学观》(2001)、云慧霞《宗白华美学与德国生命哲学》(2003)、汤拥华《方东美与宗白华生命美学的“转向”》(2007)、伯同壮《生命之“动”——宗白华与庄子美学的现代进程》(2010)、时宏宇《道、气、象、和的生命流动——宗白华生命哲学的构建》(2012)、曾繁仁《“气本论生态——生命美学”的发现及其重要意义——宗白华美学思想试释》(2014)、王德胜《阐扬生命运动表现的理论——宗白华艺术审美理论中的“动”》(2017)等等。

二是表现为继续反思宗白华美学与中国美学之间的关系研究。专著方面,以 2010 年北京大学出版社出版的汤拥华《宗白华与“中国美学”的困境:一个反思性的考察》为代表,作者以一些困扰当代中国美学的难题为指引,揭示宗白华学说自身的内在矛盾,从而深层次地思考“中国美学”的困境,认为“中国美学”之所以成为可能,不在于其宣扬了中国文化的审美精神和中国古典美学资源的现代价值,而在于以一种中国主体意识深刻地介入了中西文化的碰撞与交流中。单篇论文有徐迎新《差异性体验与审美中国范型——宗白华美学的现代性路径》(2014)、李建盛《中国传统与现代性张力中的宗白华美学》(2014)、汤拥华《宗白华与“中国形上学”的难题》(2017)、叶朗《照亮美的光来自心灵——宗白华对中国美学和中国艺术的阐释》(2018)、王德胜与王倩《文化张力与现代中国美学理论建构的路径选择——宗白华美学的一种启示》(2018)等等。

三是对宗白华诗学的研究。专著方面,以2014年电子科技大学出版社出版的欧阳文风《现代性视野下的宗白华诗学研究》为代表,他以"生命"为宗白华诗学的关键词,从新诗理论、意境理论、比较诗学、生命诗学四个层面分析了宗白华的生命诗学思想,指出宗白华以"生命"为契合点,接通了现代诗学与传统诗学一度中断的血脉。在论文方面,有王兴《宗白华生命诗学研究》(2012)、《宗白华生命诗学的象征说》(2013),及欧阳文风《宗白华与中国现代诗学》(2003)《诗学家宗白华——宗白华与中国现代诗学引论》(2004)。

四是从文化角度对宗白华所作的研究。专著方面,以胡继华的两部著作为代表,即2005年文津出版社出版的《宗白华:文化幽怀与审美象征》与2009年北京大学出版社出版的《中国文化精神的审美维度:宗白华美学思想简论》。胡继华认为,宗白华在面对现代中国的历史变革和民族生存危机这一文化困境中,所遭遇的现代问题,既是个体心灵的问题,同时又是中国整个文化精神的现代命运问题。在论文方面,以金浪《以"艺术"重构"中国"——重审宗白华抗战时期美学论述的文化之维》(2018)、李勇《从"中西对照"到"化异归同"——宗白华形上学美学的跨文化阐释》(2019)为代表,前者以抗战时期宗白华美学的文化之维为对象,重点辨析技术与艺术在"中国美学"建构中发挥的作用,后者从跨文化视野,以宗白华美学总体为对象,指出宗白华在融汇中西形上学美学基础上,给跨文化研究带来的启示是应以文化融合为跨文化研究的目标,走上化异归同的文化交融之路,推动不同文化在镜像互照的过程中更多地看到对方的优点,从而为不同文化中的当代人建立起安身立命的共同文化依据。还有一篇硕士学位论文,即王瑞《论宗白华对中国文化精神的美学探索》(2008)。

五是关于宗白华艺术学思想的研究。专著有2008年文化艺术出版社出版的王云亮的《话语的转型——以宗白华的中国画理论为解析案例》,2014年山东人民出版社出版的时宏宇的《宗白华与中国当代艺术学的建设》,以及2015年文化艺术出版社出版的张泽鸿的《宗白华现代艺术学思想研究》,在这里宗白华的艺术学贡献被凸显出来,显示了他们试图从不同研究方向对宗白华美学进行阐释的努力。在论文方面,成果也颇丰,如张国芳《论宗白华艺术本质观》(2013)、张泽鸿《现代语境下艺术学与美学"分合之争"的反思——以宗白华为例》(2014)、王一川《德国"文化心灵"论在中国——以宗白华"中国艺术精神"论为个案》(2016)、张都爱《论宗白华的"中国艺术哲学"体系之构成》(2017)、蔡洞峰《中国艺术的生命精神——宗白华对中国美学与艺术的新阐释》(2019)等等。研究内容可以说几乎涵盖了宗白华艺术学思想的各个方面,既有对宗白华自身艺术理论批评话语的研究,又有关于艺术精神与中国文化关系的研究,可以说在艺术学研究方向呈现出繁荣之势。

六是以王德胜和汪裕雄为代表的学者在 21 世纪对宗白华所作的"见微知著"式研究。以汪裕雄的《艺境无涯》为代表,充分显现了前辈学者扎实的古典学术功力与严谨的治学态度,该著作通过对"艺境"这一核心概念的全面解析,为我们勾勒出了宗白华美学是如何实现古典性与现代性的完美融合的。汪裕雄指出,宗白华通过对中国艺境的文化哲学基础的探寻,揭示了传统哲学的生命哲学品格;通过对未来文化的展望,高扬了"文化与自然调和"的理想;通过对"中西古今"关系的辩证思考,提供了跨文化研究和对古人作"同情的了解"这一富于启示意义的文化批评方法。总之,汪裕雄以自身的批评实践切实地为我们展示了如何实现对古典学术话语的现代性阐释与转换。

(二)问题的提出及研究路径分析

宗白华美学的定位已然成为一个重要的学术问题。早在 20 世纪 30 年代,便有学人对宗白华不吝赞美之辞,将其与邓以蛰加以比较,称为"南宗北邓"[1]。20 世纪 40 年代,冯友兰更是赞叹,"在中国真正构成美学体系的,当属宗白华"[2]。1981 年李泽厚在大陆版《美学散步》序言中对宗白华美学思想所作的定论几乎成为以后学界的评判标准与反思依据,他认为宗白华深得中国美学的精义与神髓,以感性的体悟方式"相当准确地直观把握住了那属于艺术本质的东西,特别是有关中国艺术的特征"[3]。若仅仅从已经出版的宗白华美学著作来看,宗给人的印象确实如此。随着 1994 年四卷本《宗白华全集》的出版,大量未刊的手稿、笔记、讲义、译作、编辑后语等得以公布于世,关于宗白华美学特征的讨论旋即成为学界关注的一个热点问题。如林同华、叶朗、王锦民、章启群等一批研究宗白华美学思想的专家学者们都一致认为,这些新出

---

[1]　"南宗北邓"这一提法最初出自何人何处,当代美学界也未曾作出考察,但自然而然地把它当成一种共识,这在讲究引经据典、溯本追源的中国学界是不多见的。
[2]　林同华.宗白华美学思想研究[M].沈阳:辽宁人民出版社,1987:14.
[3]　李泽厚.美学散步·序[J].读书,1981(2):89—92.

版的手稿笔记显示了学界以往所认为的宗白华美学属于"自下而上的美学"这一观点有待商榷。季羡林读完全集后指出,"宗先生的美学思想应当重新研究,宗先生在中国美学史上的地位要重新评定"〔1〕。进入 21 世纪后,叶朗在2002 年召开的"美学与文化·东方与西方"学术研讨会上发表的《中国传统美学的大发展》一文中再次重申了宗白华的重要地位,指出"王国维之后,研究中国美学的人很少,没有系统性的著作,只有一些论文。最有成就的是宗白华。他对中国传统美学的理解精深微妙,至今无人能够超过"〔2〕。可见,根据前辈学人的论述,在某种程度上,"宗白华"的名字实际上就是代表了中国美学。不过,依他们来看,宗白华的学术价值与学术贡献远未得到客观的评定。正如在西方,研究柏拉图必然要提及亚里士多德,在中国研究儒家哲学必然要与道家哲学进行比较,同样研究中国现代美学,作为双峰代表人物的朱光潜与宗白华也必然经常被比较。

    首先是以李泽厚、刘小枫为代表的两位中国大陆学者率先对宗白华美学进行的学术定位,通过与朱光潜比较,两人都肯定宗白华美学的"中国式"特点。不过,前者偏于强调宗白华的"古典性",后者注重宗白华美学思想中的"现代性"特征。李泽厚指出,"朱先生的文章和思维方式是推理的,宗先生却是抒情的;朱先生偏于文学,宗先生偏于艺术;朱先生更是近代的,西方的,科学的;宗先生更是古典的,中国的,艺术的;朱先生更是学者,宗先生更是诗人……"〔3〕在李泽厚看来,宗白华的这种"古典性"主要源于先生以诗人的敏锐与近代人的感受,牢牢把握住了那中国美学的灵魂,这表现为集积极进取的中国儒家哲学精神、艺术化人生观的庄子哲学、肯定生命的中国禅宗哲学,以及富有中国古典美学精神的屈骚传统于一体。李泽厚的评论是感悟式的,他认为对于现代愈加快速的机器节奏与异化生活来说,宗白华美学愈发能够体现出其效用与价值。而几乎同时,在中国台湾,最早对宗白华美学思想进行学术定位的杨牧在为台湾版《美学散步》所作的序言中也肯定了宗白华对中国现代美学的贡献,认为他从本质上继承了中国古典美学的精髓,并在中西美学互通互释上具有开拓之功,称赞宗白华"是五十年来我们最值得敬佩的比较文学

〔1〕 贺岚编.宗白华著译精品选[M].合肥:安徽教育出版社,2000:243.
〔2〕 高建平,王柯平编.美学与文化·东方与西方[M].合肥:安徽教育出版社,2006:13.
〔3〕 李泽厚.美学散步·序[J].读书,1981(2):89—92.

者之一,更是传承介绍美学理论和实践的睿智,殆无可疑"〔1〕。他认为,"宗白华以丰富的中国古典学业为基础,深入探索欧洲文学的神髓,继而反射追寻中国文化的精华,确能在清澄通明的思维中,毫无保留地为传统文学点出诠释欣赏的爝火"〔2〕。据林同华所说,宗先生后来读到此文,"很是称赞这篇文章"〔3〕,林同华也认为这篇论文"颇得宗先生的美学神髓"〔4〕。

在宗白华逝世一周年后,刘小枫撰写的《湖畔漫步的美学老人:忆念宗白华师》,虽名为随笔,却是一篇富有开创性的并具有内在逻辑性的评论文章。刘小枫首次以"现代性"与"审美主义"这一理论批评术语来评介宗白华的美学思想,他认为,少年时代的宗白华是以一种现代性的哲学立场来对待时代混乱、人心离散、民族精神流弊等问题的,正如德国生命哲学家对现代性精神危机做出的反应一样,但宗白华的解决方案表现为转向对中国审美主义的研究。与朱光潜将艺术仅作为艺术问题来探究不同,宗白华美学研究的基础在于他要探寻使人的生活成为艺术品似的创造的方法,也即在宗白华这里,艺术化的人生才是有价值的。因此,刘小枫强调,"宗白华首先是一位生命哲学家,而且,毫无疑问,是中国式的"〔5〕。无疑,李泽厚与刘小枫都注意到了宗白华对中国美感问题的关注,但后者对此作出了进一步阐述。刘小枫指出,一方面,这是"五四"一代学者的共性,对西洋的了解还很不透彻,因此最终还是要回到儒释道;另一方面则是由于,在西方三种轴心文化精神,即古希腊形而上学、古典哲学启蒙思想、现代主义同时涌入时,20世纪无所适从的中国学界并未做好准备。然而,在1998年出版的《现代性社会理论绪论》中,通过系统地考察了中国诸位美学家王国维、蔡元培、梁漱溟、宗白华、李泽厚的美学特征后,刘小枫指出,无论是在深度还是在幅度上,就宗白华而言,他的论述都拓宽了汉语审美主义的内涵:通过将以个体自由为关键的西欧审美主义与以艺术化人生为内核的中国思想中的审美主义融贯起来,从而提供了一种审美化个体自由人生的范本。〔6〕但在刘小枫看来,包括宗白华在内的一代中国知识分子在融

〔1〕　秦贤次编.美学散步[M].台北:洪范书店,1981:8.
〔2〕　林同华.宗白华美学思想研究[M].沈阳:辽宁人民出版社,1987:230.
〔3〕　林同华.宗白华美学思想研究[M].沈阳:辽宁人民出版社,1987:231.
〔4〕　林同华.宗白华美学思想研究[M].沈阳:辽宁人民出版社,1987:224.
〔5〕　刘小枫.湖畔漫步的美学老人:忆念宗白华师[J].读书,1988(1):113—120.
〔6〕　刘小枫.现代社会理论绪论[M].上海:上海三联书店,1998:314.

合中西理论,重塑中国美学精神的时候,由于过多地借鉴了西方美学资源,从而使得中国的审美主义失去了自己的独特性。虽然刘小枫的文章也存在着重欧现象,但他与李泽厚两人的观点都为后人研究宗白华提供了启示作用。

接着是延续这种学术传统对宗白华美学所具的"现代性"内容展开的讨论。以1996年召开的朱光潜、宗白华诞辰一百周年会议为背景,由于不同学者对"现代性"内容的界定不同,因而在对宗白华美学特征的评述方面也观点各异。叶朗在会上所作的《从朱光潜"接着讲"》一文中,从西方现代美学的思维方式出发,认为朱光潜美学反映了现代美学的典型特征,即从古典的"主客二分"思维方法向现代"天人合一"式的体验美学演变。但在叶朗看来,朱光潜最终并没有实现从古典向现代的转折,这可以从朱光潜后期对"美"所下的定义中看出,在他那里,"主客二分"仍是作为人和世界的本原关系而存在于其美学思想中。用叶朗的话来说,就是"他没有从古典哲学的视野彻底转移到以人生存于世界之中并与世界相融合这样一种现代哲学的'天人合一'的视野"[1]。而宗白华美学就立足于这种"天人合一"的思维模式基础之上,认为审美活动是"人类最深心灵与他的环境世界接触相感时的波动"[2]。由此可见,在叶朗看来,宗白华的美学形态虽然是传统式的,但他的思维模式实际上暗含了西方现代美学的发展趋势。所以,中国美学必须接着朱光潜讲下去,突破朱光潜美学的局限,综合东西方美学的积极成果,才能实现中国古典文化与现代文化之间的沟通与融合,从而把中国美学学科建设推向前进,这也正是我们在朱光潜的成就之上所要做的工作。

对此,章启群指出,从现代美学注重经验的、实证的、分析的思维模式来看,朱光潜显然更符合20世纪西方现代学术思潮的特征,它显示了对古典治学思维的超越。不过,章启群也并未否定宗白华美学的现代性,在《"现代的"与"古典的"之我见》一文中,他认为宗白华实际上从另一条道路实践了美学的现代性,这就是通过西方古典哲学与美学的启迪,来反观中国的艺术精神,从而将中西艺术的差别上升到哲学论的高度,进而达到了20世纪中国美学研究的高峰。也就是说,不同于朱光潜外在思维模式的现代性特征,宗白华在内在精神上实践了现代性内涵。对于这一点,章启群并未展开,另一位学者邹华则

〔1〕 叶朗.从朱光潜"接着讲"——纪念朱光潜、宗白华诞辰一百周年[J].北京大学学报,1997(5):69—78,158.

〔2〕 宗白华.宗白华全集(第2卷)[M].合肥:安徽教育出版社,2008:43.

进一步明确指出,宗白华虽然以古代艺术为中心,但他所建立的美学体系却不是古代美学的简单延伸,因为宗白华所感应的是现代审美意识的情感骚动和现代人的浪漫精神问题。因此,从这一情感维度来看,宗白华美学实际上是一种强调主体性的现代美学形态,而与之相反,受到儒家思想影响,认为美是一种价值的朱光潜美学,显然以"古典性"见长。可见,邹华主要是从现代情感的角度来对宗白华与朱光潜美学的现代性特征进行区分。随之,这一关于"现代性"特质的争论也进入了21世纪的宗白华美学研究之中,如独具特色的中国境界论美学代表人物——汪裕雄也曾明确指出宗白华美学实际上具有现代性内涵。对此,汤拥华教授指出,关键的一点是汪裕雄觉察到了宗白华美学思想的超前性,认为他"上承19—20世纪的德国古典主义哲学,下接21世纪追求人与自然和谐共处的文化精神"[1],因而宗白华的美学自然是属于现代的。在当下,或许我们站在一个后现代的角度,才能更好地理解宗白华。

　　自20世纪90年代中后期"后"学的出现,学界开始反思自身民族话语的知识范型问题,并提出一种新的知识型——"中华性",试图建构中国美学自身的理论话语体系,于是在美学领域出现了"重估宗白华"的声音。"中华性"这一新的知识话语范型最早由张法、张颐武、王一川提出,他们以1840年为界,将自古以来的关于中国文化的言说话语类型划分为两大知识型:古典性和现代性。所谓古典性是指,在1840年之前,中国尚处于特有的自给自足与完满状态中,享受着处于世界中心的中国古典文化的荣耀。然而,鸦片战争打破了中国人长期的中心美梦。从那时起,"现代性"就作为新的知识型取代"古典性"知识型,成为中国知识分子的追求目标。但这种现代性知识类型并非中国本土所有,而是我们在"丧失中心后被迫以西方现代性为参照系以便重建中心的启蒙与救亡工程"[2]。也即在这样一种重建中心的变革运动中,西方的"他者性"在无形之中深入中国的"自我性"之中,从而使得中国的现代性进程同时显示出一种"他者化"的过程。不过,发展至20世纪90年代中后期,随着中国社会自身发展状况的改变和世界文化多样化方向的发展,中国的文化形势也发生了巨大的变化,中国的知识话语开始要求跨出"他者化",并重审中国的

---

〔1〕 汤拥华.宗白华与"中国形上学"的难题[J].文艺争鸣,2017(3):114—122.
〔2〕 张法,张颐武,王一川.从"现代性"到"中华性"——新知识型的探寻[J].文艺争鸣,1994(2):10—20.

"现代性"。中国文化也由此面临着又一次重要的转型,即从"现代性"到"中华性"的转变。所谓中华性,张法等人指出,并不是要求放弃和否定现代性的价值,而是对古典性和现代性这两种知识型所包含的合理性内容的双重继承与超越。简言之,20世纪90年代中后期的学术界已经有意识地要"去西方化"和建构具有自身民族特色的知识范型,因此,宗白华美学在该时期也受到学者们的青睐。在探索具有本民族特色的美学理论话语体系建构中,他们将橄榄枝抛向了宗白华。正如八九十年代为了将宗白华纳入美学主流话语而强调其美学的客观性一样,此时的研究者们在达成普遍共识的基础上,也开始反思宗白华美学中所涵盖的"中华性"问题。如以王锦民与王明居为代表的学者从哲学角度出发,指出宗白华的形而上学不是所谓的抽象思辨与逻辑演绎,而是通过寻找恰当的意象来把握中西哲学的核心,因此这更像是一种美学或文化研究,充分体现了中国哲学研究的特色。毛宣国则从中国传统审美哲学角度出发,认为宗白华美学中的意境理论"涵盖了一切美的艺术和人生,直接关系到人的生命存在,人的生命意义和价值的思考"[1],从而成为一个与现代人感性生命相联系的美学范畴。由此可见,宗白华美学的"中华性"特征,一般被认为是那贯穿了中国式的"生命哲学"基础。彭锋的《宗白华美学与生命哲学》认为,宗白华美学的魅力在于,困扰当今美学界的古典与现代、西方与东方、理论思考和人生体验等诸多矛盾在他那里获得了解决。因为宗白华将美与艺术落实到宇宙的生命本体上,一方面为审美与艺术找到了最自明的根基,另一方面也注意到它们对于哲学的贡献。

沿着彭锋的见解,现代学者汤拥华在其所著的《宗白华与"中国美学"的困境:一个反思性的考察》中认为,可以将宗白华的美学阐发为一种"中国生命美学体系"。他指出,以生命概念切入宗白华,不仅体现了中国式美学的传统体悟观念,也可与当代全球性的文化命题对接起来。近来西方生命哲学、生命美学以及各种各样的生命科学兴起的原因便在于以德国古典哲学为代表的思辨哲学越来越难以掌控时代精神,所以人们希望能够抛开绝对理念和绝对真理的言说,来直面人的情感、欲望、意志等问题。但这不是抛弃一般转向特殊,而是要在"生命本体"中寻找人类认识和存在的依据,这也是西方现代美学的基本精神。汤拥华认为,这种思辨与生命的对立,其实是与西方文化和中国文化

---

[1] 毛宣国.宗白华的意境理论及启示[J].求索,1998(3):97—101.

的对立相平行的。因此,汤拥华进一步指出,宗白华的美学实际上是以"世界性"为鹄的,并且宗白华的现代性意义,并不仅仅在于是否提供了中国美学自身的文本,以及回归中国自己的美学,而在于宗白华以自己的方式介入了相对与绝对的世界难题,那么接着宗白华的美学讲,才不至于使一条思想的探索之路趋于湮没。因此,通过宗白华个案,学界对中国美学的历史境遇和内在逻辑,及中国美学的建构问题进行了详细考察,在他们看来,宗白华的生命哲学是中国式的生命,宗白华美学也是中国式的美学。

综上,学者们从不同研究路径对宗白华美学所作的分析与概说最终所要解决的问题具有一致性,即如何评定宗白华美学思想的性质问题。然而,对于宗白华美学来说,无论是从思维模式来看,主张它是属于古典的,还是从内在精神来看,认为它是属于现代的,学界评判的依据皆是以西方为标准,这也是建构中国现代美学自身的理论话语体系过程中无法绕开的学术问题。因此为了客观而恰当地理解宗白华,反思中国美学的现代性问题,需要我们首先对"现代性"的基本特征作出刻画,并区分民族化与西方化、古典化与现代化等传统与世界之间的复杂关系,以明确中国美学的自身特性。

二、"现代性"话语在中国的流变及其与美学的关联

对于中国而言,"现代性"始终是一个未完成的历史命题。在中国语境中我们应首先区分现代化与现代性这两个概念,中国的现代化最早出现于 19 世纪中期,到了 20 世纪,追求社会的现代性变革,拯救国家于战火之中,成为知识分子的普遍共识,洋务运动、戊戌革命、辛亥革命、新文化运动、五四运动等一系列现代化的救国方案依次得到试验。新中国成立后,社会现代化逐渐成为全民共知的标语性口号,它主要为政治运动服务,缺少独立的学术性。而现代性概念普遍出现在思想界、学术界则是在改革开放之后,尤其从 21 世纪初至今,海内外学者对现代性问题的研究依然热情不减,有关传统与现代、东方与西方、民族性与世界性、地域性与全球性等诸多问题的讨论都可呈现于现代性的言说中,对现代性的理解更是言人人殊,与其他学科相比较而言,无论是美学学科自身的现代性理论建构,还是后发的作为对社会现代性进行抵抗的审美现代性而言,美学与现代性的亲缘关系自不待言。

（一）"现代性"术语在中国的译介与内涵的演变："现代—现代化—现代主义"

作为一个舶来语，我们需要首先弄清"现代性"一词在中国文论话语中的引介与接受过程，以之作为宗白华美学研究的历史背景，这将有助于我们纵向考察宗白华美学与中国美学的现代性问题。在学术史上，一般认为中国的"现代性"概念最早出现于改革开放以来的新时期中，是最近十几年刚造出来的新的概念，李欧梵就取这种观点，并推测它可能是詹姆逊1985年在北大作演讲时，连同"后现代"一词一起被介绍到中国的。然而，中国知识分子对现代性的关注事实上远远早于这个时期。根据前辈学人考证，周作人、卢勋、袁可嘉等中国早期的文学批评家们在新中国成立前，就通过翻译外文将"现代性"这一术语引入中国。新中国成立后的十几年间"现代性"更是被反复使用，有学者指出，仅这段时期国内发表的译文就有12篇，并全部译自苏联。[1] 改革开放以后至今，"现代性"的使用情况则自不用多说了。

1918年1月，周作人发表他的第一篇译文《陀思妥也夫斯奇之小说》，最先将"modernity"译为"现代性"并引入中国文艺批评话语，原作者是英国小说家W. B. Trites。文章中写道，"现代性是艺术最好的实验物，因为真理永远现在故"，而陀思妥耶夫斯基小说近来复活的原因正是由于它"非常明显的现代性"。[2] 一是陀氏小说中"深微广大的心理研究"，与当下蔓延的最新的文艺思潮——精神分析美学相契合；二是陀氏善写下等堕落人的灵魂，但这些"最下等、最污秽、最无耻"的像抹布一样存的灵魂，仍然是道德与罪恶并存，悲哀但又极美，这种审美倾向明显区别于单一的理想化的古典审美风格，这是陀氏著作的精义所在，也是其小说仍具现代性的根本原因。周作人在文后译者按中写道，尽管《罪与罚》的心理描写极为精妙，"然陀氏本意，犹别有在。罪与罚中，记拉科尼科夫跪稣涅前曰：'吾非跪汝前，但跪在人类苦难之前'"[3]。可见，对于20世纪初的中国学人来说，文学现代性的关键在于对"人类苦难"的描绘，以唤醒蒙昧与黑暗的社会。在同一年的《新青年》杂志第5卷第6号上，周作人发表《人的文学》，明确提出他的美学主张，"我们现在应该提倡的新

---

〔1〕 赵禹冰，王确."十七年"文艺理论译介中的"现代性"问题[J]. 外国问题研究，2012(3)：73—78.
〔2〕 [英]W. B. Trites. 陀思妥也夫斯奇之小说[J]. 周作人，译. 新青年，1918(4).
〔3〕 [英]W. B. Trites. 陀思妥也夫斯奇之小说[J]. 周作人，译. 新青年，1918(4).

文学,……是'人的文学'。应该排斥的,便是反对的非人的文学"[1]。而最终目的就是要通过新文学的提倡,以严肃的态度对待灵肉分离的非人的生活。也许周作人对"现代性"概念的翻译与使用是不自觉的,但这显然绝不是个人的喜好,而是时代使然,作为个体的"主体"之觉醒使得清末民初时期的中国更加迫切地需要"现代性"的变革。

直至 1948 年,中国学界出现第一篇明确以"现代性"命名的理论文章为《释现代诗中底现代性》(What is Modern in Modern Poetry?),它由中国新诗理论家、现代派诗人袁可嘉翻译,发表于 1948 年《文学杂志》第 3 卷第 6 期,原文作者是英国诗人斯蒂芬·斯彭德(Stephen Spender)。这篇译文是联合国教科文组织艺文组与国内《文学杂志》的交换稿件,斯彭德喜欢用现代化的意象来表现社会问题,这篇文章便是围绕此问题展开。在这里,"modern"被用来否定自身,文中认为"modern"并非仅仅是指时间意义上的当代,不是一种时态性的概念。"modern"是作为一种目的而存在的,是现代诗人的一种追求。但作为目的而存在的现代性是会逐渐"过时"的,于是对"过时"的现代性就有了反思与批判的可能。文章中所说的"诗的现代性"即指肇始于 19 世纪中期法国象征主义以来的各现代主义艺术流派,他们运用"特殊的写作手法"来描写"特殊的题材"。但斯彭德在文章的末尾又强调,并不是说采用心理描写,抑或使用如蒸汽机、汽车、电话等这些具有现代特征的意象就是现代诗。斯彭德指出,他所描写的现代性不是为了展示那些时髦的东西,而是企图将人的内在世界的感受放置于当下的某种关系中。也即形式的革新和现代意象的引入是为了引起人们对现代文明的反思,只有反思当代人的生存景观,发掘现代人与当代世界关系的感受与情绪,诗才具有现代性。这种现代经验是传统诗人们所没有的。李欧梵在《上海摩登》的序言里也曾说道:"没有巴黎、柏林、伦敦、布拉格和纽约,就不可能有现代主义的作品产生。"[2]鲁迅也曾将这些现代主义诗人称为"都会诗人",指出他们用"诗底幻象的眼,照见都会中的日常生活,将那朦胧的印象,加以象征化……在尘嚣的市街中,发现诗歌底要素"[3]。在斯彭德那里,他进一步指出,这些现代工业文明的结晶体将我们组织成生活的工

---

[1] 周作人.人的文学[J].新青年,1918(5).
[2] 李欧梵.上海摩登[M].北京:北京大学出版社,2001:3.
[3] 鲁迅.鲁迅论创作[M].上海:上海文艺出版社,1983:404.

具,并夺取我们的人性。由此可见,这篇译文表明在中国学界事实上早已开启了对"现代性"内部矛盾的学理性思考,但紧随而来的国内形势的变化中断了这一研究趋向。受苏联文艺美学的影响,"现代性"被赋予新的内涵,从批判转向建构,成为"人民性""革命性""社会主义现实主义"等的代名词。

这也表明了,"现代性"概念在中国的译介与接受,不仅受到西方美学理论的影响,还受到另一文化语境苏联"现代性"理论的左右,这一特征在新中国成立后表现得尤为明显。有研究者统计,新中国成立后十几年间,国内各类期刊共发表了 12 篇关于现代性的译文,全部译自苏联,文章内容不仅包括具体的艺术类别,如音乐、电影剧作、文学的现代性问题,还有专门讨论人民性与现代性问题的文章。文艺"现代性"的内延被规约在"人民性"与"革命性"话语系统内,以"社会主义现实主义"为创作原则,其他内容与形式均遭到抛弃和批判。如发表于 1959 年《电影艺术》,由李溪桥译自苏联代表斯别什涅夫的一篇报告《电影剧作与现代性》中曾对"现代性"作了如下定义:"现代性就是今日社会的脉搏……现代性也是人与人的关系进行社会主义改造的过程……现代性也是为争取和平与各国人民之间的相互了解而进行的斗争……"[1]

由此,我们可以看到,在特殊时期中,"现代性"是一个褒义的政治词汇,它的中心词是"社会主义",同谓语"改造""斗争"共同构成了现代性概念的内在规定性。另一发表于 1960 年《学术译丛》的一篇译文《文学和艺术中的现代性》则对文艺的现代性内容作了明确界定,即"文学和艺术中的现代性,必须理解为一定历史时期的最主要的、最本质的特点和矛盾在作家和艺术家的作品中的艺术的反映"[2]。这一定义与前文所述的斯彭德对艺术表现内容的要求有着相似之处,艺术现代性的其中一个特征就是在内容上要以表现现代题材为主。不过,斯彭德认为,通过对现代意象的刻画,最终目标是要反思与批判现代文明对人性造成的剥夺。而特洛非莫夫这一艺术观的最终目的是建立"共产主义的斗争"。在这特殊的时代语境中,中国学人接受了这一苏联模式的艺术现代性观念的影响,提出文艺要为人民服务,并以此为标准对各种文艺流派进行审视,最突出的便是表现为对形式主义的批判。在 1953 年 9 月 23 日至 10 月 6 日举行全国文艺工作者代表大会上也明确了"以社会主义现实主

---

〔1〕 [苏]斯别什涅夫.电影剧作和现代性[J].李溪桥,译.电影艺术,1959(2).
〔2〕 转引自赵禹冰,王确."十七年"文艺理论译介中的"现代性"问题[J].外国问题研究,2012(3):73—78.

义作为我们文艺界创作和批评的最高准则"[1]。因此,"人民性""革命性""社会主义现实主义"在这一时期成为艺术是否具有现代性,以及"现代性"与"非现代性"之间的判定标准,具有强烈的意识形态性。

中国进入新时期的标志是1978年12月中共十一届三中全会的召开。人们开始对过去的十年进行反思,中国究竟发生了什么,新时期如何选择新的方向,在这种情势下,曾被中断的西方学术资源重新被接续起来,"现代性"言说的断流也得以继续。其中以《美学译文丛书》《走向未来丛书》《现代西方学术文库》这三大译丛最具代表性,它们是新时期"现代性"理论译介的主要阵地,反映了西方现代学术"介入"中国知识界的真实状况。由李泽厚主编的《美学译文丛书》,在1982至1992年间共翻译并出版了50种关于西方现代美学的书籍,内容涉及精神分析美学、符号学美学、存在主义美学等众多现代美学流派,从而直接催生了20世纪80年代的"美学热"和"方法热"。虽然这套丛书并没有明确以"现代性"命名或专门考察"现代性"的书籍,但它对众多现代艺术门类及现代美学思潮的引介,为中国自身美学学科的建设,以及反思中国美学的现代性提供了多维的学术视角,与新时期中国学界的"现代性"话语息息相关。《走向未来丛书》则与中国现实的联系更为密切,其顺应"面向现代化、面向世界、面向未来"的国家政策方针,出版了16本中西方著作,其中明确反思现代化的有阿历克斯·英格尔斯的《人的现代化》、马克斯·韦伯的《新教伦理与资本主义精神》、C. E. 布莱克的《现代化的动力》。《现代西方学术文库》作为"文化:中国与世界"系列丛书中的一个子系,它更偏于学术性。在1986至1995年间《现代西方学术文库》为中国学界引进了一些20世纪西方重要的人文哲学著作,比如存在主义哲学人物海德格尔、萨特,英美语言哲学家维特根斯坦,解释学家伽达默尔等人的代表作。有些学者在反思和检讨这段历史时,称这是一段"拿来"的历史,并认为由此留下了严重的后遗症。

随着西方现代学术理论的大量涌入,中国学人来不及消化与吸收,这便导致了中国人对现代主义的肤浅了解,使得中国思想界对现代性的反思与研究,一直到20世纪90年代才有所进展。然而,当中国学者还在专注于译介西方现代学术理论时,西方学界则已经开始转向对"后现代"问题的探讨。二战以

---

[1] 江曾培,冯牧主编.中国新文学大系(1949—1976)(文学理论卷1)[M].上海:上海文艺出版社,1997:3.

后,西方社会发生一些新的变化,很多理论家试图对这些新变化进行描述和总结。在 20 世纪 90 年代初的中国学界也举办了两场关于"后现代主义"的学术会议,同时也出版了两本关于后现代思潮的论文集。第一本是 1991 年 5 月出版,由荷兰学者杜威•佛克马和汉斯•伯顿斯主编,王宁教授等翻译的《走向后现代主义》论文集,该文集所收录的文章相对单一,主要以后现代主义的特征与准则、各类艺术题材中的后现代主义手法、后现代主义的范围等为研究对象;第二本是 1992 年 2 月出版,由王岳川和尚水两位学者主编的《后现代主义文化与美学》论文集。不同于《走向后现代主义》的编选主旨,《后现代主义文化与美学》收录了至今仍具有重要影响的一些批评家的代表性文章,如丹尼尔•贝尔、哈贝马斯、詹姆逊、利奥塔、伊哈布•哈桑、福柯、查尔斯•纽曼等,他们掀起了一场世界性的思想大师之间的"后现代主义论战"。

如前所述,在很大程度上,20 世纪中国学人对"现代性"问题的译介与接受,实际上是由中国社会的现实文化需求决定的。虽然在 20 世纪 40 年代末,已经出现以"现代性"为译名的理论文章,但从晚清至五四以来的社会现实来看,由于外患与内忧交织,启蒙与救亡相纠结,使得启蒙理性抑或技术理性占据主导。由此,在一般意义上,"现代性"被等同于"现代",代表着与传统相对的截然不同的文化立场。新中国成立后,"现代性"又被等同于"现代化",以追求四个现代化为目标。而在文学艺术中,则以社会主义现实主义为创作目标。改革开放之后,伴随着文化热、美学热、方法论热,大量西方美学理论被引介,正如李欧梵在《晚清文化、文学与现代性》一文中所指出的,若从学术研究的自主性来说,中文"现代性"这个词的确是最近十几年才造出来的,甚至是美国学者詹姆逊在 1985 年访华时才把现代性概念,连同后现代主义一并介绍到中国来的。对此,王岳川也曾指出,当时的中国学界本着"他山之石,可以攻玉"的精神,将关于"后"的理论从 20 世纪 80 年代后期开始大量引介到中国。同时这一时期的"现代性"又以"现代主义"面貌出现,于是这些后现代理论家们将矛头对准"现代主义",使得"现代性"内涵出现更为复杂的言说局面,也越来越成为一个开放性的概念,并一跃成为中国学界近三十年的学术研究重点与中心。

(二)后现代理论余绪与重建中国本土话语的呼声:"古典性—现代性—中华性"

"后"学作为一场波及范围广、包容量大的世界性文化思潮,当代许多思想家纷纷卷入了对后现代主义理论的阐释与争论之中。西方学界一般认为，后现代主义实际上是后现代社会的产物，"它孕育于现代主义的母胎(20 世纪 30 年代)中，并在二战以后与母胎撕裂，而成为一个毁誉交加的文化幽灵，徘徊在整个西方文化领域"[1]。20 世纪 50 年代末至 60 年代后期，后现代主义正式作为一种批评派别出现，至 20 世纪 70 年代和 80 年代发展成为震慑思想界的一场文化批评热潮。中国知识分子对"后现代主义"的全面认知则在 1985 年詹姆逊访学之后，这是新时期西方学界第一次主动进入中国。对此，有学者指出，当时的中国思想界"整体上还继承着'五四'以来的启蒙主义，沉浸在对现代性的仰望中"[2]，而詹姆逊的到来，使得一大批后现代理论家的名字出现在中国学人的视野中，现代性及其诸位思想家则被挤退到历史的边缘，此时的中国学者们猛然发觉西方学界已是"后"学的天下，詹姆逊也由此成为将后现代主义介绍到中国的"启蒙"人物。由中国学者整理出版的詹姆逊讲演录《后现代主义与文化理论》在 1986 年和 1987 年出版，后又于 1997 年和 2005 年再版，足见其影响之大。文集中收录了贝尔、哈贝马斯、詹姆逊、利奥塔、哈桑、福柯、纽曼等人的代表性文章，这些后现代主义思想家们几乎是同步被介绍到中国来的。

　　关于现代主义与后现代主义的争论，涵盖诸多层面，在这里，我们将集中关注其中一件。之所以选择这一事件，是因为参与这场争论的思想家是当时最先被引进到中国的后现代主义理论的奠基者们，因而从这一争论中，我们也可以看到现代主义和后现代主义的根本分歧所在。这场论争发生于 1980 年，当时被授予法兰克福市阿多诺奖的哈贝马斯，发表了一篇名为"现代性：一个未竟的规划"的演说。哈贝马斯继承了法兰克福学派的批判精神，在他看来，虽然自启蒙运动以来的西方现代性导致了现代的文化危机，但他反对将西方近代文明看作是"启蒙"与"理性"所造成的不良后果，因而他不赞成到近代文化的母体中去寻找原因这一做法。这是由于当时美国著名的社会学家和政治学家丹尼尔·贝尔提出，现代主义的真正问题是要解决信仰问题，必须重建一种新宗教或文化科学。因为在他看来，后现代主义实质上是一种反文化，它意味着现代主义的话语交流与制约机制失去效用，进而导致对文化的亵渎与信

〔1〕　王岳川,尚水编.后现代主义文化与美学[M].北京:北京大学出版社,1992:4.
〔2〕　王铁山,王文英主编.二十世纪中国社会科学(文学学卷)[M].上海:上海人民出版社,2005:75.

仰的丧失。哈贝马斯认为,现代性的目标是完全正确的,因而他不赞同贝尔所谓的走向"新宗教"理论,而是主张重建"新理性",也即在知识可靠性和意识形态批判的基础上,重新建立对话机制,重振现代性。由此,哈贝马斯提出了那著名的宣言,即"现代性是一项宏伟的工程,尚未完成,它具有开放性,远未终结。因此,后现代性是不可能的"〔1〕。

但另一法国著名哲学家利奥塔则反对哈贝马斯的"交往理性"观点,他认为这一理论掩盖着理性回归,重树霸主地位的实质。因为,"强求沟通共识,很容易在貌似平等的'交往'中,造成另一形式的霸道,并会导致各种语言游戏的异质特色的破坏,形成新的思想控制和独裁统一"〔2〕。于是,利奥塔从后现代的知识结构来分析后现代问题,他指出,人类文化原本由"叙事知识"和"科学知识"共同构成,然而现代科学具有一种强劲的"知识意志",否定叙事知识存在的合法性,在步步紧逼之后,使得"叙事知识的历史根基"遭到摧毁,仅仅以一种单一的科学知识话语来指涉真实观,将无法完成文化意识的替代,并且将导致包括它自身在内的普遍知识的"非合法化状态"〔3〕。由此出发,利奥塔主张抛弃"宏大叙事",认为只有通过"消解"合法化,走向后现代的话语游戏的合法化,才能解决现代性的叙事知识危机。这样一来,科学真理与人文学科知识一样,只是众多话语中的一种而已,不再作为"绝对真理"而存在,从而肯定多样性话语存在的合法性,这也就意味着各种话语之间是平等的,无高低之分,也不互相侵吞。在《后现代状况》中,利奥塔是以此来结束全书的:

> 让我们向同一整体宣战;让我们成为那不可表现者的见证人;让我们持续开发各种差异并为维护"差异性"的声誉而努力。〔4〕

由此,王岳川指出,这也正是利奥塔思想最具意义的地方,他否定同一性,强调差异性,提醒后现代哲人多元的时代和困境已然来临。当他们之间的争论达到白热化时,著名的美国当代文化理论家詹姆逊也加入了这场讨论,并明

---

〔1〕 王岳川,尚水编.后现代主义文化与美学[M].北京:北京大学出版社,1992:12.
〔2〕 王岳川,尚水编.后现代主义文化与美学[M].北京:北京大学出版社,1992:20.
〔3〕 王岳川,尚水编.后现代主义文化与美学[M].北京:北京大学出版社,1992:20.
〔4〕 [法]让-弗朗索瓦·利奥塔.后现代状态:关于知识的报告[M].车槿山,译.北京:生活·读书·新知三联书店,1997:128.

确提出后现代主义与现代主义的根本区别在于那作为现代性基础的主体性原则被消解,以及作为时间意识的现代性的历史意识被摧毁,从而导致叙述的深度模式被削平。这就使得后现代人在一种非线性时间意识中体验到历史的断裂感,割裂了传统与当下的连续性。詹姆逊从左派激进立场出发,在利奥塔消解"元叙事"的基础上,继续将后现代主义文化逻辑进一步指认为文化的空前扩张。发展至 20 世纪 90 年代初,后现代主义表现出明显的疲软之势,于是这些文化批评家们将问题从对现代性的合法性的质疑转向对后现代主义之后的未来世界文化走向问题进行研究,追问人类的灵魂归宿在哪里。据此,詹姆逊既不赞同持保守主义立场的贝尔所谓的走向"新宗教",也不同意哈贝马斯的重建"新理性"的观点,而是提出要告别解构重新走向历史意识的新的复归,建立一种"新历史观"。对此,中国学者王岳川总结道,虽然后现代主义在表面上与现代主义对立,但它们在本质上都是对西方晚期资本主义制度的反抗,可以说是对西方当代文化困境的焦虑和痛苦的非正常表达。于是,詹姆逊将目光转向第三世界,对第三世界的文化特征尤感兴趣,通过对第一世界文化和第三世界文化的对立关系分析,他试图从第三世界文化中寻找解决人类文化发展困境的新契机。这主要表现在《处于跨国资本主义时代的第三世界文学》一文中,他从一种"共时性"的视角来研究世界文化的发展现状,指出当今世界虽然呈现出全球化和趋同性,但不同文化之间也显现出明显的冲突性与对抗性。同时,随着研究的深入,詹姆逊愈加发现第一世界文化与第三世界文化之间的不对等性。第一世界占据着世界的主导地位,并试图通过各种文化媒介将自身的意识形态强加给第三世界,而处于边缘地位的第三世界只能被动接受这一文化霸权,从而导致第三世界文化的贬值与流失。因此,在后现代文化景观中,第三世界的文化往往处于一种非常矛盾的心态和处境中,在焦虑中拿来,拿来之后又如何应对,如何找到正确的文化应对策略,遂成为第三世界重建自身文化身份和话语权的关键所在。

随之,关于后殖民文化批评、第三世界文化批评、知识分子与文化身份认同等方面的著作迅速被大量译介进来,特别是当后殖民主义理论在知识分子中广泛传播与接受时,引起学者们的关注,其中最典型的就是我国文艺理论界乃至整个学术界,提出了所谓的"失语症"问题。陶东风对此曾有过描述,他指出,在 1993 年下半年到 1995 年短短两年的时间内,仅国内一些有影响的刊物上就发表了 50 多篇相关的文章,它既显示了中国学者对如何摆脱西方中心主义的思考,也表明这套理论话语在中国大陆学界的流行。在他看来,这大约离不开中国学者对萨义德东方主义理论的介绍,但从根本上来说,这主要取决于20世纪90年代中国大陆本土的社会文化语境。这是由于在20世纪90年代以降的中国学界中,普遍形成一种共识,即在全球化的世界语境中,处于边缘地位的中国文化遭受着来自西方文化殖民主义的威胁,而后现代主义、后殖民主义、东方主义等诸文化批评派别所倡导的"反中心论",为中国学者倡导自身特性提供了理论支撑。由此,众多学者开始重新发掘本民族文化的价值,重新确认本民族的话语权。正如陶东风所指出的:"在90年代中国学界,从'后学'出发对于现代性的反思批判,经常与民族主义结盟而被纳入文化乃至政治的主流话语,丧失了自己的应有的边缘性、颠覆性与批判性;而这种现象在'后学'的发源地西方第一世界却并不存在。我想这或许是由于中国的现代化本身就是在西方外力的驱动下被迫启动的,它导致了现代化与民族化之间持续的紧张关系。正是这种特定的现代化语境使得对于现代化的反思常常带有民族主义色彩。"[1]所以,在20世纪90年代的中国语境中,这种对"现代性"的反思与批判主要从两个维度展开:一是对其作为西方话语的批判,二是对其进行中国式话语的处理。换言之,包括后殖民理论在内的西方"后"学理论在21世纪的中国学界不仅被用来批判西方现代性自身,还被用于反思中国文化自身,以肯定中国文化在世界文化语境中的特性。

在这种倡导民族本位的文化大背景下,在对自身学术话语进行重新审视时,一批知识分子开始意识到20世纪80年代以来,包括"现代主义""后现代主义"在内的一些基本理论概念,几乎都是带有浓烈西方文化殖民主义倾向的舶来品,在一定程度上导致了新时期文艺理论批评的失语状态。借用季羡林对当时学术界状况的描述来说,就是"我们东方国家,在文艺理论方面噤若寒蝉,在近现代没有一个人创立出什么比较有影响的文艺理论体系,……没有一本文艺理论传入西方,起了影响,引起轰动"[2]。而与此同时,在中国香港,也有学者指出:"在当今的世界文论中,没有中国的声音。20世纪是文艺理论风起云涌的时代,各种主张和主义,争妍斗丽,却没有一种是中国的。"[3]这个"问题"一经提出,就迅速扩散到各个领域,一跃成为诸文艺理论家、美学批评

---

〔1〕 陶东风. 主体性、自主性与启蒙性——80 年代中国文艺学主流话语的反思[Z]. 电视批判.

〔2〕 曹顺庆. 东方文论选[C]. 成都:四川人民出版社,1996:2.

〔3〕 曹顺庆. 中外文化与文论(第 1 辑)[C]. 成都:四川大学出版社,1996:51.

家们研究的对象,并由此提出了中国本土话语的"重建"问题。作为"失语症"概念的提出者,曹顺庆在1995年发表的《21世纪中国文化发展战略与重建中国文论话语》一文中率先提出"重建中国文论话语"这一命题。随后在各个人文学科内部都明确提出要走出"失语"的被动地位,目标就是要重新发掘本民族的文艺理论价值,以实现中国传统文化思想的现代转换,从而重塑中国文艺理论话语体系,确立自身的文化身份。

于是,自"五四"以来的西学现代性资源在此遭遇了"民族化"的质疑,这一凸显中国"自性"、突破西方"他性"、重建中国本土话语的呼声,在20世纪90年代中期进而发展为一种以建立"中华性"为核心的新的知识范型的要求。如前所述,"中华性"这一术语由张法等人提出,他们从总体上对近代以来的中国"现代性"的发展状况进行了清理、批判与重估。在他们看来,首先中国近现代社会的现代性进程是"被迫"进行的;其次,这一西方现代性资源在中国随着20世纪民族意识的觉醒而终结;最后,"中华性"是现代性之后重建中国文化权力话语的一种"新知识型"。具体来说,张法等人认为,"现代性"与"古典性"共同构成了中国文化的两大知识型。所谓"古典性"是指1840年之前的以华夏文化为中心的一种知识型概念;所谓"现代性",在时间上则是指1840年以来,尤其在整个20世纪被中国知识分子经常使用的一种现代的知识型概念,而从内容上来看,它是指中国在丧失中心性之后,被迫以西方现代性为参照来重建中心的启蒙与救亡过程。进入20世纪90年代以后,对"现代性"的反思与批判意味着作为"他性"的西方理论话语的阐释能力与实用性大大降低,也即西方现代性话语失去了"拯救"与"启蒙"的元意义,并且他们发现通过现代性来寻求重返中心的设想行不通。因而,他们三人认为,在"古典性"与"现代性"这两种知识型之外,应重建一种新的知识型——"中华性",以应对中国需求,也即最终目标是要建立一个有独特内涵的"中华文化圈"。

在"中华性"论者看来,"现代性"是西方中心主义话语,包括美学在内的中国学术在20世纪一直在追逐西方现代性的路途中扮演着"他者"角色,此种现代性经历了几次重心转移,现已不可避免地走向终结。但是,"中华性"的构想同样来自西方的话语/权力知识模型,并且他们所欲建立的新知识型仅仅是以中华圈为地理范围的话语体系。因此,重建"中华性"知识体系这一观念提出以后,便迅速引起了许多学者的讨论与批评。如邵建便将此种"中华性"冠以打着"文化民族派"的旗号,指出他们试图以"中华性"来取代五四以来的现代性的旧知识概念,实际上是企图别立新宗。同时将他们与文化传统派相比较,认为文化民族派显然表现出冒进主义倾向。前者一般不谈现代性只谈现代化,试图从传统出发走向现代,而后者不谈现代化,矛头却针对现代性,企望超越现代而走向后现代。不过,两者都表现为"世纪末的文化偏航"。因为对于"中华性"论者来说,"现代性"不再作为一个拯救中国的因素出现,而是一种文化殖民,这种"现代性"观念充满了"对抗"现代性的色彩。无疑这一点,受到詹姆逊理论的影响。在2002年出版的《现代性的五副面孔》中译本中,卡内林斯库便曾指出,詹姆逊代表了一种解放的、"抵抗的"后现代主义观。可是,邵建总结道:对于中国来说,就目前所处的文化语境而言,"现代性"究竟是一个业已成为需要"清算"的问题,还是需要进一步"强化"的人文主题。更重要的是,我们需弄清,建立一种新的人文知识形态(如中华性)是为了解决自己所面临的时代性问题和存在性问题,还是仅仅为了区别于西方他者以显示出一种所谓的"民族自性",这一点很重要。[1]

对此,在一篇名为《中国90年代文化批评试谈》(1996)中,刘康、王一川、张法就"中华性"问题进行了讨论。刘康先就"中华性"的意图问题提出了他的疑问,他认为,中国似乎并没有像后现代、后殖民主义所批评的那样,构成一个他者,而且在当前全球化的文化想象中,追求的是多元化、多样化、多中心,那么中国究竟在这一全球化中扮演了什么角色,追求的现代性又是什么呢? 两位"中华性"观念的提出者,王一川和张法给出的回答,用一句话总结就是,所谓"中华性"是指对古典性和现代性这两种知识型所包含的合理性内容的双重继承与超越。由此,他们也针对学界给他们所下的评定,即"文化民族派"这一称谓进行了回应,指出他们区别于时下的民族主义潮流。另外,他们强调,"中华性"既是指与现代性相区别的一种文化现象,也是一种文化象征,其主要内容之一就是力求树立中国在全球化时代中的独立文化形象或文化想象。也即在新的世界文化格局中,反思中国文化在世界文化中的身份问题,它的目标是要成为世界多元化时代中多中心的一个中心,或曰一个有限的中心,从而以自己独特的声音立足于这个世界。由此可见,"中华性"概念既有本土的含义,也有全球化的含义。具体来说,它的要旨有三点:一是与现代性的形式不同,它注重多角度的审视,不是把世界如以往的现代性知识概念那样分为前现代、现

---

〔1〕 邵建.世纪末的文化偏航——一个关于现代性、中华性的讨论[J].文艺争鸣,1995(1):24—35.

代、后现代这样的一个时间等级序列,而是更强调世界的差异性和发展标准的综合性,把世界看成是多种多样对立统一的共时现象,关注不同文化的异质性,认为世界发展在多种冲突与合作中将有无限多的可能性,重视在这之上的具体而特殊的文化创新;二是与现代性预想的将东方化为西方而达到的人类普遍性不同,中华性尊重人类的一般标准和尺度,在努力达到一般人类高度的同时,为世界提供多样性的发展可能,未来将以"中华性"的知识形态服务于人类社会;三是在吸收人类一切经验基础上,建立一种超越中西和新旧二元对立的文化体系,也即中华性以一种开放、容纳万物的胸怀,严肃地直面各种现实问题。

如果说发生于 20 世纪 80 年代中后期、90 年代初期的中国文艺理论界、美学批评界要求重建中国文论话语、美学话语,以重申中国文化审美自性的声音还是一种无意识的、个体化行为的话,那么至此,当失语与重建成为学界普遍关注的一个中心问题时,要求重构中国本土话语言说体系的呼声就成为一种自觉的、主动的、集体化的介入和学理选择了。在文艺理论界,从张少康提出的"以古代文论为母体,重建中国当代文艺学"到曹顺庆提出的"以总体文学式的全方位对话来实现杂语共生"的观点;在美学批评界,从季羡林主张的"三十年河东,三十年河西"和"东西文化互补"论到汝信明确提出的"建设有中国特色的中国美学",可以看到一条明晰的学术发展线。这主要表现为,在对待中西文化态度上,从以往的"拿来主义"转变为"既要拿来,又要送去"的文化自信;在文化话语的重建上,转为以中国传统文化美学思想为本,以西学理论资源为照,在中西互译互释中创生或复兴中华美学,以取得与西方学术话语对等的独立地位,肯定中华美学对世界美学的价值。这与 20 世纪 80 年代的学术界热衷于谈论西学的盛况完全不同,20 世纪 90 年代中后期的中国文艺理论界、美学批评界开始以一种整体的眼光研究并反思西方美学诸派别的理论思想,以此来反观中国文化,探寻中国文化的出路问题,这可以从人们对孔子、孟子、老庄、司空图、严羽、王国维、宗白华等思想家的津津乐道中看出。

三、本书研究创新点

站在当下回望历史,我们可以发现,美学在中国的使命或许从一开始就是超负荷运行的。中国绵延数千年的传统文化在 20 世纪初进入了一片充满不测的湍流区,其根基被时代大潮冲蚀得斑驳而脆弱,国人的文化自信一落千丈。一方面,现代性的需求是要维新,所以连满清政府也不得不实行"新政"和提倡"新学",来迎接新时代的降临;另一方面,中国的一切典章旧物、风俗习惯、文化传统根深蒂固,无所不包,并不那么容易被新的东西取代。由此,那种既属于西方新学而又符合本土所需的"美学",在话语转换中发生的"美丽误会",在启蒙人心、拯救家国的时候就像一个诱人的"药引子"。[1] 所以,中国美学的现代性问题在一开始就不仅仅是作为一种元理论的学科建设问题而存在,它被赋予了远超过其本身学理内容的政治、伦理、哲学的意义,在某种程度上,几乎被等同于"人生之学",关涉文化危机、社会拯救、生命态度等问题。作为文化批评家、艺术哲学家和气质诗人的宗白华,对文化危机的感受尤为强烈,就是在这样一种宏大的社会语境中,以中国文化为主体,利用所吸取的西方哲学、艺术学、美学资源建构了他独具特色的美学体系。

（一）中国美学现代性话语的出场语境:文化危机中的东西方文化问题论战

中国著名哲学家贺麟曾说道,"中国近百年来的危机,根本是一个文化的危机"[2]。美国著名历史学家费正清也曾指出,中国近代以来的历史"从根本上是一场最广义的文化冲突,是扩张的进行国际贸易和战争的西方同坚持农业经济和官僚政治的中国文明之间的文化对抗"[3]。历史学家、汉学家余英时也曾指出,20 世纪中国社会所遭遇的危机主要是文化危机。关于这一点,余英时曾阐释道:自 19 世纪末开始,中国人对自身文化似乎一直都未能显示足够的自信,尤其自"五四"以来的百余年间,"中国知识分子一方面自动撤退到中国文化的边缘,另一方面又始终徘徊在西方文化的边缘,好像大海上迷失了的一叶孤舟,两边都靠不上岸"[4],而且逐渐形成了一个颠扑不破的观念,"以为中国文化传统是现代化的主要障碍;现代化即是西化,必须以彻底摧毁中国文化传统为前提"[5]。当然,在这一西化主潮中,维护传统文化的声音也一直

---

〔1〕吴志翔. 20 世纪的中国美学[M]. 武汉:武汉大学出版社,2009:2—3.
〔2〕贺麟. 文化与人生[M]. 北京:商务印书馆,2005:5.
〔3〕费正清. 剑桥中国晚清史[M]. 北京:中国社会科学出版社,1995:251—252.
〔4〕余英时. 中国文化的重建[M]. 北京:中信出版社,2011:44.
〔5〕余英时. 中国文化的重建[M]. 北京:中信出版社,2011:13.

未消弭,自 20 世纪初到 20 世纪 90 年代,各种民粹主义、保守主义派别一直绵延不断。如 20 世纪初,以康有为为代表的"孔教派"和以章太炎、刘师培为代表的"国粹派";至 20 年代五四运动以后,以梅光迪、吴宓为代表的"学衡派"和以章士钊、杜亚泉为代表的"东方文化派",转而以西方学理来维护传统价值,提出学习西学必须以中国文化为本位;到了三四十年代,文化保守主义思想又有了新的表现形式,以陶希圣为代表的十教授主张中国文化建设应不盲从,不守旧,在中国本位思想基础上,以批评的态度和科学的方法来检讨过去,创造未来。在 20 世纪 90 年代又有"国学热"的兴起和新保守主义的出现。可见,如何在与西方的对话中寻求异质相通,实现中华文化的现代转型与重建成为一代又一代知识分子的使命与目标。

　　晚清民初的知识分子,大都接受的是传统的教育,在维护传统上采取的方式也主要以传统理论武器来保卫传统。与之不同,"五四"之后的文化保守主义者们,一般出身新学,因而他们主要是在西方思想资源中寻找其文化保守主义观念的理论依据,来建构自己的保守主义的文化理论,在哲学、文学、史学等领域均有较为可观的表现。由此可见,关于如何对待中西文化的论争问题实际上起始于五四新文化运动之后,所以在这里,我们直接从五四时期以来的"东西文化问题论战"来看中国近代知识分子如何对待传统思想与西方思想,如何处理中西文化的关系。这主要表现为以章士钊、杜亚泉为代表的"东方文化派",坚守文化保守主义立场,以反对新文化运动中以陈独秀为代表的文化激进派。这主要起因于 1918 年杜亚泉在其主持的《东方杂志》上刊发了多篇关于现代文明的评论性文章,如他自己的《迷乱之现代人心》、钱智修的《功利主义与学术》、平佚的《中西文明之评判》等,遭到了陈独秀的批评,于是引发了一场"东西方文化问题"的论战。

　　在东方文化派看来,中国民族的出路,并非在于是否"西化"以及程度如何,而应立足于民族新文化的创造,完成"中国文化的复兴"。1920 年初,在游历欧洲见证了"西方的没落"之后,留学回国的梁启超在《晨报》发表并连载了《欧游心影录》,文章向国人描绘了大战后的欧洲令人凄恍绝望的境况,由于宣扬科学万能,导致道德衰落,宗教信仰丧失,哲学破产,进而认为西方文化已走向破产,因此声称中国只能以"自己的文化"为基础创造一个新的文化系统,来拯救世界文明。接着,同年底,梁漱溟的《东西方文化及其哲学》一书出版,也指出东方文明才是拯救世界的唯一正确"路向",并断言"世界文化的未来就是中国文化的复兴"〔1〕。

梁启超、梁漱溟的这一东方文化论提出后,迅速得到以陈嘉异为代表的文化保守派的支持。陈嘉异1921年在《东方杂志》第18卷第1、2号上发表的长文《东方文化与吾人之大任》中明确提出重建"东方文化之精神",认为中国文化本身具有"调节民族精神与时代精神之优越性,而尤以民族精神为其根柢最能运用发展者也"〔2〕,因而指出"吾人如欲焕新一时代精神之思想与制度,仍在先淬厉其固有之民族精神"〔3〕。由此可见,这些保守派的中国近代知识分子既非敌视变革,也不是背向未来,而是希望综合东方文明,以探寻未来中国文化的出路问题,并以此拯救、超拔没落的西方文明。在他们看来,中国文化固有之娴静温良的精神和深邃玄远的智慧能够拯救这已经衰败的世界文明。也正是在这里,中国文化精神与现代世界命运的关系问题已为中国近代的知识分子们所注意,也成为了人们无法回避的一个问题。

同时期,以陈独秀、李大钊、蒋梦麟等为代表的西化派认为,"无论政治学术道德文章,西洋的法子和中国的法子,绝对是两样"〔4〕,"若是决计守旧,一切都应采用中国的老法子……若是决计革新,一切都应采用西洋的新法子……因为新旧两种法子,好像水火冰炭,断然不能相容;要想两样并行,比至弄得非牛非马,一样不成"〔5〕。由此,我们可以发现,与以康有为、谭嗣同、章炳麟、刘师培为代表的中国晚清知识分子相比较,尽管他们已经开始将中国文化的内核置换成西方的价值观念,但他们仍在试图重新阐释古典,这与西方的文艺复兴重新阐释古罗马存在异曲同工之处。但是,发展至五四时期的新文化运动提倡者,他们不仅反对以中国的经典来附会西方现代思想,甚至直接宣称要中国传统文化退出原有的中心地位,由西方的新观念取而代之。前者意味着中国古典文化中仍有许多值得发掘和探索的东西,而后者则全盘否定、拒绝中国传统文化,将中国所处境况看成是黑暗和蒙昧的,从而坚决反对中西文化调和,力主以西学代替中学。

沿着这一路径,发展至20世纪30年代,以胡适、陈序经为代表的全盘西

---

〔1〕 梁漱溟.东西文化及其哲学[M].北京:商务印书馆,1999:202.
〔2〕 陈嘉异.东方文化与吾人之大任[J].东方杂志,1921(1—2).
〔3〕 陈嘉异.东方文化与吾人之大任[J].东方杂志,1921(1—2).
〔4〕 陈独秀.独秀文存:论文(上)[M].北京:首都经济贸易大学出版社,2018:127.
〔5〕 陈独秀.独秀文存:论文(上)[M].北京:首都经济贸易大学出版社,2018:127.

化派,以《广州民国日报》《独立评论》为阵地,就西化问题进行讨论。他们从文化立场出发,将中国知识分子界关于中国文化的态度问题分为三个主要派别:一是全盘西化派,二是主张复返中国文化派,三是折中主义派,并明确表示他们属于第一类。对此,另一文化保守主义派别,以陶希圣等为代表的十教授联名在1935年1月发表了一篇名为《中国本位的文化建设宣言》的文章,将矛头直指西化派。他们认为正是以五四新文化运动为主的中国近代文化运动导致了中国文化的没落,因为新文化运动者们轻视了中国文化的特殊性。为了改变这种状况,他们提出了以"中国本位"为基础的文化建设主张。在这篇文章发表两个月之后,胡适在《大公报》上发表了《试评所谓"中国本位的文化建设"》一文,标志着西化派与本土文化派论战进入顶点,到1935年夏,这场中西文化的论战才进入尾声。

正是在这样延续不断的"文化复兴"浪潮中,20世纪40年代"战国策"派崛起,并在中国文化的建设方面取得了一定的成绩。他们以刊物《战国策》为阵地,在昆明由国立云南大学出版发行,成员人物学术背景涉及哲学、历史学、政治学、文化学等多个学科,以林同济、雷宗海、陈铨等为代表,他们大都具有留学背景,属于自由主义知识分子。自1940年4月到1941年7月,在出版17期后,因战事停刊。后又于1941年12月至次年7月,每周三在重庆《大公报》上开辟《战国》副刊。他们从西方思想理论中获取所需资源,从中西比较的历史和文化视野中,考察中国历史和世界格局的框架,认为当下正处于"战国时代",政治日趋僵化、文化渐失活力,中国要在这个竞争激烈的战国时代生存下去,就必须再建起"战国七雄"时代的意识与立场,"以救大一统文化之穷",方法就是需要在"忠实的采索与体念中"取得与活用"列国酵素"[1]。这一酵素的来源主要有两处,"文艺复兴以来的西洋"和"春秋战国时代的中国",他们超越中西对立的二元立场,既不执"中国本位"也不执"全盘西化"论,而是关注如何在这个蹒跚大一统的末程文化中,重建活泼健全的"列国型"文化,从而成为抗战后期大后方独树一帜的文化思想派别。通过分析德国的狂飙突进运动、浪漫主义文学思潮、尼采的"权力意志论"以及斯宾格勒的"文化形态学",他们得出西方文化的问题是"活力乱奔",中国文化的问题是"活力颓微"。中国民族精神的活力颓微直接导致了国力不振,因此,必须通过发挥"权力意志",振

[1]　张昌山编.战国策派文存(下)[M].昆明:云南人民出版社,2013:761.

兴生命力量,复兴战国以前文武并重的"兵的文化",创造出一个崭新的有光有热的文化,从而培养一种具有力感的国民素质,开创一种积极的政治生活,养成"英雄崇拜"的风气,形成共同体意志的政治倾向。要言之,要超越中西对立的文化二元论,恢复中国固有文化中的"尚力"精神,然后可以希望"个性运动不流为庸俗与虚无,国家运动不流为专政与战争"[1]。

另外,还有一支文化保守主义派别需要我们注意——新儒学派。不同于东方文化派的简单地以物质与精神来评判中西方文化的差异、主观地夸大中国文化的功能,也不同于从政治维度出发的战国策派,新儒学派从伦理维度出发,对中国传统伦理道德的儒家文化体系进行反思和批判。杜维明指出,以儒学为基础的对民族文化和哲学的反省,在五四时代即已开始,到今天实际上已包含了三代人的努力。"梁漱溟、冯友兰、贺麟"等属于第一代,继之而起的是熊十力的一些海外学生,如"牟宗三、徐复观、唐君毅"等,"我们则属于第三代人"。具体来说,新儒学派倾心于在道德理想和文化理想的挺立之中,求返本开新,从民族文化中,也即以儒家思想为标准来考虑民族/国家的一系列问题,在吸纳、会通西学的基础上,力图恢复儒家精神在中国文化中的主导地位,并重建宋明理学的伦理精神象征,最终建构一种"继往开来"的中国文化思想体系。这也显示了现代新儒学与新文化运动的主要差异所在,后者要求彻底摧毁旧传统,确立西方式价值体系的主张。对此,作为新儒学派第一代的贺麟便在《儒家思想的新开展》中明确指出,新儒学运动是以"儒家精神为体,西洋文化为用"。当前的中国正面临着民族的复兴问题,当然,这主要是指儒家文化的复兴。这是由于,在他们看来,儒家思想与民族前途问题"盛衰消长""同一而不可分"。新儒学另一代表人物熊十力也曾断言日本人绝不能亡我国家、民族和文化,中国问题的解决,关键在于"信仰"的建立,因而他创立了一种"新唯识论"哲学体系。至此,现代新儒学作为一个独立的文化思想派别已达到哲学性的完成。到唐君毅、方东美一代系儒学现代传人,他们立足于哲学本位,建构融会中西的形而上学话语。由此来看,尽管新儒家学派各代表人物建树不一,但是他们的思想著作和社会实践普遍表现出强烈的卫护民族文化的自立性意识。综上来看,从文化上来追索民族国家的出路,在当时的中国知识分子群体中,实为一种普遍的精神现象。

---

[1] 张昌山编.战国策派文存(下)[M].昆明:云南人民出版社,2013:762.

　　通过考察 20 世纪上半叶现代中国的文化语境,我们可以看到,中国的知识分子们立足于不同的学科,或者是从文学角度出发的东方文化派,或是从政治维度出发的"战国策派"、再或是从伦理维度出发的'新儒学派',都各自呈现出所试图建构的文化精神的不同面相。总之,在中国的现代历史变革中,在民族存亡的紧急境况中,文化语境产生了一种持久的日渐强大的压力,使文化精神的建构成为一项重大的现代工程。与此同时,正是出于这一强化国人心力、改造国民灵魂以济时拯世的目的,在 20 世纪中国思想史中,还有一批知识分子选择从审美的角度来建构中国文化精神,焕发中国文化活力。这主要是以梁启超、王国维、蔡元培为代表的美学家们,从美学批评角度来试图发掘中国文化的审美拯救力量,他们把目光投向了美学和美育。

　　在传统文化被否弃的时代,美学也正如其他新兴学科一样在 20 世纪初被引进中国。自王国维率先从日本将西方的"美学"学科引入中国学界始,中国现代美学的发生便与中国的文化现代性问题纠结在一起。基于艺术属于文化的观念,从中国第一代美学家开始,如王国维的"完美之域"说,梁启超的"情感教育"说,蔡元培的"美化人生"论,鲁迅的"培育新人"论等,皆是试图以审美为中介来实现融个体解放与拯救民族危亡于一体的启蒙目标。与陈独秀、胡适等人鼓吹的科学与民主的社会启蒙不同,这些美学家们注重的是从社会群体出发进行的精神价值启蒙。二三十年代,以宗白华、朱光潜、吕澂、黄忏华、邓以蛰为代表的中国第二代美学家,分别以艺术为研究对象,企图重新焕发中国艺术精神,寻求国家的救亡之途。被誉为美学双峰的朱光潜和宗白华两位先生,也在中西美学研究中努力建构自己的文化身份,以明确中国人在面对现实境况、传统文化危机、西方现代性时该以何种面目自处,如何处理传统美学与西方现代美学的关系,其著述既有吸收西方现代美学理论所带来的陌生化效果,又传达出传统儒释道文化精神所酿就的中国美学特性。美学,在两位的努力下,成为 20 世纪中国思想史知识谱系中最能体现中国人文精神的学科之一。

　　正如有学者指出的,尽管诸位美学家们也吸取西方资源,但"无不经过传统美学的改造而被中国化了、伦理化了,消解了它的形上性而强调了它的现世性,成为一种以健全人格的建构和艺术化人生态度的培养为中心内容的审美教育理论"[1]。在这一点上,中国美学接近伦理学,发挥着超世济俗的精神功

---

〔1〕　滕守尧主编.美学(第 2 卷)[M].南京:南京出版社,2008:277.

能,也即将文化问题转换成美学问题,以具体的艺术门类研究来实现传统文化的复兴,显示出中国现代美学首先是作为一种"肯定的美学"诞生的,基本出发点是借助艺术的力量来实现人性或人格的完善。吴予敏描述道:"中国美学的现代性的基本命题既不是单纯的认识论,也不是本体论,而是由美学所折射的实在问题:中国人是否能通过审美方式获得有价值的生存或精神拯救? 由此引出中国美学现代性的两条理路:一者以审美形式求取族群、阶级、国家之生存发展,重建文化精神的同一性。美学被赋予远超过其本来学术身份的意义。另一条理路则以审美为个体精神的解放或解脱。"[1]作为文化批评家、生命哲学家和气质诗人的宗白华,对文化危机的感受尤为强烈,就是在这样一种宏大的社会语境下,以中国文化为主体,利用所吸取的西方哲学和美学资源建构他独具自身特色的美学理论。一方面,"重建文化精神同一性,求取国家之生存",以一种"润物细无声"的浅声低吟方式,作为"隐线"潜存于他整个的学术思想演变过程之中;另一方面,"以审美为个体精神的解放",作为"明线"牵引着其美学研究方向,最终将文化复兴问题落实到对中华美学精神的开掘,彰显了其学术理路的最大实践价值。

(二)创新点:宗白华美学的现代性

总体来说,关于宗白华美学,经过几代学者研究成果的积淀,逐渐形成了以陈望衡、彭锋为代表的"生命美学观",以汪裕雄、陈文忠为代表的"境界美学观",以王德胜为代表的"散步美学观",以及以皮朝纲为代表的"体验美学观"等四种主要观点。他们的共通性正在于,都从不同层面注意到了宗白华美学中的生命体验特性,因而他的美学风格是散步式的,在自由自在、无拘无束的思考中上达形上境界。宗白华也自称其美学为"散步学派",如西方哲人亚里士多德、中国哲学家庄子都属这种风格。对此,刘小枫指出,无论是从日常用法还是从隐喻上讲,散步都具有清散悠闲的意味。但综观宗白华近六十年的学术研究,我们可以看到,"无论如何,《少年中国》时代的宗白华绝不是散步者的形象;游欧回国后的宗白华,也不是文物艺品之林的散步者"[2]。林同华在同时期所著的《宗白华美学思想研究》中就曾写道:"宗白华作为一位民主的战士,在他的审美理想论中,透露了对近代哲人——马克思关于改造这世界的最

---

〔1〕 吴予敏.试论中国美学的现代性理路[J].文艺研究,2000(1):4—13.
〔2〕 刘小枫.湖畔漫步的美学老人:忆念宗白华师[J].读书,1988(1):113—120.

高理想的向往。"[1]也即美学一开始在宗白华这里就不仅仅是作为一门学科而存在，它是宗白华寻找改变这社会的思想武器，宗白华终其一生都在围绕着"文化救国"，致力于实现"文化复兴"并以此为理念不断调整着自身的研究方向与研究策略。

曾是少年中国学会会员的宗白华，早在五四时期，便走上了其具有政治意味的"救世情怀"文化美学发展道路。他积极参加"少年中国学会"，在担任《时事新报》副刊《学灯》的编辑时，关注的问题涉及哲学、文学、科学、艺术等，他希望建设中国精神的新伦理文化，来实现非暴力变革社会的政治目标。在宗白华看来，中国新文化的创造与现代人格的重建是密不可分的。对于中国新文化的创造，他语重心长地提醒青年人说："望吾国青年注意于此，凡事须处于主动研究的地位，无趋于被动盲目的地位。"[2]所以，在宗白华看来，只有积极主动地行动起来去奋斗去创造，才能创建一个雄健文明的"少年中国"，创造一种新生命、新精神，它既不是旧中国的消极偷惰，也不是旧欧洲的暴力侵掠，而是发展自体一切天赋，活动进化，适应新世界新文化的"少年中国精神"。而对于新人格的建设，他认为只有从人性的根部启蒙民众，从社会文化方面培养国民整体向上的精神情绪，便可以实现主体间的人格平等与全体团结，从而达至建立美好新社会的救世目标，实现救国、救民的政治理想。显然，这是建立在一种普遍人性论基础之上的变革路径，属于比较温和的社会变革方式，它与当代的一些政治哲学家的乌托邦理想不谋而合，也反映了以宗白华为代表的中国知识分子在接受西方美学观念时，属于"肯定的美学"，即以"审美"的乌托邦为号召，主张放弃批判，"告别革命"，通过所谓的"心理积淀"进行"文化—心理"的塑造。他自己也声称，将来的目标，是打算做一个小小的"文化批评家"，细细研究中西文化，探寻出东方文化的基础与实在，然后再切实批评，以寻出新文化建设的真路来。中国旧文化中实有伟大优美的，万不可消灭，譬如中国的画。于是，宗白华携带着这一现实目标，向着他的生命艺术哲学出发。

留欧之后，宗白华一改五四时期中国学人普遍"西化"的主张，在东西对流中烛照到中国传统文化的魅力。他在德国法兰克福大学和柏林大学学习期间，不仅直接接触到美学家及艺术学学科创立者玛克斯·德索和新康德主义

---

〔1〕　林同华.宗白华美学思想研究[M].沈阳:辽宁人民出版社,1987:24.

〔2〕　宗白华.宗白华全集(第1卷)[M].合肥:安徽教育出版社,2008:103.

哲学家阿洛伊斯·里尔等人的思想,而且受到斯宾格勒的"反对西方文化中心论"观念的直接影响,以及斯宾格勒所运用的文化形态学比较分析方法的启发,促使宗白华回国后开始转向对中国传统文化和艺术精神进行研究。这是由于,沿途对欧洲艺术的观赏,尤其是罗丹的雕塑,使宗白华意识到伟大的艺术不单是表现人类的普遍精神,还会表现出时代精神,而且这种伟大的时代精神必然会通过伟大的艺术品表现出来遗传后世。以《歌德之人生启示》为开端,宗白华将歌德的"浮士德精神"视为西方近代文明的象征,认为它不仅表现出"西方文明自强不息的精神",同时具有"东方乐天知命、宁静致远的智慧",给近代人带来了一个新的生命情绪。这种对西方精神的思考使宗白华转向对中国精神的反思便顺其自然了。

于是,宗白华的美学思考便进入到了另一个阶段——从中国传统中寻找并复兴本民族的文化艺术精神去鼓舞当下境遇中的人。更重要的是,在抗战时期,战争中所表现出来的一些人性丑态,使他意识到重建民族文化精神与复兴民族审美理想的重要性与紧迫性,因为照现在的情状来看,中国实在尚无精神文化可言,"中国古文化中本有很精粹的,如周秦诸学者的大同主义(孔子)、平等主义(孟子)、自然主义(庄子)、兼爱主义(墨子),都极高尚伟大"〔1〕,但他们早已流风久歇,只深藏在残篇旧籍中间,并不存在于民族精神思想里了。而对个体精神的培养自然要依赖民族文化的熏陶,这也是对其早期主张用西方科学精神来改造中国旧文化观念的一种修正,不仅要吸取西方新文化的菁华,而且要复兴中国文化,因为中国旧文化中有着自身不可磨灭的伟大庄严的精神,世界未来文化的模范是兼取东西方文化的优点的。

我们可以看到,在宗白华这里,中国与西方之间并不仅仅是人种与国别的差异,而是具有不同文化特性的两种实体类别的差异,因为文化是中西差异的主要根源。回国任教直至晚年的宗白华,既不同于王国维后来转向对西方哲学的强烈抵触来探寻中国文化的出路,也不同于文化批评家鲁迅对传统的抗拒来探求中国社会的现代性出路问题。宗白华通过切实的体验与感受,在包容与接纳中西文化的异质性中最终完成了对中国美学的现代话语建构,在他那里,"中华性"与"现代性"不再是一对非此即彼,不可调和的矛盾体,而是互为存在的。一方面,宗白华认为将来的世界美学不应拘于一时一地的艺术表

---

〔1〕 宗白华.宗白华全集(第2卷)[M].合肥:安徽教育出版社,2008:102.

现,而应综合古今中外东西方美学的艺术理想,寻求融会贯通的普遍原则,同时又能突出每一文化固有的精神气质;另一方面现代文化并不仅仅指西方文化,换言之,西方文化并不是现代文化的代名词,文化现代性中应有中国文化的存在。尽管西方近代文化为我们带来一种新的生命情绪,但以技术理性占主导的西方却用它来征服自然和落后的民族,以厮杀之声暴露人性的丑恶。宗白华对这种主体性哲学为特色的西方近代精神是持否定态度的,在他看来,这种技术理性的单向度发展最终会使人类退回到原始的野蛮状态。宗白华美学的最终目标是要建立一个和谐的全人类的生命状态,使人类全体具有一种中国美学的"旋律美",使全世界的生命都能得以提升,这便是中国的艺术心灵,也即中国文化的美丽精神。宗白华说道,环顾全世界,尽是谈的实际,只有中国这一浴血抗战的土地上面才有理想与热情,有"诗"。因此,在军事上的胜利即将到来之时,宗白华认为,在这世界的文化花园里,继之者当是优美可爱的"中国精神",并强调"我们并不希求拿我们的精神征服世界,我们盼望世界上各型的文化人生能各尽其美,而止于其至善,这恐怕也是真正的中国精神。"〔1〕。

　　在宗白华后期的自述中,对于别人所贴的"古典趣味"标签,常常不置可否,以无言之美暗示了人们对他认识的片面性。林同华在《宗白华全集》的代后记《哲人永恒,"散步"常新——忆宗师白华的教诲》一文中回忆道,有的美学家因宗白华先生沉醉于西方的古希腊文化和文艺复兴时期的艺术,以及中国秦汉的、唐宋的、明清的等古典艺术之中,因此认为,宗白华的美学属于古典的。对于这种观点,宗白华不以为然。我们可以看到,他不仅喜欢古典艺术,还喜欢现代雕塑大师罗丹的作品,同时既喜欢古典绘画,也喜欢后印象派艺术家塞尚的作品。宗白华曾说道,罗丹的雕塑有如生命中的一刹那电光,破开云雾,照亮了他人生前进的方向,从此直往不趋,不复迟疑。而且,据林同华记载,宗白华在20世纪20年代就已经开始研究现代艺术,对马蒂斯、毕加索、康定斯基、蒙德里安等现代派艺术家都有精心的研究。《宗白华全集》中收录的译文中,还有20世纪70年代末翻译并出版的一部宝贵的《欧洲现代画派画论选》,译文中详述了现代艺术产生的背景及美学重心的转移,涉及的艺术派别包括印象主义、后印象主义、未来派、立体主义、超现实主义等等,其中尤其对

---

〔1〕　宗白华.宗白华全集(第2卷)[M].合肥:安徽教育出版社,2008:242.

塞尚和马蒂斯的美学思想深感契合。塞尚的绘画是被他常常挂在那简陋而富有书香味的书斋里的，而对于马蒂斯的绘画，他自述道，曾在三四十年代就说过，以马蒂斯为代表的这些现代派画家厌倦了对自然表象的刻画，他们以天真原始的心灵来探求那自然生命的核心。因而宗白华认为，这些现代派艺术是很有价值的。林同华总结道："宗先生热爱古典艺术，但它并不为古典艺术所束缚，他也热爱现代派艺术。"[1]刘小枫在宗白华逝世一周年后所写的《湖畔漫步的美学老人——忆念宗白华师》中，也证明了宗白华对西方现代美学，尤其是存在主义美学与现象学美学也极为了解。"宗先生的书架上陈放着海德格尔的著作《存在与时间》以及狄尔泰的著作，版本均为二三十年代。这使我颇感吃惊。"[2]刘小枫指出，就我国 20 世纪上半叶的学术情形来看，对西方文化的方法、范畴和价值尺规的借用，实际上并没有进入现代形态，虽有引进欧洲大陆的最新学术，但深入细致地了解的并不多，至于宗教哲学则仍在耽误。而宗白华自 20 世纪 40 年代以来就曾在南京大学讲过一点海德格尔，他认为海德格尔与中国人的思想很近，重视实践人生，重视生活体验，这很符合中国人的口味。而且在 70 年代，宗白华还翻译了关于海德格尔的一些资料。由此可见，宗白华从西方"拿来"的东西是非常有选择性的，在他看来都是最富有现代性的东西，最能为我所用的东西。这就是关涉生命、关涉人生的学问。

学界对宗白华生命哲学思想演变的划分，一般以 20 世纪 30 年代为界划为前后两个时期，前期主要受到以叔本华、柏格森为代表的西方生命哲学思潮的影响，把"生命"理解为一种绵延的创造活力；后期又回到中国哲学的宇宙观，把"生命"理解为一种内在的生命律动。[3]然而，值得注意的是，宗白华的生命哲学观中还存在着现代美学的影子，主要指其对存在主义美学和现象学美学的接受。这可以从宗白华晚期对现代艺术，尤其是后印象主义画家塞尚绘画的分析中看出，同时也显示了宗白华生命哲学思想的最终完形。这也正是本书研究的创新性所在，在前人研究成果的基础上，接着他们讲下去，回归历史语境，继续探索，重新发现宗白华美学思想中的现代性内涵。宗白华为我

〔1〕 宗白华.宗白华全集(第 4 卷)[M].合肥:安徽教育出版社,2008:791.
〔2〕 刘小枫.湖畔漫步的美学老人:忆念宗白华师[J].读书,1988(1):113—120.
〔3〕 彭锋《宗白华美学与生命哲学》(《北京大学学报》2000 年第 2 期)、陈望衡《宗白华的生命美学观》(《江海学刊》2001 年第 1 期)、李建盛《中国传统与现代性张力中的宗白华美学》(《中国文学研究》2014 年第 3 期)，这些研究都明确指出，宗白华生命哲学思想以 30 年代为界，有两个理论源头，一是西方的柏格森生命哲学，二是中国的，即《周易》中的生命哲学思想。

们论证了"现代性"与"中华性"问题的同一性,中国美学的现代性路径并不在于单纯的回归传统或是紧跟西方脚步,亦步亦趋,而应是在中西美学的并置中,平等对待中国文化与艺术的"基础与实在",最终建构出具有自身民族特色的中国现代美学话语体系。

壹

从"启蒙现代性"到"审美现代性"：

宗白华美学思想的现代性建构

站在当下回望历史,我们可以发现,美学在中国的使命或许从一开始就是超负荷运行的。中国绵延数千年的传统文化在 20 世纪初早已进入了一片充满不测的湍流区,其根基被时代大潮冲蚀得斑驳而脆弱,国人的文化自信一落千丈。一方面,现代性的需求是要维新,所以连清朝政府也不得不实行"新政"和提倡"新学",来迎接新时代的降临;另一方面,中国的一切典章旧物、风俗习惯、文化传统根深蒂固,无所不包,并不那么容易被新的东西取代。由此,那种既属于西方新学而又符合本土所需的"美学",在话语转换中发生的"美丽误会",在启蒙人心、拯救家国的时候就像一个诱人的"药引子"[1]。所以,中国美学的现代性问题在一开始就不仅仅是作为一种元理论的学科建设问题而存在,它被赋予了远超过其本身学理内容的政治、伦理、哲学的意义,在某种程度上,几乎被等同于"人生之学",关涉文化危机、社会拯救、生命态度等问题。如王国维的"完美之域"说,梁启超的"情感教育"说,蔡元培的"美化人生"论,鲁迅的"培育新人"论等,皆是试图以审美为中介来实现融个体解放与拯救民族危亡于一体的启蒙目标。

作为文化批评家、艺术哲学家和气质诗人的宗白华,对文化危机的感受尤为强烈,就是在这样一种宏大的社会语境中,以中国文化为主体,利用所吸取的西方哲学、艺术学、美学资源,开启了他建构自身美学的学术之路。一方面,"重建文化精神同一性,求取国家之生存",以一种"润物细无声"的浅声低吟方式,作为"隐线"潜存于他整个的学术思想演变过程之中;另一方面,"以审美为个体精神的解放",作为"明线"牵引着其美学研究方向,最终将文化复兴问题落实到对中华美学精神的开掘,彰显了其学术理路的最大实践价值。

---

[1] 吴志翔.20 世纪的中国美学[M].武汉:武汉大学出版社,2009:2—3.

第一章
现代性的哲学话语

在进入问题之前,有必要回到现代性自我奠基与自我否定的历史场域,来对何为现代性这一问题作出回答。20世纪60年代,西方知识分子从诸多层面对现代性问题进行了全方位、多维度的研究与批判,尤其是后现代理论思潮的出现,使得现代性问题更加谜象丛生。在中国,自20世纪90年代以来,随着现代化进程的加快,对现代性的考察与反思日渐凸显,成为知识分子们争论的焦点。作为一个总体性的概念,关涉现代性的问题繁芜复杂,但中西方学者普遍达成共识的一点是,都承认"现代性是一种双重现象"〔1〕,在其内部至少存在着两种明显不同的现代性。韦伯将其概括为工具理性与价值理性的对立,哈贝马斯将其描述为社会现代性与文化现代性之间的对立,卡林内斯库将其指认为社会现代性与审美现代性之间的对抗,遵循阿多诺理性批判精神的维尔默则将其径直概括为启蒙现代性与浪漫现代性之间的一种对峙。由此我们可以看出,现代性的矛盾性及内在冲突在西方现代主义批评家那里得到了淋漓尽致的展现。中国学者周宪曾说道,如果非要选择一个总体性的二元范畴来对现代性的这种特征加以描述的话,那么,我们可以用启蒙现代性与审美现代性这样的"元叙事"范畴来进行概括。〔2〕在这里,周宪选用这一范畴来概述现代性问题是有其深意的,一方面,与韦伯明确将理性分为工具理性与价值理性相区别,"启蒙现代性"的外延更宽,它是一个中性词,并不仅仅是工具理性的代名词;而与哈贝马斯和卡里内斯库所使用的"社会现代性"相比,"启蒙现

〔1〕 [英]吉登斯.现代性的后果[M].田禾,译.南京:译林出版社,2000:6.
〔2〕 周宪.审美现代性批判[M].北京:商务印书馆,2005:207.

代性"则暗示了现代性问题产生的源头,所以"启蒙现代性"似乎是一个更为恰当客观的表述方式。另一方面,用"审美现代性"来描述现代性的另一特征既指示了反抗现代性最早在艺术领域产生,也显示了作为感性力量的审美与重视理性的启蒙现代性的差异所在,感性对理性具有纠偏补救的作用。这提示我们现代性的矛盾和冲突其实就存在于其内部之中,同时也显示了超越现代性的变革力量也正是来自这种充满张力的结构之中。因此,通过解析何为启蒙现代性以及何为审美现代性,可以帮助我们正确地理解现代性的内涵与实质。

一、现代性的自我否定:作为问题出现的现代性及批评路径

作为一种社会历史发展过程的时间概念,现代起始于何时,它的时间节点在哪里,西方学者对此有不同的见解,德国宗教社会学家特洛尔奇(Ernst Troeltsch,1865—1923)将"启蒙运动"看作欧洲历史的转折点,德国现象学家舍勒(Max Scheler,1874—1928)则从他人类学的视野将现代的源头追溯至 13 世纪,而瑞士文化史家布克哈特(Jacob Burckhardt,1818—1897)认为,作为"世界的发现"和"人的发现"的文艺复兴时期理应被视为现代起源的标志。中国学者沈语冰指出,若如此下去,不断穷根溯源,那么关于现代起源的时间问题便没有终结之时。但可以确定的是,现代性作为一个问题出现,首先肇始于启蒙运动时期,至 19 世纪中叶,可以说这段时间是现代性问题爆发的准备阶段。现代性在启蒙思想家那里,一般被等同于现代,它意味着现代这个时代较过去更"进步",用卡西尔的话来说,启蒙时代就是个弥漫着理性进步思想的世纪。但是,当"理性"与"进步"的联姻变得消极时,便引来各种悲观历史主义哲学家的批评,卢梭便是第一个率先对启蒙现代性展开激进批判的思想家。卢梭不仅将现代社会的进步称作"最大的不幸",还提出了文明是自然的异化的观念,将理性诉诸到了人类的法庭,认为现代性会使人类脱离其原始状态,新知识积累得越多,就越无法找到获取最核心知识的方法。最后将会导致由于我们深入研究人类而变得更不认识人类。[1] 在卢梭看来,人与人之间本来都

---

[1] [法]卢梭.论人类不平等的起源和基础[M].李常山,译.北京:商务印书馆,1962:63.

是平等的,但由于在现代文明的发展进程中,一些人完善化或者变坏了,并获得了不属于原本天性的那些好的或坏的性质,便导致了现代社会中人与人之间的不平等关系。因而,卢梭认为,现代文明所创造的理性和智慧并不是人的真正价值所在,它割断了人和自然的联系,忽略了作为人的真正价值的道德精神和德性。那么,要解决人的分裂与异化问题,就需要引入"自然"和"自然状态"这一观念。显然,与那些乐观的启蒙主义者截然相异,卢梭所关注的是现代性导致的悖论性前景。尽管他所提出的回到"自然状态"具有一种理想的乌托邦精神,但也由此奠定了后来的思想家们的批判论调,进而成为现代性问题演变过程中的一个重要特征。

在 19 世纪中叶至 20 世纪初,这一被认为以理性为内核的启蒙现代性受到越来越多的西方思想大师的批判,指出启蒙理性所追求的主体解放非但未能实现,反而成为人性完整发展的桎梏,将人视为物的存在,尤其在进入 20 世纪以后,启蒙主义所标榜的工具理性与功利主义成为前现代社会王权与神权的替代物,经过意识形态的洗礼,在现代发展为更加野蛮血腥的帝国主义。这种"现代"效果,显然并非启蒙主义者所追求的现代性目标。于是,各种各样的"反现代"或"对抗现代"的意识形态与宗教潮流,在过去一个多世纪里在左和右两方面大量繁殖,种种解决现代性困境的方案也由此被提出。左的方面是以尼采和斯宾格勒为代表的文化批评派,右的方面是以霍克海默和阿多诺为代表的法兰克福学派。哈贝马斯指出,尼采在这一现代性批判潮流中起着关键性的作用,并导致了现代性批判的后现代转向。哈贝马斯说道,尼采在面对现代性时有两个选项:第一个是完全摒弃启蒙辩证法纲领,第二个是对主体中心理性进行再次内在批判。[1]尼采很明显选择了第一个选项,他放弃了对启蒙理性的修正,而是诉诸人的情感的"酒神精神"方案,以此来对抗启蒙现代性所造成的人的困境。这是由于,尼采将现代文化如此凋敝的原因一直向前溯源到苏格拉底以来的理性主义,他认为正是苏格拉底的出现使得世界成为理性解释的对象,理性最终演变为世界的主宰,那些充满灵光的希腊诸神开始隐退,酒神狄奥尼索斯也开始被人们遗忘,自此以后世界急转直下。由此,沈语冰将其总结为,关于理性的争论,到尼采这里,就从根本上发生了转移:以前所有的讨论,都是在启蒙辩证法的纲领内部,只是通过对理性不同侧面的微调,

---

〔1〕 〔德〕哈贝马斯. 现代性的哲学话语[M]. 曹卫东,译. 南京:译林出版社,2011:99.

来实现更高的理性,而从尼采开始,启蒙辩证法则整体成了"对生命力的持续反动"的现代版本。[1] 换言之,即便是那些对现代性持否定态度的批评家们,也只是将现代性的罪恶归咎于追求理性的现代启蒙运动,而尼采将矛头直指西方文化的理性源头。从古希腊哲学经由近代的大陆理性主义发展至德国哲学的集大成者黑格尔,理性终于被送上了哲学的最高宝座。于是,包括叔本华、尼采在内的各种非理性主义思潮轮番向它发起了挑战。一方面,他们明确了在现代性内部,与启蒙理性相对的"非理性"的审美现代性力量的存在,也就是说,他们试图以感性的现实生命而非从抽象的理性来解释这个世界,从而诱发了西方哲学体系中生命哲学美学派别的产生,这也是影响宗白华的重要西学资源,这里暂且不论。

我们需要注意的是,从尼采开始,富有想象和激情的感性力量被赋予反抗启蒙现代性的重任,包括主体理性在内的全部现代启蒙方案则成为应当被废弃的颓废的象征。用韦伯的话来说,就是审美在现代社会提供了某种世俗的救赎象征,也由此开启了反思现代性的审美理路,即从海德格尔经由形上学批判而回到前苏格拉底时代的哲学,正如尼采所提出的"酒神精神",认为它是前苏格拉底时期的产物,并作为人类文化史上一种"理想的"审美而存在,它是人类"诗意地栖居"的回响。

进入 20 世纪后,一批社会批评家们,直接声称导致现代文明危机的原因在于启蒙现代性所引发的科学技术和工具理性对人造成的异化。霍克海默和阿多诺在《启蒙辩证法》中,通过对启蒙的深刻反思从而对现代性进行了尖锐的批判,两人认为,启蒙作为一种进步思想,它的目的是把人从恐惧中解放出来并让其变成主人,然而一个完全受到启蒙的世界却是充满着不幸。[2] 自由、平等的启蒙理想反而成为对人的不平等的压制,这主要归咎于理性成了用来制造一切其他工具的一般工具。马尔库塞在《单面人》中进一步指出:"技术的逻各斯被转化为持续下来的奴役的逻各斯。技术的解放力量——物的工具化——成了解放的桎梏,这就是人的工具化。"[3] 从他们对理性、启蒙与现代文明的批评来看,启蒙现代性似乎陷入了知识与理想、进步与文明的重复循环、同义反复的虚无与困境之中,即表征为典型的"启蒙辩证法效应",或曰启

---

〔1〕 沈语冰. 透支的想象:现代性哲学引论[M]. 上海:学林出版社,2003:173.
〔2〕 [德]霍克海默,阿多诺. 启蒙辩证法[M]. 洪佩瑜,蔺月峰,译. 重庆:重庆出版社,1990:1.
〔3〕 [美]马尔库塞. 单面人[M]. 左晓斯,等,译. 长沙:湖南人民出版社,1988:136.

蒙的"二律背反"。最终引发了 20 世纪 60 年代以后后现代主义批评思潮对现代性的全盘否定。总体来说,伴随着神学世界观的解体,一般认为的启蒙时代的"好现代性"观念在 20 世纪被攻击得体无完肤。

可见,现代性作为一个问题出现,原因便在于现代性由以确证自身的那些基本原则——如理性与进步等——遭到了怀疑与批判。如绪论中所述,这些批评家们,尤其后现代主义思想家们,从启蒙思想的根基上对现代性进行了攻击,认为它存在的合法性已经彻底丧失,只有诉诸前苏格拉底的狄奥尼索斯力量,或者是采取一种"去中心"视界,抛弃"宏大叙事",认为只有通过"消解"合法化,才能重新建立各种话语之间的平等关系。如此一来,科学真理只不过是诸多话语中的一种而已,与人文学科话语一样,不再是"绝对真理"。而这种对抗的文化角色恰恰最先在美学领域产生,所以,从这个意义上来说,启蒙现代性与审美现代性是现代性的一体两面,前者既是后者的形成原因,又是导致其与之对抗的结果。这两种现代性之间的紧张对立关系,也逐渐形成了现代性内部冲突与内在张力的包围圈。

二、重返历史哲学场域:何为启蒙现代性及审美现代性

现在我们回过头来思考,现代性是什么? 换言之,现代性得以存在的基础是什么,为什么在产生之初是好的和可欲的? 我们知道,始于启蒙时期的对现代性原则的怀疑与批判,最终在西方蔓延并演变为一种对现代性的纯粹否定,所导致的文化现代性困惑也造成了对启蒙现代性方案的某种幻灭感,而这种幻灭感也成为了保守主义者们的借口。对此,哈贝马斯总结道,后现代主义实际上是审美现代性本身自始就表现出来的那种批判态度的一种更加激进化的姿态而已。在哈贝马斯看来,无论是保守主义,还是无政府主义的后现代主义者们,都是以告别现代性为名,行启蒙之实。他们一方面攻击的是启蒙现代性得以确证自身存在合法性的那些原则——理性和进步,认为它们是万恶之源;另一方面他们采用的武器——审美现代性——却也是从现代性内部衍化出来的。那么我们需要首先回答何为启蒙,也就是现代性得以存在的基础和它的正当性,同时也需要我们回到提出"审美现代性"的历史哲学场域中,来考察审美现代性的提出是否就是一种完全批判与否定的态度,还是一种辩证否定的

态度。这是我们面对现代性问题时需要解决的两个具体问题。

(一) 何为启蒙现代性:"主体理性的反思能力"和"时间意识的再生性"

两次世界大战的毁灭性打击使得欧洲传统崩溃,由那种崩溃所导致的反文明情绪,使得理性批判对于今天的许多人来说是令人信服的。但是,著名的欧洲政治思想史家理查德·沃林(Richard Wolin)却持相反观点,在他看来,科学与理性的差异正变得日益难以区分,这个年代出现的最为致命的倾向就是,人们能够从前者的不端行为追溯到后者的原始罪恶的臆断。[1] 这意味着,按照这种盛行的反形而上学精神,科学仅仅是形而上学之理性的"现代的""当前的"具体化而已,两者在本质上是难以区分的。"'逻各斯暴力'犯下了在真和假、美和丑、本质和表象之间做出区分的原罪"[2],那么也就是说,正是做出"理性的"区分和判断的这种行为,才导致了等级制度的产生。若照此种观点来看,贯穿整个西方思想史主题之一的、对于"正义"的苏格拉底—形而上学的追问,则成为西方文明的非正义的起源。沃林指出,这还可以概括为"理性即是万恶之源"。对此,哈贝马斯从现代性的哲学话语出发,展开了一项为现代性辩护的方案。在哈贝马斯看来,现代性概念一旦与西方理性主义的历史语境之间的内在关联被打破,那么人们便可以把现代化的自动持续过程相对化,因此,他要做的工作就是为受到诋毁的理性正名,也就是证明现代性为何是正当的、好的和可欲的。哈贝马斯指出:"黑格尔是使现代脱离外在于它的历史的规范的影响这个过程并使之升格为哲学问题的第一人。"[3] 这是由于黑格尔认为,"现代"作为一个以往从未出现过的新概念,必须要在其自身内部发生分裂的前提下稳固自身地位,黑格尔称之为"对哲学的要求"。他坚信哲学的使命是从思维的角度来把握其时代,而这个时代就是现代。由此,哈贝马斯指出,黑格尔的理论第一次用概念凸显出现代性、时间意识与合理性之间的格局,并对黑格尔评价道,虽然他"不是第一位现代性哲学家,但却是第一位意识到现代性问题的哲学家"[4]。所以,要弄清现代性与时间意识、合理性之间的内在关联,就必须回到黑格尔那里,也就是说,我们首先需要从黑格尔的现代性概念中去考察现代性自身。

[1] [德]沃林. 文化批评的观念[M]. 张国清,译. 北京:商务印书馆,2000:35.
[2] [德]沃林. 文化批评的观念[M]. 张国清,译. 北京:商务印书馆,2000:35.
[3] [德]哈贝马斯. 现代性的哲学话语[M]. 曹卫东,译. 南京:译林出版社,2004:19.
[4] [德]哈贝马斯. 现代性的哲学话语[M]. 曹卫东,译. 南京:译林出版社,2004:51.

　　哈贝马斯指出,在黑格尔那里,"现代"起初只是被当作一个历史概念来加以使用的,"新的时代"(Neue Zeit)就是"现代"(Moderne Zeit)。[1] 同时,哈氏也指出,这一观点来自 R. 科瑟勒克。科瑟勒克曾指出,"现代"或"新的时代"实际上描述的就是一种历史哲学意识,也就是说,人们开始从整个历史视野出发来反思自己在发展的历史过程中的位置。我们可以在黑格尔的《精神现象学》前言中看到他的这一观念的明确表述:

> 　　我们不难看到,我们这个时代是一个新时期的降生和过渡的时代。人的精神已经跟他旧日的生活与观念世界决裂,正使旧日的一切葬入于过去而着手进行他的自我改造。……成长着的精神也是慢慢地静悄悄地向着它新的形态发展,一块一块地拆除了它旧有的世界结构。只有通过个别的征象才预示着有什么别的东西正在到来。可是这种逐渐的、并未改变整个面貌的颓毁败坏,突然为日出所中断,升起的太阳就如闪电一下子建立起了新世界的形相。[2]

　　哈贝马斯解释道,从这里我们可以看出,时代精神是启发黑格尔的关键词汇之一,它把现在(Gegenwart)看作是一种过去与未来的过渡时代,既希望现时早些过去,又盼望未来快点降临,它们是已经发生和尚未发生的历史阶段,唯有瞬间的在场(当下)才是确实的。因而,现代这个"新的时代"本身即是指一个向未来开放的、正在形成的、有待于被未来否定的过程,即便是这种瞬间在场的确实性也难逃被扬弃的命运。因此,哈贝马斯指出,在 18 世纪随着"现代"或"现时代"一起出现的,除了"当下"之外,还出现了诸如革命、进步、发展、解放、危机及时代精神等新的概念或被注入新的内涵。从这个意义上来看,这种进步的、不可逆转的现代历史意识不仅提供了一个看待历史与现实的途径,更重要的是,它还将人类自己的生存与奋斗的意义纳入了未来的时间意识之中。正如哈贝马斯所总结的,在黑格尔的现代性概念中,由于 21 世纪即现代世界与旧世界的区别正在于它是向未来开放的,所以,划时代的新开端被设想为在每一个当下环节上都不断地重新开始。

---

[1] [德]哈贝马斯. 现代性的哲学话语[M]. 曹卫东,译. 南京:译林出版社,2004:5.
[2] [德]黑格尔. 精神现象学[M]. 贺麟,王玖兴,译. 北京:商务印书馆,1979:6—7.

　　也正是这种现代历史文化意识的出现,促使现代不能或不愿再从过去时代中借用标准,它得自行创立自己的规范,确证自己存在的基础。哈贝马斯指出,在这一基始问题上,黑格尔发现了现代性的原则乃是主体性,"人们来到这样一个阶段,自己知道自己是自由的……精神重又觉醒起来,能深入看见自己的理性"〔1〕。我们知道,事实上,现代性的奠基工作自笛卡尔便已经开始了。他不满于中世纪经院哲学的基本方法,发展出一种"普遍怀疑"的新方法,它怀疑一切教条和权威,而其基础就是正在怀疑着的"我思",故而提出了"我思故我在"这一现代哲学命题。沿着这一路径,近代西方哲学开始了漫长的探索"基础"的工作。众所周知,发展至康德哲学的"哥白尼式革命"遂使主体的地位定于一尊。不过,在哈贝马斯看来,第一位使现代性脱离过去,从而为自己确立标准,将主体性问题上升为一种哲学问题的人却是黑格尔。他首先发现了现代的原则是主体性,然后在此基础上,指出现代世界是一个进步和异化精神共存的世界,这既是现代世界的优越性所在,同时也是其危机所在。所以,对于现代的最初探讨就已包含了对现代的批判。黑格尔用"自由"与"反思"来说明主体性,用以描述"现代"的外观,"我们时代的伟大之处就在于自由地承认,精神财富从本质上讲是自在的"〔2〕。哈贝马斯认为,黑格尔的这一主体性概念包含着四种基本含义:首先是个体主义,这主要是指个体是构成现代社会一切的基础;其次是批判的权利,即人类能够根据自己的理性作出判断的能力,这也是现代性的基本标志;再次是行动的自由,即意志自由,这是现代性由以确立自身的行动准则或实践原理;最后,哲学由以把握自我意识的理念乃是一项现代事业,这实际上也显示了唯心论哲学观念。

　　哈贝马斯指出,根据这一观点,主体性原则从某种程度上来说在现代的宗教、国家与社会,以及科学、道德与艺术等中皆有所体现。在哲学中表现为笛卡尔"我思故我在"中的抽象主体性与康德哲学中绝对的"自我意识",它们关联着自我的认知主体结构,也即"'通过思辨'把握自身,主体反躬自问,并把自己当作客体"〔3〕。康德在三大《批判》中为反思哲学进行了奠基,理性被其视为最高法律机关,所有提出有效性要求的东西在理性面前都必须为自己辩解。因而,康德通过对知识基础的分析,赋予了纯粹理性批判承担我们滥用局限于

〔1〕 [德]黑格尔.哲学史讲演录(第3卷)[M].贺麟,王太庆,译.北京:商务印书馆,1959:334.
〔2〕 [德]哈贝马斯.现代性的哲学话语[M].曹卫东,译.南京:译林出版社,2004:20.
〔3〕 [德]哈贝马斯.现代性的哲学话语[M].曹卫东,译.南京:译林出版社,2004:22—23.

现象的认识能力的批判任务。在先验反思中，主体性原则无疑暴露无遗，所以，黑格尔指出，在康德哲学中，实际上蕴含着对现代世界本质的思考，即主体性与自我意识能否产生一种标准：它既是从现代世界中抽取出来的，同时又引导人们去认识现代世界。换言之，主体性的自我意识能否适用于批判自身内部发生了分裂的现代。[1] 关于这一点，我们可以从康德对启蒙运动的观点中找到回应。

康德认为，摆脱对外在权威的依赖以达到自由运用理性的状态即是启蒙运动的本质。也即由启蒙运动开启的现代，已不满足于仅将外在权威作为其正当性的根基，而是从自身找到存在的合法性。这个自身就是黑格尔所说的每个个体的理性。康德对此在《什么是启蒙运动?》中作了具体的阐释，启蒙运动是人类摆脱自己施加于自己的不成熟状态。不成熟状态是指不经他人指引就没有能力运用自己的理智。这不是因为缺乏理智，而是不经他人指引就缺乏勇气运用自己的理智。康德倡导道："Sapere aude! 要有勇气运用你自己的理智! 这就是启蒙运动的口号。"[2] 依卡西尔来看，运用你自己的理智，不仅仅意味着理性已成为人们相信一切事物的全部理由，在理性的天平上，任何权威都失去了优先性，还意味着运用理性的勇气和意志，而启蒙运动的全部动机也正是为了赢得这样一种自由。但自由并不是无限的，运用自己的理智还意味着与非理性和狂热区别开来。最后，但很重要的是，卡西尔指出，运用自己的理智还意味着历史是一个进步的过程，理性的正当性还在于它的未来。换言之，在谈及事物的正当性的时候，人们可以诉诸未来的进步，并以此作为一种主要的理由。康德不厌其烦地说道："一个时代决不能使自己负有义务并从而宣誓，要把后来的时代置于一种决没有可能扩大自己的(尤其是十分迫切的)认识、清除错误及一般地在启蒙中继续进步的状态之中。这是一种违反人性的犯罪行为，人性本来的天职恰好就在于这种进步。"[3] 如果说法国启蒙运动的狂热是一种纯粹的知性陶醉的话，那么康德的启蒙则更多关注的是社会的和可行的层面，即给予一个自由的空间。从这个意义上来说，我们可以认为，启蒙的含义一方面就在于它的反思性，削弱了宗教所发挥的绝对的一体化力量；另一方面在于它的不断再生性和敞开性，即启蒙没有一个量化的标准，

〔1〕 ［德］康德. 历史理性批判文集[M]. 何兆武，译. 北京：商务印书馆，2015：24.
〔2〕 ［德］康德. 历史理性批判文集[M]. 何兆武，译. 北京：商务印书馆，2015：23.
〔3〕 ［德］康德. 历史理性批判文集[M]. 何兆武，译. 北京：商务印书馆，2015：28.

既不能说现在已经或早已是一种启蒙状态了，也不能以为现在的启蒙已经足够了等等，真正的启蒙应是一个不断发生发展进化的过程。

到这里，我们便可以总结一下现代性了。在现代性的哲学话语中，它导源于这样一种敏感的时间意识，面向未来，追逐新异，但它只能在内部寻求规范，主体性原则是规范的唯一来源。所以，现代性的正当性可以表述为，它预示着人类有一个更加美好的未来。然而，现代性的主体性原则也暗含了现代世界的危机，主体性不仅使理性自身，还使整个生活系统陷于一种分裂状态，这主要表现为启蒙理性的觉醒。由此产生的启蒙反思文化虽然值得骄傲，但它与宗教的分道扬镳，导致了信仰与知识的分离，而这一点又是启蒙运动自身所无法克服的。黑格尔为了对生活分裂产生的危机给出解答，他批判了自然和精神、感性和理智、理智和理性、判断力和想象力等等在哲学上的对峙，并给出的计划是，从主体性哲学内部将主体性哲学打破，这使他构想出了"绝对"概念，即把理性作为一体化力量，企图以"一种超越绝对知性的理性能够采取强制的手段把理性在话语过程中必然要出现的矛盾统一起来"〔1〕。最终，黑格尔的现代性自我确证的哲学解决途径，也难逃唯心主义哲学的桎梏，将理性再次推向危险的边缘。正是在这一时期，理性主义和非理性主义的矛盾异常突出，此时的非理性主义思潮愈演愈烈，而传统理性却面临着空前的危机和批判，同时作为现代性原则的主体理性原则也正在遭受被消解的困境。

（二）何为审美现代性："对现代性原则的捍卫"和"对人的异化的反叛"

在现代的地平线上，"当下"被黑格尔赋予了至高无上的地位，他为当下（现代）划定的起始日期是启蒙运动和法国大革命，所以，在黑格尔这里，主体性原则的确立与现代性的自我奠基在启蒙运动中属于同一个过程。当黑格尔把理性主义发展到顶点，甚至把普鲁士看作是人间的理性王国时，一种对理性及在此基础上建立起来的资本主义文化的反思和批判的思潮就开始涌动了，现代性的合法性遭到怀疑。哈贝马斯指出，如果从概念史的角度来考察"现代"一词，就会发现它最早是在审美批判领域中力求明确自己的，这也说明了"Moderne、Modernitaer、Modernitc、Modernity"等词为什么直到现在还依然保留着审美的本质含义。

通常认为，这首先源于 18 世纪初那场著名的"古今之争"。这主要表现为

---

〔1〕　[德]哈贝马斯.现代性的哲学话语[M].曹卫东,译.南京:译林出版社,2011:28.

主张现代的一派通过攻击法国古典派的"完美"的美学概念,来强调自身在绘画趣味上与古典艺术的异质性,并从历史批判的角度去质疑法国古典艺术模仿古代范本的意义,借此来批驳超越时代的绝对的美的规范,并凸显具有时代局限的相对的美的标准,由此在审美领域确立了一种说法,即法国启蒙运动的自我理解乃是一个具有里程碑意义的新起点。对此,沈语冰总结道,如果说艺术的现代性在浪漫主义中达到完全明确化,而且自主艺术也在浪漫主义中达到鼎盛,那么我们不把浪漫主义理解为一种单纯的文艺创作或批评思潮,而是理解为对现代性之首次自觉的、大规模的反思与批判运动,便是合乎情理的了。

其中,在启蒙现代性开启的理性与进步的联姻之外,现代性的另一重要标志就是开启了审美与感性的联姻。这可以追溯至与笛卡尔同时期的意大利哲学家维科的"诗性智慧"观,帕斯卡所提出的与理性逻辑相对的"心灵逻辑"论等,他们都指出审美具有自己特有的形象思维的逻辑,而卢梭则以更加激进的反叛来批判现代文明,提倡"返回自然"。在这种理性主义批判的潮流中,鲍姆嘉通的"感性学"也由此成为专门的学问,研究人的感性不再被认为有损尊严,最终经由浪漫主义派别将感性原则推向了高潮。对此,正如英国哲学家、政治思想家以赛亚·柏林所指出的那样:"浪漫主义的重要性在于它是西方近代以来改变人们生活方式和思想模式的最大的一个运动。"[1]这主要体现在三个方面,首先在浪漫主义美学运动中,感性作为生存和价值的一元被注入了人类的精神领域,并被内化于人类的心灵。施莱格尔曾说道:"我不关心我看不见的一切,只关心我能闻、能尝、能触、能刺激我全部感官的一切。"[2]其次,浪漫主义美学是一种主体性美学,在艺术上最直接的表现就是强调艺术创作的天才、情感和想象,认为想象比卑贱、空洞的现实更丰富和充实,也即现实是有限的,想象是无限的。再次,浪漫派美学还是自由的美学,在此之前,美学是一种本体论美学,人们关心的是美是什么,浪漫主义美学把美和自由联系起来,而美和生命,美与自然的融合本身就内含了审美作为救赎意义的可能性。

然而,发展至19世纪中叶,正如马丁·亨克尔在《究竟什么是浪漫?》中所指出的,"浪漫派那一代人实在无法忍受不断加剧的整个世界对神的亵渎,无

〔1〕 Isaiah Berlin. The Roots of Romanticism, New Jersey:Princeton University Press,1999,1.

〔2〕 〔丹麦〕勃兰兑斯.19世纪文学主流(第2卷)[M].刘半九,译.北京:人民文学出版社,1981:75.

法忍受越来越多机械式的说明,无法忍受生活中诗意的丧失。……所以,我们可以把浪漫主义概括为'对现代性的第一次自我批判'"[1]。于是审美现代性以一个角斗士的角色出现,它反思、批判、否定自启蒙时期以来所形成的现代社会的合理性。卡林内斯库也注意到了这一特征,他说道,虽然不能精确地说出从何时开始出现两种迥然相异而又具有尖锐矛盾的现代性,但19世纪上半叶则是非常确切地出现了一种不可逆转的分裂,那就是"作为西方文明史一个阶段的现代性"与"作为美学概念的现代性"之间出现了不可消除的分裂。它们之间始终弥漫着无法调和的敌意,然而在这种皆欲灭亡对方的激烈对抗中,"未尝不容许甚至是激发了种种相互影响"[2]。卡林内斯库进一步解释道,对于资产阶级的现代性来说,它继承了现代观念史中那些早期阶段突出的传统,这主要表现为对进步的原理、对科技带来的好处的信心和对理性的崇拜,以及在一种抽象的人道主义框架内所定义的自由的理想,并走向实用主义,对行动与成功膜拜的趋势。与之相反,审美现代性,从其浪漫主义起源中就表现为一种激进的反资产阶级倾向,它憎恶资产阶级的价值观,并采用最相反的方式表现其憎恶,如无政府主义、启示录主义以及贵族式的自我流放等。可见,社会学家、思想家们所使用的与社会现代性相异的诸种现代性的原型便是源于浪漫主义美学运动。

哈贝马斯则进一步明确指出,这种对现代性的怀疑、批判与否定的观点实际上是秉承了浪漫主义批评家波德莱尔的那种过分强烈的审美批判倾向。哈贝马斯从"现代"的词源学上来考察,指出尽管在欧洲语言中,名词modernita在古代晚期就已被使用,但形容词"现代的"(modern)只是到了19世纪中期波德莱尔的艺术批评中才首次付诸使用,而且这也极有可能是在所有哲学与美学领域中最早使用"现代性"这一术语的。所以,哈贝马斯认为,弄清楚波德莱尔对现代性的审美批判的性质,也即波德莱尔对现代性是持纯粹否定还是辩证否定的态度,这将有助于我们对审美现代性的性质及其原则的客观认识。

1863年,以《恶之花》震惊西方文坛的波德莱尔,继承了18世纪初著名的古今之争的成果,并以一种特有的手段,在绝对美(古典主义艺术家推崇的)和相对美(浪漫主义美学倡导的)之间转变了重心。当时,审美的现代经验和历

---

〔1〕 刘小枫.诗化哲学[M].上海:华东师范大学出版社,2011:8.
〔2〕 [美]卡林内斯库.现代性的五副面孔[M].顾爱斌,李瑞华,译.南京:译林出版社,2015:42.

史的现代经验是一体的。在审美现代性的基本经验中,时代经验的视界被集中在分散的、摆脱日常习俗的主体性上,使得确立自我的问题越来越突出。因此,在波德莱尔看来,处在现实性与永恒性交汇点上的便是现代的艺术作品,他说道:

> 构成美的一种成分是永恒的,不变的,其多少极难加以确定,另一种成分是相对的,暂时的,可以说它是时代、风尚、道德、情欲,或是其中一种,或是兼容并蓄,它像神糕有趣的、引人的、开胃的表皮,没有它,第一种成分将是不能消化和不能品评的,将不为人性所接受和吸收。[1]

由此可见,现代绘画中所呈现出的当代生活短暂的、瞬间的美已经被作为艺术批评家的波德莱尔注意到了,这种美的特性便被称为"现代性"。所以,他强调现代的艺术家应能从这种易逝的、过渡的与琐碎的普通现象中提取出新的美质来,也即从过渡中抽出永恒,否则艺术将落入抽象的、无所依傍的现代虚空之中。在他看来,居伊就是这样一位擅长从现代生活中发掘美的艺术家。但是,我们不能由此误解波德莱尔在此就是宣扬一种简单的进步观,即那种认为凡是现代生活就是"现代性"本身、就是有价值的观念,或者说,那种认为只要表现现代题材就是正当的观念。他对现代状态下的矛盾生活有一种矛盾的心态,

> 巴黎的生活在富有诗意的和令人惊奇的题材方面是很丰富的,奇妙的事物像空气一样包围着我们,滋润着我们,但我们看不见。[2]

但他又说道:

> 还有一种很时髦的错误,我躲避它犹如躲避地狱。我说的是关于进步的观念……这种荒唐的观念在现代狂妄的腐朽土地上开花,使每个人推卸自己的义务,使每个灵魂摆脱自己的责任,使意志挣脱对美的爱所要

---

[1] [法]波德莱尔. 现代生活的画家[M]. 郭宏安,译. 杭州:浙江文艺出版社,2007:8.
[2] [法]波德莱尔. 波德莱尔美学论文选[M]. 郭宏安,译. 北京:人民文学出版社,2008:275.

求于它的一切联系。如果这种悲惨的疯狂长久地持续下去,人种就要退化,就会枕在宿命的枕头上,陷入衰败的颠三倒四的睡眠之中。这种自命不凡标志着一种已经明显的颓废。[1]

这种矛盾的心态使波德莱尔成为一个"反现代派",沈语冰指出,我们也由此来到了波德莱尔的现代美学思想中最有价值的部分,也即从审美批判的角度对现代性的自我奠基及自我确证、自我批判及自我否定所作的探讨。那就是从波德莱尔对现代性所下的定义来看,"现代性就是过渡、短暂、偶然,是艺术的一半,另一半是永恒与不变"[2]。可以说,波德莱尔对现代性的这一界定直到今天仍然有着不可动摇的经典地位,这是由于它将起源于浪漫主义艺术对当下的关注转变成一种哲学话语,即只有现代的,才可能是经典的。根据波德莱尔的理解,现代的价值是其终会变为"古典的",而"古典"也只是新世界开始的"瞬间",刚一显现,便即湮灭。这样一来,任何一个时代都有它自身的现代性,而在此瞬间中,永恒性和现实性则暂时地联系在了一起。因此,从这个意义上来说,波德莱尔的审美现代性便与黑格尔的现代性时间概念遥相呼应了,也即现代性既不是当下问题,更不是历史分期问题,而是每一个划时代的开端在每一个当下环节中再生的问题。换用解释学的话来说,"现代性就是不断敞开的视界问题了"[3]。如前所述,这一现代性见解实际上在黑格尔哲学中就已经得到了孕育。

由此,我们也可以看到,作为第一个在美学领域提出"现代性"这一术语的浪漫主义艺术批评家,波德莱尔不是纯粹的'为艺术而艺术'的人,而是在此口号下拥有深沉的'为人生而艺术'关怀的人;也不是一个对现代性持纯粹否定的人,而是一个对现代性持辩证否定的人。[4]换言之,在波德莱尔的美学观念中,现时代与过去并非截然对立,对艺术纯粹形式的把握是为了更好地理解现时代。以此来看,这不失为对波德莱尔美学思想的一种更客观、公正的评价,从这个意义上来说,与那些专门从事艺术创作以求视觉真实性的艺术观念相比,波德莱尔的艺术批评思想更加关注现时,以及对现时现象的描绘,这也

〔1〕 [法]波德莱尔.波德莱尔美学论文选[M].郭宏安,译.北京:人民文学出版社,2008:329.
〔2〕 [法]波德莱尔.现代生活的画家[M].郭宏安,译.杭州:浙江文艺出版社,2007:32.
〔3〕 沈语冰.透支的想象:现代性哲学引论[M].上海:学林出版社,2003:52.
〔4〕 沈语冰.20世纪艺术批评[M].杭州:中国美术学院出版社,2009:27.

是波德莱尔美学思想中最耀眼的地方,艺术自律只是前提,反映现时代的人生百态才是其目的。这标志着美学观念的转变,美学家开始关注现代性的审美,并有意识地在艺术层面实践它,它的开创性意义是极重大的。波德莱尔以后,美学的自律性得到强化,人们在关注艺术形式内部的纯粹性与外部的现实性的同时,开始注重艺术家自身的独创性以及对现时代的把握。但历史的发展总是令人出乎意料的,波德莱尔之后的艺术向着审美自律性发展而去,人们把握住了波德莱尔关于现代定义的前半截思想,即艺术要捕捉住现时代的过渡、短暂的瞬时印象,但对于波德莱尔关于瞬间"永久化""经典化"这一后半部美学思想的深意,直到在后印象派画家塞尚的艺术创作中,我们才看到对它的实践与努力。

如果说,现代性在思想变革与社会变革层面分别表现出主体性原则的确立和启蒙理性的最终形成,并最终演化为对人及其理性的高度肯定的话,那么,我们必须看到,自浪漫主义运动开始的,在美学领域和艺术实践中对人的灵性、本能与情感需求的强调,既是从人的感性生命角度对主体性的再次强调,同时,也是以人的感性生命维度来对抗现代科技文明与理性进步观念对人的异化。也就是说,审美现代性作为一种反思、批判现时代社会的意识形态,既包含对现代性原则之主体性原则的捍卫,又包含着对现代理性目标对人的异化的反抗。由此,在这以后,艺术批评领域内的现代性问题也几乎总是与作为社会范畴的现代性处于对立状态,并承担着对异化的世俗理性社会的救赎功能。这可以从德国社会学家马克斯·韦伯的表述中看出:

> 生活的理智化和理性化的发展改变了这一情境。因为在这些状况下,艺术变成了一个越来越自觉把握到的有独立价值的世界,这些价值本身就是存在的。不论怎么解释,艺术都承担了一种世俗救赎功能。它提供了一种从日常生活的千篇一律中解脱出来的救赎,尤其是从理论和实践的理性主义那不断增长的压力中解脱出来的救赎。[1]

可见,韦伯较波德莱尔进一步将审美发展为对"世俗"的救赎,也即将作为

---

[1] H. H. Gerth, C. W. Mills. From Max Weber: Essays in Sociology [M]. New York: Oxford University Press, 1946, 342.

主体的人从现代社会的工具理性的"铁笼"中拯救出来,并且它甚至具有取代宗教的功能。因为审美在本质上既不同于科学的认知—工具理性,也不同于伦理的道德—实践理性,它是一种信仰的情感—价值理性。在这里,为了更清楚地理解审美这一内涵,我们不妨引用泰勒的话来看,在现代社会中,审美"有一种从垂死的、惯例的、工具化的文明的常规形式中使经验回复的广泛的热望"[1]。此乃审美现代性的要义所在。也即,只有在与社会现代性的对立状态中,我们或许才能正确地理解现代性问题。

综上,我们可以总结道,自笛卡尔开创的大陆理性主义为现代性的主体性原则奠定第一块基石的同时,也为现代性的批判埋下了种子。对理性主义的反思必然引导人们重新回到想象、情感与直觉。从逻各斯的普罗米修斯王国被驱逐出去的神话—诗意的力量像回飞棒一般又飞回来了。对发端于启蒙时期的西方思想而言,也即对现代性思想而言,审美现代性从诞生那一天起就与唯理主义哲学构成了内在的紧张关系,它是反对神权与王权的精神武器,是肯定生命本能的一种反理念的理念。

所以,我们这里所说的审美现代性,指的是这样一种特质,即通过强调与科学、道德相对的审美之维,在现代知识谱系中用感性和生命的主体性原则为人的主体性立法,以实现驳斥理性权威和传统道德的目标。一言以蔽之,启蒙现代性与审美现代性共同构成了现代性的内在张力,在人类社会的前进道路上,两者必然互为存在,互相矫正。启蒙现代性是社会发展的主要动力,审美现代性也绝不能完全否定启蒙现代性的社会功能。从文化唯物主义立场出发,我们要做的是,在肯定启蒙现代性积极作用的前提下,发挥审美现代性对启蒙现代性的补救和纠偏作用。对于发端于19世纪末20世纪初的中国现代美学而言,可以说它在一开始所看重的也正是美学的解放、超越之义,最终目标是希冀通过艺术来达到改变现实的目的。从这个意义上来说,20世纪以来的中国思想史具有一定的审美性,更准确地说,是具有以感性生命的原则来代替旧理性旧伦理原则的倾向,这也构成了中国20世纪的重要文化景观。

---

〔1〕 [加]查尔斯·泰勒. 自我的根源:现代认同的形成[M]. 韩震,译. 南京:译林出版社,2001:734.

第二章
启蒙之路与现代性的未竟之业

现代性问题对于西方学界来说由来已久，而且影响深远。可以说，源于现代性自身的内在矛盾构成了各种问题的母题，在不同的时代不断地衍生出新的子问题来。对于中国百年来的一代又一代的知识分子而言，现代性，作为一项尚未完结的现实的理想的追求，仍然有着经久不衰的魅力与吸引力。肇始于中国近代社会的启蒙与西方的启蒙运动相比较而言，它们不仅在社会基础方面，而且在文化传统与追求目标方面皆有非常明显的区别。中国近代社会的启蒙既非自然科学知识进化的产物，也非在人和上帝的关系中产生，而是在民族危机与文化危机中日渐成长壮大的一项思想解放运动。所以，中国的启蒙毋宁说是一种"救亡型启蒙"，也即人的主体性的"启蒙"和民族解放是交织在一起的。正是在这种特定的历史情境下，中国现代性发展过程中的审美启蒙的意义就被格外地凸显出来。一方面，社会的变革往往需要借助审美革命的形式，披上诗意的外衣，行启蒙变革的功效；另一方面，审美现代性也常常以革命的名义在社会中推演自身，从而产生出更深厚的文化变革力量。作为哲学家、美学家和诗人的宗白华，对民族危机感受尤为强烈，立志做一个"小小的文化批评家"，在这样一种特殊的社会启蒙语境下，开始了他的学术求索之路，从学理角度为我们阐释了审美对于改造国民性的启蒙变革力量。

一、宗白华美学研究的历史语境：启蒙与救亡中的审美拯救

在探究中国现代思想史时，李泽厚曾用"启蒙"与"救亡"的双重变奏来概

述中国 20 世纪的现代性追寻过程。尽管这一结论一再受到学人的质疑与批评，但毋庸置疑，李泽厚为我们提供了一个简洁明晰地回首中国现代思想史演变历程的基本思考框架。在李泽厚看来，五四运动实际上包含着两个性质不同的运动，一是以启蒙为目标以批判旧传统为特色的新文化运动，一是批判旧政权的学生爱国反帝运动。在"启蒙性的新文化运动开展不久，就碰上了救亡性的反帝政治运动"[1]，两者很快地合流在一起。李泽厚认为，不同于以前康、梁、孙、黄把重点放在政治斗争上，经过戊戌变法、辛亥革命之后，1915 年兴起的新文化运动提倡科学与民主，并将重点放在启蒙与文化上，认为只有从人性的根部启蒙民众，改造国民性，摧毁中国旧传统，革新文化，才能拯救羸弱的中国。1919 年的五四学生运动在李泽厚看来，则属救亡范畴。李泽厚总结道，自新文化运动以来到五四运动的历史潮流是"以专注于文化批判始，仍然复归到政治斗争终"[2]，然而，启蒙与救亡并行不悖的局面并没有延续多久，这是由于"中国现代历史的客观逻辑（主要是日本的侵略）终于使文化启蒙先是从属于救亡，后是完全为救亡所压倒"[3]。但是，有些学者并不赞同李泽厚的"救亡最终压倒启蒙"这一观点。如金冲及就曾指出，救亡在中国近代历史进程中并不是作为启蒙的对立面而存在的，而是救亡唤起了启蒙，两者相互促进，共同构成了中国近代史发展进程中的一条普遍规律。

我们看到，无论是李泽厚提出的"救亡最终压倒启蒙"，还是以金冲及为代表的反对李泽厚的"压倒说"，他们都始终承认以"启蒙"与"救亡"这对关键词来描述中国近现代史的发展特点是合理且有效的。但两者的根本分歧在于，如何描述"五四"以后的启蒙与救亡的关系，这实际上主要源于他们对启蒙的界定不同。在李泽厚看来，当政治斗争片面强调集体主义而忽视个体主义时，救亡便与启蒙分道扬镳了，也即启蒙在李泽厚的美学研究中指的是欧洲启蒙运动中所倡导的个性解放、自由和民主等。在以金冲及为代表的"救亡唤起启蒙"的学人那里，启蒙不再局限于 18 世纪的欧洲启蒙理论，而是以中国的汉字语义来阐释启蒙的内涵，认为凡是能够用来救亡的思想、观念和理论等都属于启蒙的外延之中，也即启蒙运动的本质内容在于能否"救亡"，它成为衡量启蒙成效的价值标准。虽然这一观点扩大了启蒙的外延，但它为后来学人进一步

〔1〕 李泽厚. 中国现代思想史论[M]. 天津：天津社会科学院出版社，2003：7.
〔2〕 李泽厚. 中国现代思想史论[M]. 天津：天津社会科学院出版社，2003：9.
〔3〕 李泽厚. 走我自己的路[M]. 合肥：安徽文艺出版社，1994：530.

分析中国启蒙的特点提供了论辩的空间。

对于中西启蒙内涵之间的差异,另一中国学者高力克作出了客观而恰当的说明,他说道,谋求国家富强的民族主义目标是中国启蒙运动的原动力,所以中国的启蒙运动和民族主义是一直并肩前进的。而欧洲启蒙时代的个人主义精神可以说是世界主义的。这也是中国启蒙和欧洲启蒙的差异所在,而"救亡压倒启蒙"的观点则明显忽视了中国启蒙的民族主义关怀和中西启蒙的历史差异。实际上,与欧洲人文主义启蒙相比,中国启蒙的深层目标是"救亡",因而可以说中国启蒙是一种落后民族谋求富强之道的"救亡型启蒙"[1]。高力克认为,虽然表征为科学、人道、民主与自由的欧洲启蒙运动具有普遍性与世界性,但它忽略了中国启蒙运动要求诞生的特殊社会情境,中国启蒙运动不仅在社会基础上,而且在文化传统和追求目标上都与欧洲启蒙运动存在着巨大差异。由此可见,对于20世纪命运多舛的中华民族来说,"救亡"使得中国的"启蒙"不得不以一种革命形式滑向功利主义一边,换言之,也正是在这种拯救民族危亡的语境下造就了中国的启蒙不同于西方,它始终与民族解放联系在一起,两者相互促进,这在五四时期表现得尤为明显。

但这一结论并不是要贬低启蒙在中国社会现代进程中的作用,实际上在中国作为主体性的个体的解放和整个国家的民族救亡是联系在一起的。从这个意义来说,中国近代启蒙思想不是衍生于固有文化,而是发展自民族和民族文化的危机,历经"洋务运动对西方技术的发现,戊戌运动对西方政治制度的尝试",但这仍然使"吾人于共和国体制之下备受专制政治之痛苦",而且民族危机日益深重,因而,"'人'的启蒙问题应运而生"[2]。就是在这种情况下,中国启蒙现代性中的审美的力量就被凸显出来。美学在中国不仅仅是作为一门学科的元理论而存在,从某种意义上来说,中国现代美学的发生在一开始就被赋予了远超过其自身的重要内容。在关涉艺术旨趣以外,它还承担着涵养人格甚至拯救社会的任务。中国最初的美学理论,如王国维的"完美之域"说,梁启超的"情感教育"说,蔡元培的"美化人生"论,鲁迅的"培育新人"论等,皆是试图以审美为中介来实现融个体解放与拯救民族危亡于一体的启蒙目标。与陈独秀、胡适等人鼓吹的科学与民主的社会启蒙相同,这些美学家们是从社会

[1] 高力克.五四的思想世界[M].上海:学林出版社,2003:9.
[2] 汪晖.预言与危机(下篇):中国现代历史中的"五四"启蒙运动[J].文学评论,1989(4):35—47,86.

群体价值层面进行的精神启蒙。

　　可见,中国现代美学起初是作为一种"肯定的美学"诞生的,基本出发点是借助审美的启蒙来实现人性或人格的完善。在这一点上,中国的美学接近伦理学,作为一种以培养健全人格,养成艺术化人生态度为中心内容的审美教育论,在中国发挥着超世济俗的精神功能。正如吴予敏所指出的,中国美学现代性的基本命题是中国人能否通过审美方式获得有价值的生存或精神拯救?这既非认识论,也非本体论,而是由美学折射的实在问题。中国美学现代性有两条理路:第一条理路是以审美为个体精神的解放或解脱;第二条理路是以审美求取族群、阶级和国家的生存发展,重建文化精神的同一性。但中国近百年特殊的社会政治文化及重建现代国家与社会组织的历史任务,使得第一条美学理路蛰伏潜延,而第二条美学理路却大张其道,且美学被赋予了远超其学术身份的意义。[1] 作为哲学家、美学家和诗人的宗白华,立志做一个"小小的文化批评家",对民族文化危机感受尤为强烈,也是在这样一种宏大的社会启蒙语境下,开始了他的学术求索之路,从学理角度为我们阐释了审美对于改造国民性的启蒙变革力量。

二、宗白华启蒙美学思想的根基:救世情怀与"超人"境界

　　根据卡林内斯库在《现代性的五副面孔》中所描摹的现代性在审美表现上的五副面孔,王一川也从中国历史语境出发,认为中国现代性也表现出五副美学形态的面孔,并按照它们在历史上的演变过程,将其概括为:革命主义、审美主义、文化主义、先锋派及拿来主义。那么,"革命主义"为何构成了中国现代性的第一副美学面孔?王一川指出,这主要源于一种广泛而深刻的文化现代性变革的需求,对中国人来说,几乎整个 20 世纪都可以被认为是一个"极端的革命的年代",因而,在它的映照下,中国现代性的航船或乘风破浪或逆水行进。这也给中国许多知识分子带来了无限的希望,激发过无尽的浪漫激情。所以,中国的审美现代性自其诞生之日起,便与革命联姻,一方面,社会变革常常借助审美革命的形式,披上诗意的外衣,行启蒙变革的功效;另一方面,审美

〔1〕　吴予敏.试论中国美学的现代性理路[J].文艺研究,2000(1):4—13.

现代性为了发挥更深厚的文化变革力量，也往往以革命的名义在社会中推演自身。

为了与暴力形式的革命义区分开来，较早从日本引进并推广这一术语的梁启超，在 1902 年所写的《释革》中特别做了专门说明，"革"包含英语中的 Reform 和 Revolution 两层含义。"Reform 者，因其所固有而损益之以迁于善"，比如英国国会 1832 年的 Reform 即是此意，日本人译为改革、革新。"Revolution 者，若轮转然，从根柢处掀翻之，而别造一新世界"，比如法国 1789 年的 Revolution 即为此意，日本人译为革命。[1] 梁启超认为，在这里将其译为"革命"并不准确。因为"革命"在中国汉语词源学上是指暴力形式的革命，比如《易》中所记述的"汤武革命，顺乎天而应乎人"，《书》中所记述的"革殷受命"，都指的是"王朝易姓"，不足以当 Revolution 之意。[2] 所以，主"改革"的 Ref 和主"变革"的 Revo，都显然与"革命"截然不同。中国数年以前，仁人志士奔走呼号，皆曰改革而已，而"比年外患日益剧，内腐日益甚，民智程度亦渐增进，浸润于达哲之理想，逼迫于世界之大势，于是咸知非变革不足以救中国。其所谓变革云者，即英语 Revolution 之义也"[3]。然而，因日本将此语译为革命，于是相沿而顺呼之曰，"革命革命"。由此，梁启超指出，世界上所有的有形的和无形的事物，都有它们的 Ref 义，也都有它们的 Revo 义，不只是在政治上才有的，[4] 如中国学人提出的"经学革命、史学革命、文界革命"等，它们的本义就是变革。所以，在梁启超看来，与以暴制暴的革命内容相区别，变革和革新实际上是人类社会进步的必然规律和要求。

1904 年，梁启超在《中国历史上革命之研究》中则更加明确地指出"革命之义有广狭"，并且将革命概括为三种含义：第一，最广义含义的革命是指，"社会上一切有形无形之事物所生之大变动皆是也"；第二，广义含义的革命是指，"政治上之异动与前此划然成一新时代者，无论以和平得之，以铁血得之，皆是也"；第三，狭义含义的革命是指，"专以兵力向于中央政府者是也"。[5] 王一川指出，若以此为比照，那么中国审美现代性中的第一副面孔——革命主义，

---

[1] 梁启超. 梁启超文集[M]. 北京：线装书局，2009：164.
[2] 梁启超. 梁启超文集[M]. 北京：线装书局，2009：164.
[3] 梁启超. 梁启超文集[M]. 北京：线装书局，2009：164—165.
[4] 梁启超. 梁启超文集[M]. 北京：线装书局，2009：164.
[5] 梁启超. 梁启超全集(3)[M]. 北京：北京出版社，1999：7.

也可以说包含着三层形态,第一层即为最广义的革命主义形态,与"改良主义"或"渐进主义"相近,如梁启超的"诗界革命"和"小说界革命"论,凡是那些能够推进社会变革的新思潮等皆属此类;第二层为广义的革命主义,它是指那些依赖大众媒介和新的语言所实施的有组织有目的的社会变革运动,如五四新文化运动即属此类;第三类是为狭义的革命主义,与政治相关的"革命文学""革命文艺"等属于此类,它的创作观念是革命在艺术之前,也即艺术服务于革命。由此,我们可以得出,以五四为分界线,五四前的革命主义及五四文学革命是一种广义的革命主义美学,五四后的"无产阶级革命文艺"则代表了一种狭义的革命主义美学形态,不过它们都区别于作为暴力运动的革命形态。

在 20 世纪 20 年代左右兴起的各类救国、救民团体多属于第一、第二广义的革命义,希冀通过某种社会思潮或社会运动来变革、革新社会,他们不得不以艺术革命的激进手段来寻找使中国转危为安的途径。作为五四运动时期中国最大也最有影响的社会团体——少年中国学会就是在这种现实情境中应运而生的,会员人数众多,分布广泛,既有早期共产党人李大钊、毛泽东、恽代英、张闻天等,又有右翼人士曾琦、李璜、左舜生等,另外田汉、康白情、朱自清、郑伯奇、方东美等文化界名人也都是其成员。1918 年,在同济同学的介绍下,魏时珍参与了少年中国学会的筹备工作,并且成为学会的活跃分子和骨干成员。1919 年 7 月 1 日,少年中国学会在北京正式成立,王光祈担任学会会长兼执行部主任,宗白华当选评议部后补议员,并负责《少年中国》月刊在上海的出版发行工作。虽然少年中国学会在历史上仅度过七个春秋,但其所进行的社会变革活动,鲜明地体现了中国知识分子为现代性变革所作的努力,它欲集合全国青年,为中国创造新生活,为东亚开辟一新纪元。

《少年中国》学会倡导的宗旨是:"本科学的精神,为社会的活动,以创造'少年中国'。"[1]宗白华与王光祈两人南北呼应,希望可以把少年中国学会建成为一个学术团体,主张教育、学术救国。在学会成立前夕,王光祈便明确提出,本学会目标乃振作少年精神、研究真实学术、发展社会事业、转移末世风气。这一主张得到了宗白华的积极响应。宗白华在《少年中国》第 1 卷第 2 期发表的《我创造少年中国的办法》(1919 年 8 月 15 日)一文中进一步阐述道,创造少年中国,并不是用武力去创造,也不是从政治上去创造,而是从社会方面

---

[1]　张允侯等.五四时期的社团(1)[M].北京:三联书店,1979:225.

去改造,用教育同实业来改造旧中国。这可从宗白华在《少年中国》等刊物上发表的大量文章中看出,从创造少年中国的办法到少年中国学会的会务问题,从人生观问题到社会问题,从诗歌创作到文化批评等,他的文章内容涉猎广泛,在那理性、沉稳的文字中无不渗透着深沉的、难以遏制的济世情怀。宗白华在《时事新报·学灯》(1919 年 8 月 29 日)发表了他的第一首新体诗《问祖国》:

> 祖国!祖国!/你这样灿烂明丽的河山,/怎蒙了漫天无际的黑雾?/你这样聪慧多才的民族,/怎堕入长梦不醒的迷途?/你沉雾几时消?/你长梦几时寐?/我在此独立苍茫,/你对我默然无语![1]

诗中充满了对祖国的热爱和期望祖国能摆脱黑暗走向光明的殷切之情。宗白华认为,要在整体上创造我们的新国魂,创造真正的"少年中国",关键还在于"人"。在《中国青年的奋斗生活与创造生活》中,宗白华这样说道,"我在上海看见很多的青年,暮气沉沉,毫无创造的精神,终日过一种淫侈逸乐的寄生生活,恬不知耻,我见了很为中国前途悲观,我们中国人民本来就缺乏奋斗精神与创造精神,若是这最有希望的青年也是如此,恐怕中国在二十世纪间已经根本上没有存在价值了!"[2]因此,宗白华特别重视青年的作用,强调新青年在新设少年中国中的责任。对于此时的宗白华来说,这是我们改造社会,创造新人格和新国魂的唯一途径。这个途径也即中国现在每个青年都要有奋斗和创造精神,然后将这些精神汇聚为一个伟大的总体精神,"这大精神有奋斗的意志,有创造的能力,打破世界上一切不平等的压制侵掠,发展自体一切天赋,……不是旧中国的消极偷堕,也不是旧欧洲的暴力侵掠,而是适应新世界新文化的'少年中国精神'"[3]。但是当下社会中包括青年在内的一般平民,几乎过的都是一种"机械的,物质的,肉的生活",还感觉不到"精神生活,理想生活,超现实的生活……的需要"[4]。长此以往,不仅会阻碍中国的新文化运动发展,一切艺术、学术、文学等精神文化皆不能由平民的需要向上发生伟大

的发展了,而且这种不健全的人格将会侵蚀人性的感受力,消损生命的张力,社会也将会如死水一般,毫无生机可言。所以,宗白华认为,中国现代知识分子的首要责任在于要替中国一般平民培养理想生活的"需要",并使这个"需要"成为中国一般平民心之所向的精神生活,即"在现实生活以外,还希求一种超现实生活,在物质生活以外,还希求一种精神生活"。然后我们的文化运动才能基于中国一般平民的"需要"产生光明的前途。[1]也就是说,新文化运动归根结底还是要解决"人"的问题,因此,在宗白华看来,第一步便是帮青年们创造一个新的正确的人生观。

此时的宗白华刚刚加入少年中国学会,救世情怀空前高涨,在文章中他明显地以哲人自居,力求给人以指导,给社会以解药。在《说人生观》(1919)中宗白华这样写道,"世俗众生,昏蒙愚暗,心为形役,识为情牵,茫昧以生,朦胧以死,不审生之所从来,死之所自往,人生职责,究竟为何,斯亦已耳。明哲之士,智越常流,感生世之哀乐,惊宇宙之神奇,莫不憬然而觉,遽然而省,思穷宇宙之奥,探人生之源,求得一宇宙观,以解万象变化之因,立一人生观,以定人行为之的"[2]。从中可见宗白华作为一位社会指导者的自信。宗白华据此进一步指出,由于人的意志不同,面对人生,不同的人持有不同的看法,有诗人、哲人、社会庸民之分,大抵可分为乐观、超然观、悲观三种。宗白华既反对悲观自残派与消极纵乐派,又反对旷达无为派,他提倡一种"超世入世"的人生观,认为它是一种真超然观,在本质上区别于"超世而不入世"者。"超世入世"之派既非遁世,趋于寂灭,亦非热中,堕于激进,而是虽然"栖神物外,寄心世表,生死荣悴,渺不系怀"[3],但"悯彼众生,犹陷泥淖,于是毅然奋起,慷慨救世"[4]。换言之,这种人生观能够以人类祸福为己任,但不是以追逐功名为目的,因为他们知道罪福皆空,所以能够以一种无为而无不为的超然的态度永久进行下去。宗白华首先将这一思想运用到了少年中国的建设上,认为"超世入世"之人生观实际上乃世界圣哲所共同具有的一种"超人"境界,并应作为今后世界少年人生行为的标准。因此,宗白华指出,应先建立一个思想高尚、精神坚强、宗旨正大、行为稳健的精英团体。然后再向外扩张,改造整个旧社会,这

[1] 宗白华.宗白华全集(第1卷)[M].合肥:安徽教育出版社,2008:204.
[2] 宗白华.宗白华全集(第1卷)[M].合肥:安徽教育出版社,2008:17.
[3] 宗白华.宗白华全集(第1卷)[M].合肥:安徽教育出版社,2008:18.
[4] 宗白华.宗白华全集(第1卷)[M].合肥:安徽教育出版社,2008:25.

一主张可以说与当代的一些政治哲学家的观点不谋而合。

　　总而言之,"我们不像现在欧洲的社会党,用武力暴动去同旧社会宣战。我们情愿让了他们,逃到了深山野旷的地方,另自安炉起灶,造个新社会,然后发大悲心,再去救援旧社会,使他们也享同等的幸福"[1]。因为在宗白华看来,武力暴动不会从根本上改变社会的实质,只有从人性的根部启蒙民众,通过情感传染的方式来改造国民性才有可能真正实现人类整体的解放,这是一种建立在普遍人性情感基础上的变革路径。这一超己思想明显的来自于对歌德普遍人性论思想的吸收,宗白华从青年时代就极为喜欢歌德,他当时的座右铭就是"拿叔本华的眼睛看世界,拿歌德的精神做人"。但宗白华又对歌德思想做了创新,他说道,"歌德有一句诗说:'人类最高的幸福就是人类的人格。'这句话很有深意。但是我以为'人类的幸福在于时时创造更高的人格'"[2]。他将歌德的普遍人性论运用于动态的社会现实之中,认为要想在残酷的、自利的、黑暗的现实社会之中生存发展下去,只有先从培养小己新人格开始,再向着"超人"的境界做去,共同"谋人类'同情心'的涵养与发展"[3],因为"同情"是社会结合的起点与社会协作的原动力,同时是社会向前进步的轨道,是小己解放,迈向超己的第一步。因此,这也就不难理解宗白华的救世思想了,它追求的是超越个体之上的和谐,中西个体解放路线的根本不同之处即在于一是强调社会的人,一是强调个体的人,如若单纯强调个人的自由解放,那么它将导致另一种暴乱。

三、宗白华启蒙理想的实现路径:同情与忏悔中的人格建构

　　与欧洲启蒙运动着眼于作为个体的"人"的建构不同,宗白华的"少年中国"理想注重"理想人格"的建构,它直接关系着民族的前途问题。宗白华曾先后两次在《少年中国》发文界定了"人格"的内在含义,而且两次界定的内容几乎是一模一样的,一次是在第 1 卷第 4 期发表的《理想中少年中国之妇女》(1919 年 10 月 15 日),另一次是在第 1 卷第 5 期发表的《中国少年的奋斗生活

[1]　宗白华.宗白华全集(第 1 卷)[M].合肥:安徽教育出版社,2008:36.
[2]　宗白华.宗白华全集(第 1 卷)[M].合肥:安徽教育出版社,2008:99.
[3]　宗白华.宗白华全集(第 1 卷)[M].合肥:安徽教育出版社,2008:317.

与创造生活》(1919年11月15日)。宗白华引韦斯巴登对人格所作的定义,即人格是指一种个体精神,它是一切天赋、行动的本能,并且在社会中是自由的。由此引申,宗白华认为人格就是我们"人类小己一切天赋本能的总汇体"[1],而这种天赋本能可以通过研究学理,美术熏陶,磨炼意志,强健体魄而获得进化。宗白华继续说道,"我以为我们创造小己人格最好的地方就是在大宇宙的自然境界间"[2],可由自然的观察渐渐形成一个根据实际的宇宙观,不仅"可以阔大我们的心胸气节"[3],还能借"观察生物界生活战争的剧烈,又使我们触目惊心,启发我们大悲救世的意志"[4]。从这里,我们可以看出,宗白华作为美学家潜质的显现。由于认为济世救人的根本在于启示宇宙和人生的真相,于是宗白华开始了对宇宙人生真相的执着探求。然而随着哲学研究的深入,他发现纯粹思辨的哲学并不能解决这一问题,领悟和表现宇宙真相的最好方式是艺术。

正是在这个时候郭沫若出现了,郭沫若激情四溢的诗歌引起了宗白华极大的兴奋。1919年9月下旬至11月下旬,宗白华在主编《时事新报·学灯》上连续刊登了郭沫若的十几篇文章。1920年1月,宗白华甚至取消了《学灯》的"新文艺"栏目,并把当月"新诗"栏目的四个版本全给了郭沫若。同月,在写给郭沫若的信中,宗白华这样说道:"你诗中的境界是我心中的境界。我每读一首,就得一回安慰。因我心中常常也有这种同等的意境,只是因为平日多在'概念世界'中分析康德哲学,不常在'直觉世界'感觉自然的神秘,所以偶然起了清妙幽远的感觉,一时得不着名言将它表写出了。"[5]而郭沫若写了他心中的境界,宗白华认为,他是一个"真诗人",而这主要得益于郭沫若与自然和哲理的接近,所以养成了一种高尚的"诗人人格"。我们需要注意的是,不同于其在《少年中国》时期从社会学意义上对人格内涵所作的界定,这是宗白华第一次在美学意义上使用"人格"一词。这种转变对于宗白华来说具有重大意义,宗白华开始关注到作为个体的人的感性生命。在这封信后不久,1920年2月中旬到3月中旬,宗白华在《少年中国》和《时事新报·学灯》上接连发表的两

[1]　宗白华.宗白华全集(第1卷)[M].合肥:安徽教育出版社,2008:98.
[2]　宗白华.宗白华全集(第1卷)[M].合肥:安徽教育出版社,2008:98.
[3]　宗白华.宗白华全集(第1卷)[M].合肥:安徽教育出版社,2008:99.
[4]　宗白华.宗白华全集(第1卷)[M].合肥:安徽教育出版社,2008:99.
[5]　宗白华.宗白华全集(第1卷)[M].合肥:安徽教育出版社,2008:214.

篇文章中,一是《新诗略谈》,一是《新文学底源泉——新的精神生活内容底创造与修养》,提出了养成健全诗人人格的关键在于自然活动和社会活动,以及哲理研究。那么,诗人所描写的生命便是人类精神生命的一段实现,也就是说,艺术就是创作主体的"人格"外化。从此,关于理想人格的建构问题,宗白华转向了从艺术出发来寻求解决方案。换言之,社会学意义上的人格观念构成了他从美学建构人格内涵的基础,而与郭沫若的结识深化了他对理想人格建构论的认识。

宗白华系统地论述艺术与社会两者之间关系的文章,最早见于 1921 年 1 月,发表在《少年中国》第 2 卷第 7 期的《艺术生活——艺术生活与同期》一文中,他饱含激情地感慨道:

> 诸君! 我们这个世界,本是一个物质的世界,本是一个冷酷的世界。你看,大宇长宙的中间何等黑暗呀! 何等森寒呀! 但是,它能进化、能活动、能创造,这是什么缘故呢? 因为它有'光',因为它有"热"。
> 诸君! 我们这个人生,本是一个机械的人生,本是一个自利的人生。你看,社会民族中间何等黑暗呀! 何等森寒呀! 但是,它也能进化、能活动、能创造,这是什么缘故呢? 因为它有"情",因为它有"同情"。[1]

在这里宗白华将社会人生中的"情"等同于宇宙间的"光"与"热",虽然在广袤的宇宙中,我们社会民族中存在着诸多黑暗,但人类自身所具有的特殊的"同情"能力可以使我们的社会进化。"同情"说在当代的政治哲学和伦理美学领域并不陌生,西方的一些政治哲学家如罗尔斯、罗蒂、努斯鲍姆等,均从政治伦理学的角度将"同情"作为建构诗性正义社会的关键路径而被频繁提出。而"同情"范畴的引入,也为宗白华将自己的人格美学思想与对宇宙人生真相的探求结合起来,它既是宗白华救世模式的道德基础,也是宗白华生命哲学美学的逻辑起点。从这个意义上来看,与欧洲的启蒙理性不同,宗白华的启蒙思想兼具法国启蒙运动对主体性的强调,但又与最终形成德意志文化民族主义精神的德国启蒙运动相似,而采取的启蒙方法则是注重情感伦理的苏格兰启蒙运动。究其原因,一方面在西方启蒙思想传入中国时,距离欧洲启蒙运动的发

---

[1] 宗白华. 宗白华全集(第 1 卷)[M]. 合肥:安徽教育出版社,2008:316—317.

生已经近两百多年,此时,西方现代性自身的内部矛盾也已暴露,于是各种启蒙学说同时被引介到中国,致使中国启蒙思想内部出现多种研究理路;另一方面的深层原因在于宗白华的诗意性格,执着于对宇宙人生真相的探求,在他看来,对宇宙人生真相的领悟和发现是实现其救世情怀最为根本的问题。

"同情"论在西方以休谟、亚当·斯密和叔本华为代表,休谟和亚当·斯密提出人的同情能力有助于社会的正义,叔本华则提倡与理性主义哲学相对的唯意志论,从而使得西方的非理性主义哲学盛行起来。宗白华早期哲学思想中的这种唯情感意志论,便是受到叔本华哲学的影响,认为"思想而外,尚有存者,即感情意志也,此喜、怒、悲欢、恐惧、希望、恶疾等情,既无外物,亦非思想,与生俱生,万物俱备,总名之曰:意志"[1]。与之对应,人的行动主要源于三种情感:一是自利,二是害他,三是同情。同情是道德的根源,它在规范人的行为中发挥着最重要的功能,"具此感者,视他人之痛苦,如在己身。无限之同情,悲悯一切众生,为道德极则"[2]。可见,在宗白华看来,同感是产生同情的前提,两者是因果关系。宗白华也曾明确说道,"同情"是对"Empathy"一词的翻译,为了更好地理解"同情"这一术语的内涵,我们有必要将它与通常所译的"移情"这一美学范畴加以比较。不同于"移情"偏重于将客体对象融入自己的主观情绪之中,"同情"更强调发生对象主客体之间的平等交流与对话。"移情"具有静止性,是主体对客体的主导,它强调在内在的想象中主体情感的释放,体现了在现实之外还有一个想象的空间,这是一种单纯的审美快感;而"同情"导向一种伦理价值的维度,它侧重关注对象的感受,是一种导向他者的想象,强调主体间在交流中所引发的一种促进事物对象发展的结果,同情具有互动性和目的性。正如他自己所说的,早期多在"概念世界"中分析康德哲学,相信这种同情能力是建立在先验的共通感基础上的,那么受叔本华唯意志论伦理哲学观的影响,相信无限之同情可以使个体消灭自私的恶的本性,从而达至仁爱的美好境界,则是建立在普遍人性论基础上的。

然而,人类生活中存在着大量的寄生虫,他们无法认识到自己所犯下的罪恶,于是在与郭沫若和田汉通信期间,宗白华提出了一种"忏悔型人格"。它主要是指在对宇宙万物同情时,对存在过失的人生应进行真诚的忏悔,这些都是

---

〔1〕 宗白华. 宗白华全集(第1卷)[M]. 合肥:安徽教育出版社,2008:6.
〔2〕 宗白华. 宗白华全集(第1卷)[M]. 合肥:安徽教育出版社,2008:8.

为着建立健全的人格,因为"人之不成,诗于何有?"〔1〕那么,人之不成,国于何有?宗白华认为,郭沫若是一个泛神论者,他的诗作有一种自然 Nature 的清芬,《学灯》栏需要的正是这种清芬给社会输入新鲜的血液,他与田汉都将是"东方未来的诗人"。而郭沫若认为自己因为婚姻的问题是罪恶的精髓,不配宗白华的如此重视,于是在书信中,他向田汉、宗白华倾诉自己的罪恶:"我的过去若不全盘吐泻净尽,我的将来终究是被一团阴影裹着,莫有开展的希望。我罪恶的负担,若不早卸个干净,我可怜的灵魂终究困顿在泪海里,莫有超脱的一日。"〔2〕宗白华与田汉认为,忏悔是养成健全人格的前提,人本身就是理智与情感、灵与肉的矛盾体,而人性并不会因缺点、矛盾的存在而无法完满,它只是砥砺我们人格向上的创造罢了,但很少有人敢于正视这种矛盾性,并对自身的罪恶进行公开的忏悔。田汉更是直接指出,"一个人总是在 Good and Evil 中间交战的。战得胜罪恶的便为君子,便算是个人;战不胜罪恶的人,便为小人,便算是个兽! 人禽关头,只争毫发,是不容有中性的! 所以一个人的一生,若以线形表之,只是波线,朝而君子,便是登山'Λ';夕而小人,便是落谷'∨';绝少能一直线到底的。人要建设自己的人格,便要'力争上流',便是要力由深谷攀登高山之巅。安于深谷的是'罪恶的精髓';想要努必死之力以攀登高山的,是'忏悔的人格'。世界天成的人格者很少,所以'忏悔的人格者'乃为可贵"〔3〕。作为忏悔的主体,我们应有勇气面对真实的自己,作为倾听者,要以此为戒,检视自己的行为,宽容地对待他人的罪恶。然而他们认为在中国当下,很少有敢于公开忏悔自身缺陷的,更不用说对于社会现状的公开反思了,它暗示着新道德的建设还有许多曲折,一言以蔽之,现在的社会仅是一种"衣冠文明"。

由此可见,在宗白华看来,首先,在个体意义上,以"同情"和"忏悔"构建的新人格,可以形成人们反思、想象他者的能力。"同情"的张力强调服从真理,破除偏见,以一种科学的认识来思考黑暗社会现实产生的原因,明确我们的人生是人与人之间相互作用的社会,每一个个体都是属于社会大同情组织的。这样,我们才能从理性的角度决定人生行为的标准,做出有意义的选择。另一

〔1〕宗白华.宗白华全集(第1卷)[M].合肥:安徽教育出版社,2008:239.
〔2〕宗白华.宗白华全集(第1卷)[M].合肥:安徽教育出版社,2008:236.
〔3〕宗白华.宗白华全集(第1卷)[M].合肥:安徽教育出版社,2008:243.

方面,"同情"还可以唤醒我们内心的良善,使人类成为活生生的人,而不仅是机械的、无情感的、物质的生物体。这就要求我们要从艺术的观察上推察人生生活的行为方向。我们应像艺术家的创造过程一样,积极地把我们的生活,像艺术品那样循着优美高尚的目标去创造。同样,我们的人生也应像艺术品那样协和,整饬,优美,一致。对于社会上的各种现象,无论是美的、伟岸的还是丑的、鄙俗的社会生活,我们都以一种唯美的眼光和同情的眼光对待,那么心中就会获得一种安慰与宁静,一种精神界的愉快,从而渐渐地使我们作为小己的哀乐烦闷的负面情绪减少,直至形成一种超小己的艺术人生观。更重要的是,一旦我们以艺术的眼光,平等对待人生中的各种情境,那么我们便可平心静气,用研究的眼光,客观分析事情的原委、因果和真相,这便会避免事情向不良的方向发展。因此,同情不仅可以提高人们的感受力,还具有理性批判的精神,它是帮助国民形成艺术人生观的核心,然后人们便可以根据这种人生观指导自己的行为标准。

　　其次,从社会学意义来看,宗白华认为,"同情"是维系社会、促使社会健康发展的最重要工具,若人丧失同情力,那么将导致社会解体。这是由于同情力可以帮助民众形成对国家,对民族的爱,使人们以小己之力感受到社会整体的力量,并积极地投入于生命的波浪,世界的潮流之中。但由于中国的家庭主义观念至上,向来只晓得个人与家庭,不晓得有社会,因而对社会上的事向来漠不关心,似乎与己无关,抑或是把社会看作敌国,"不是高蹈远隐不相闻问,或冷眼旁观妄肆讥评,就是怀挟野心,争图权利,攘夺些财产,回到家中,围着妻子儿女过他团圆快乐的家庭生活,全不讲求社会上共同的娱乐与共同的利益"[1]。然而,"这种心习最不适宜现代潮流,尤不适合共和政体,因为个人主义与家庭主义盛了,社会上政治上的责任心自然就冷淡了。我们若不能战胜自己的恶心习,断不能战胜社会的黑潮流"[2]。因此,我们需要精神能量的补给与填充,"美化"国民的感情,在这里"美化"大略可相当于"净化",宗白华希望保持人性的纯洁性与美好,培养国民的大情怀精神。西方当代政治哲学家玛莎·努斯鲍姆曾提出文学想象可以作为建构人类"同情"力的德性伦理媒介。宗白华提出了相应的观点,他认为文学、绘画、音乐等艺术化的生活可以

〔1〕　宗白华.宗白华全集(第1卷)[M].合肥:安徽教育出版社,2008:94.
〔2〕　宗白华.宗白华全集(第1卷)[M].合肥:安徽教育出版社,2008:94.

丰富我们的生命,融社会的感觉情绪于一致。因为,即使在面对相同的人生境遇时,因个人的社会地位关系的差别,不同的人所产生的情绪也是不同的。反之,若以小说、音乐、绘画等媒介将其描写于可感的艺术形式之中,必然会引起全社会的注意与同感。那么,人们具着这种同感便会产生出与他人共情的能力,觉着全社会人类都是同等的,并不分别。于是,"人我之界不严,有时以他人之喜为喜,以他人之悲为悲。看见他人的痛苦,如同深受。这时候,小我的范围解放,入于社会大我之圈,和全人类的情绪感觉一致颤动,古来的宗教家如释迦、耶稣,一生都在这个境界中"〔1〕。由此,"同情"说的引入,宗白华将欧洲启蒙运动中对作为主体性的人的研究转变为一种对人的理想人格境界的追求。

再次,宗白华指出,"同情的结局入于创造",这主要是指对同情能力和忏悔精神的培养,最终可以转换成人们奋斗与创造的力量。宗白华强调,青年应积极行动起来,一面与过去的精神恶习作斗争,一面要创造自身的小己新人格和未来中国的新文化,这体现了宗白华辩证的现代观。对宗白华来说,无论是对于奋斗目标的培养,还是对于新人生观和爱国心的培养,都要落实到具体行动中来。而对于小己新人格的创造,宗白华认为只有先在自然中从人性的根部养成坚韧稳固的人格基础,才能够有勇气、有毅力与黑暗的社会进行长久的斗争;对于中国新文化的创造,他语重心长地提醒青年人说:"望吾国青年注意于此,凡事须处于主动研究的地位,无趋于被动盲目的地位。"〔2〕所以,宗白华强调积极主动地行动起来去奋斗去创造,以创建一个雄健文明的"少年中国",创造一种新生命、新精神,它不是旧中国的消极偷惰,也不是旧欧洲的暴力侵掠,将是发展自体一切天赋、活动进化,适应新世界新文化的"少年中国精神"。

综上,在宗白华的早期美学思想中,理想人格的建构关系着民族的前途,只有通过情感传染的方式从人性根部的启蒙,才有可能真正实现人类整体的解放。从主体来看,宗白华的"同情"说是一种偏理性的、可培养的情感能力,忏悔则保证了人们反思的能力,它们是创造"少年中国",建设新人格,促进社会人生向艺术化人生方向发展的重要引擎。与西方建立在自身人性、人权优越性之上的"同情"观不同,宗白华是立足于全人类,提出的一种建基于普遍人

---

〔1〕　宗白华.宗白华全集(第1卷)[M].合肥:安徽教育出版社,2008:318.
〔2〕　宗白华.宗白华全集(第1卷)[M].合肥:安徽教育出版社,2008:103.

性基础之上的,谋同情心共同发展的人类目标。从这个意义上说,宗白华的启蒙思想与欧洲的启蒙理性不同,他兼具法国启蒙运动对主体性的强调,但又与最终形成德意志文化民族主义精神的德国启蒙运动相似,采取的方法则是注重情感伦理的苏格兰启蒙运动。从早期对人性的哲学考察至中国"忏悔人格"的研究,宗白华逐渐接触到现象的内部,不再是单纯的设想,而是与中国传统文化映射相结合,分析中国人的特点,来寻找建设新人格、新文化的路径,他自己也声称:将来的结果,想做一个小小的"文化批评家",通过研寻中西文化,确立东方文化存在的基础,然后再进行切实的批评,这样才有可能找到建设新文化的正确道路。因为,中国旧文化中实有伟大优美的,万不可消灭,譬如中国的画。于是,宗白华携着这一现实目标,向着他的生命哲学美学出发。

第三章
审美之维与中国文化复兴之途

　　晚清以降古老的中国文明逐渐卷入了世界性的现代变革之中。西方文明的冲击,使得中国传统秩序的根基遭到破坏,这种破坏不仅有对中国社会旧制度的否定,更有对中华民族传统文化价值的怀疑与抨击。中国的知识分子们由此开始反思,中国文化在现代世界中应以何种身份自处? 如果中国文化无法在现代世界中找到自身存在的合理性基础,它将不得不在生存的恐慌和思想的混乱之间作出选择。一战、二战接连爆发,整个世界皆处于大动荡大危机之中,整个现代性的合法性遭到质疑,西方学界将这一切都归咎于现代性自身所导致的工具理性与价值理性的冲突与失衡,他们开始诉诸东方文化来寻求解决自身现代性困境的方案。

　　1920 年 7 月,刚到德国两月之余的宗白华,在寄回国内的信中对这一情境作了描述:在当今世界文化的对流中呈现出了一种"动流趋静流"的情况,也即西方文明表现出对东方文化倾慕的趋势。抗日战争全面爆发后,置身于这一特殊境遇的民族危机中的宗白华,得以从世界语境中重新思考中国新文化的建设问题,从而发现了中国艺术心灵在世界文化中的独特气质,企图以"文化救国"的美学理路继续为中国寻找出路。因此,不同于早期谋求人类普遍精神共同发展的伦理美学视域,宗白华此时将重心转向对"文化的灵魂"以及"民族精神的个性和命运"的研究上,以期实现中国的文化复兴。值得注意的是,面对西方学界对现代性问题提出的怀疑与批评,我们应如何协调现代性自身出现的危机与重建中华民族文化之间的关系,宗白华给出的策略是:从中国现实需求出发,既不否定西方现代科技文明本身的价值,又以中国文化为立足点来寻求解决这一现代性困境的方案。换言之,在宗白华看来,技术与哲学是我们建造新国家大业的两根重要基石。

一、宗白华文化美学研究转向的契机：
"中国文艺复兴"观念的提出

　　学界在对中国现代性的思考中，普遍把"五四"作为中国现代性进程的起点，同时又将其视为中国现代性发展的顶点，认为后来的种种努力都未能达到它的高度。尽管在这场标榜科学与民主的五四新文化运动中，"启蒙"作为其代名词并被赋予了无限的意义，但新文化运动的先驱胡适在晚年时却用"中国的文艺复兴"来概说这一新文化运动经验，指出这场文学革命运动实际上与欧洲的文艺复兴有着许多相似之处，而且在追忆平生事业时，自认为最令其自豪的便是对"中国文艺复兴"这一学说的贡献。从 1923 年为中华教育改进社撰写专论《中国之文艺复兴》起，到 1958 年发表《中国文艺复兴运动》这一期间，胡适多次以中国文艺复兴为题进行演讲，并将他在芝加哥大学所作的《今日中国文化的趋势》(1933)，在出版时命名为《中国的文艺复兴》。胡适也由此被誉为"中国文艺复兴之父"。

　　实际上，最早提出"中国文艺复兴"问题的并非胡适，而是梁启超。梁启超在 1904 年所作的《论中国学术思想变迁之大势》中提出，清代两百多年的学术发展实乃"中国之文艺复兴时代"；其原因在于清代的学术思潮是对宋明理学的反动，以"复古"为职志者也，所以从动机和内容上来说，它都与欧洲的文艺复兴运动相似。在今天看来，梁启超仅从欧洲文艺复兴运动的表现方式来比拟清代的学术思潮显然是存在缺陷的，但这也为后来人打开了新的学术研究视角。胡适便是受到了这一观点的影响，他在《中国哲学史大纲》(1919 年 2 月出版)的导言中写道："综观清代学术变迁的大势，可称为古学昌明的时代。"[1]在这一点上，它与欧洲的文艺复兴运动有相似之处。但胡适并没有停留于此，而是进一步将中国的文艺复兴的广度延伸到五四新文化运动时期，从而提出中国文艺复兴的"四阶段说"。

　　依胡适观点来看，中国的文艺复兴自宋时便已开始，明代市民文化中戏

---

〔1〕 姜义华编. 胡适学术文集：中国哲学史(上册)[M].北京：中华书局,1991:13.

曲、小说的兴盛为第二阶段,清代学术的勃兴则为第三阶段,而1915年以后的五四新文化运动思潮为第四阶段。然而,通过综观胡适关于文艺复兴的论述,他明显认为近来的新文化运动才属于"彻头彻尾的文艺复兴运动"[1]。胡适在《中国的文艺复兴》中指出,肇始于1917年的新文化运动有三个特征:首先,它是一场自觉的以白话文取代旧语言创作的古文学运动;其次,它是一场自觉的反对传统文化诸多观念,张扬人的生命价值的思想解放运动;再次,它又是一场人文主义运动,由那些不仅通晓自身文化遗产,而又尽力用现代新的、历史的批判和探索方式去研究这些文化遗产的人领导的。总之,这是一场"预示着并指向一个古老民族和古老文明的新生运动"[2],也即中国的文艺复兴运动。最重要的是,胡适认为,中西"两个文艺复兴运动"的要旨都是强调人类的解放。由此,在胡适看来,无论是外在文学变革形式,还是思想内容,新文化运动都可与欧洲的文艺复兴运动相比拟。不仅如此,仅就英文"Renaissance"来说,胡适认为,直译为"再生"更为合适,即再生出一个新的时代。此后,尽管胡适在写作中仍使用文艺复兴这个名词,但明显是从"再生"的意义上来使用的。从中国词源学来看,"再生"也兼具"复兴"与"创造"的双重含义。因而,对于胡适来说,所谓"中国的文艺复兴",不仅只是一场文化运动而已,它还有一个更广阔的含义,即通过给人们一个活文学来创造一个新的人生观,并且对于我国传统文化来说,"再生"不是"通过任何实际意义上的古老文明的再生来实现的,而是通过创造一种新文明来实现的"[3]。这一点可以从胡适对五四新文化运动使命的总结中看出,"它是自觉的、有意识的运动。其领袖知道他们需要什么,知道为获得自己所需必须破坏什么。他们需要新语言、新文学、新的生活观和社会观、以及新的学术。……依我的理解,这些就是中国文艺复兴的使命"[4]。由此可见,胡适更关注文学革命的建设性。若是将这一观点扩展开来,我们可以这样概括胡适的文艺复兴观,即在他看来,"文艺复兴"这一术语的核心在于破坏基础上的创造,而五四新文化运动正是"复兴传统文化基础上的创造新文化运动"[5],虽有其破坏的一面,但其目标仍是为了新学术、新

---

〔1〕 董德福."中国文艺复兴"的历史考辨[J].江苏大学学报(社会科学版),2002(1):34—40.
〔2〕 胡适.中国的文艺复兴[M].欧阳哲生,译.北京:外语教学与研究出版社,2001:181.
〔3〕 [美]格里德.胡适与中国的文艺复兴[M].鲁奇,译.南京:江苏人民出版社,1989:336—337.
〔4〕 胡适.中国的文艺复兴[M].欧阳哲生,译.北京:外语教学与研究出版社,2001:182—183.
〔5〕 洪峻峰.胡适"五四文艺复兴"说发微[J].厦门大学学报(哲学社会科学版),1995(3):;39—43.

人格、新社会的建设。

抗战时期,李长之对胡适的这一观点做出了正面回应。在《迎中国的文艺复兴》(1944)一书中,李长之指出,五四新文化运动只能被看作是一场"启蒙"运动,尚不足以视为中国的文艺复兴,并且认为将胡适称为中国的文艺复兴之父是不准确的。虽然胡适强调新文化运动的建设性,但是李长之认为,这场运动实在是"有破坏而无建设,有现实而无理想,有清浅而无深厚的情感,唯物,功利,甚而势力"[1]。换言之,"'五四'精神的缺点就是没有发挥深厚的情感,少光,少热,少深度和远景,浅! 在精神上太贫瘠,还没有做到民族的自觉和自信。对于西洋文化吸收得不够彻底,对于中国文化还把握得不够核心"[2]。但现在我们已经逐渐完成民族的解放任务了,接下来应该是文化的解放,所以,李长之认为,中国真正的文艺复兴应是指"从偏枯的理智变为情感理智同样发展,从清浅鄙近变而为深厚远大,从移植的变而为本土的,从截取的变而为根本的,从单单是自然科学运动的姿态变而为各方面的进步,尤其是思想和精神上的。这应该是新的文化运动的姿态"[3]。由此可见,李长之那里,文艺复兴是"一个古代文化的再生,尤其是古代思想方式,人生方式,艺术方式的再生"[4]。显然,李长之是以中国文化为视角,认为中国的文艺复兴应指中国文化思想和艺术精神在现代语境中的再生,所以它与作为启蒙运动的文学革命是截然不同的两个阶段。由此来看,梁启超、胡适、李长之等人或重文艺复兴的"复古"形式,或重"人的解放"的思想意义,或重文化精神的复兴,但无疑他们都是以欧洲的文艺复兴运动为参照。那么我们需要回顾一下欧洲文艺复兴运动的内涵与意义。

众所周知,欧洲的文艺复兴是指发生于 14 世纪中叶至 16 世纪的思想文化运动,这是一场以复兴古希腊罗马文明为主要内容而进行的反封建、反神学的人文主义运动。首先,"文艺复兴"(Renaissance)一词来源于《圣经·约翰福音》中"人若不重生,就不能见上帝的国"的"重生"(renasci)一词。这个词并非一般的以公历为基础的历史纪年或断代,暗示了在文艺复兴时期,与神学的时间观念相对而出现一种宝贵的时间意识,人们开始用"再生"来形容自己的新

---

〔1〕 郜元宝,李书编.李长之批评文集[M].珠海:珠海出版社,1998:335.

〔2〕 郜元宝,李书编.李长之批评文集[M].珠海:珠海出版社,1998:338.

〔3〕 郜元宝,李书编.李长之批评文集[M].珠海:珠海出版社,1998:338—339.

〔4〕 郜元宝,李书编.李长之批评文集[M].珠海:珠海出版社,1998:328.

文化和新时代。在中世纪神学观念中,时间被看作是人类生命短暂的明证和对死亡和死后生活的一种永恒提示,这种末世教义观隐含着时间意识具有不可重复的特点。正如里尔卡多·基尼奥内在《文艺复兴对时间的发现》中所指出的:"但丁、彼特拉克和薄伽丘分享了他们社会的活力和新鲜感,以及对时间的最实际关切。在他们身上,我发现了被唤醒的活力和对多样性的爱。他们自己就是先驱,并敏感地意识到了自己是生活在一个新的、诗歌复兴的时代。但他们同样会把时间看作一种珍贵的商品,看作一个值得密切关注的对象。"[1]

在西方学界中,一般认为,现代性成为一个时代概念发生于 1500 年前后,并将这一节点作为区分现代与中世纪的界标。在卡林内斯库看来,较古代、中世纪、现代这种历史时期划分更有意思的是对这三个时代所做的价值判断,人们往往分别用光明与黑暗、白天与夜晚、清醒与睡眠的比喻来表示对文艺复兴历史意义的肯定。卡林内斯库指出,这种以灿烂的光明来描述古典时代,以黑暗时代来比喻中世纪,现代则被设想为从黑暗中觉醒的新时代,实际上已经涉及一种革命的思维方式,它隐含着一种特定的时间意识,亦即人们经常谈到的文艺复兴的积极乐观主义和活力崇拜,它们却根源于一种本质上是灾变式的世界观。对于彼特拉克以及随后的整个欧洲文化活动家们来说,历史不再是一个连续体,而是一些迥然有别的时代前后相继,并以急剧的断裂前进,他们确信他们正在经历着蜕变,并走向"新世纪"。然而,当时人们还尚不具备在理论层面抽象并表达这一质变的能力,而只能是借用《圣经》中特有的宗教语言来表达他们的这种感觉,比如,"黑暗"与"光明","盲"与"视","梦"与"醒","再生"和"复兴"等,而他们所能说出的缘由,就是古典时代的灿烂文明在现代复活了。但是对于 20 世纪上半叶的世界各国而言,无疑真正处于一种灾变式的巨大漩涡中。文艺复兴和启蒙时期的"好的现代性"遭到怀疑,西方学者将这一切都归咎于现代性自身,认为现代社会变革造成了传统秩序的解体,致使极端的理智主义与纵欲主义导致了人类灵魂的迷乱与堕落。

对于二十世纪三四十年代的中国来说,此时面临着残暴疯狂的外敌的侵袭和昏庸腐败的内政的侵蚀,于是,复兴中国文化精神以重振民族生命力,成为当时知识分子们的共识。在这一时期,不同于作为文学革命家胡适和文学

─────────────

[1] [美]卡林内斯库.现代性的五副面孔[M].顾爱斌,李瑞华,译.南京:译林出版社,2015:19.

批评家李长之的文艺复兴观,宗白华从中国传统文化的美学研究出发,也提出了他的中国文艺复兴观。宗白华说道,"我觉得中国民族现代需要的是'复兴',不是颓废。是'建设',不是'悲观'。向来一个民族将兴时代和建设时代的文学,大半是乐观的,向前的"[1]。比如,正是因为诗人惠特曼的伟大乐观精神,才激发美国青年去建造,去奋斗,相比之下,法国的颓废文学则无法振兴法兰西民族的勇气。对于德国民族来说,当下所处的困苦境地与中国比起来相差十倍不止,复兴的困难更是比中国难上万分,但是搜遍他们的文集诗歌,没有一首是关于时代的悲调的,他们唯一比中国强的地方,便在于他们国民人人自信德国必定复兴的信仰。而这种民族"自信力"的表现与发扬,则端赖于文学艺术的熏陶。

因此,"中国的文艺复兴",要言之,复兴的应是被历史掩埋的华夏民族的艺术精神。在宗白华看来,蕴含着中华民族丰富想象力的屈赋,体现中国传统文化品格真道德的魏晋美学,以及象征着中华民族强盛生命力的汉唐艺术等等,皆是代表了中国文化与中华民族旺盛的生命力。由此,不同于早期谋求人类普遍精神共同发展的伦理美学视域,他将关注重心转向对"文化的灵魂"以及"民族精神的个性和命运"的研究上。正如当代研究中国文艺复兴思想的另一位学者顾毓琇所指出的,"文学革命乃是文艺复兴的前驱,⋯⋯以时间论,文学革命在前,文艺复兴在后,没有文学革命,便不易有文艺复兴。以内容论,文学是文艺的部分,文艺包括文学与艺术。革命是复兴的前驱;革命的工作,破坏重于建设;复兴的工作,建设重于破坏。破坏以后便于建设,革命以后必须复兴"[2]。所以,在中国的现代性进程中,"文学革命"和"文艺创造"之间并不存在绝对的冲突,前者是后者得以成立的前提,后者是前者所要实现的目标。因此,宗白华的文化研究转向,正是以"文艺复兴"的命题,接着"启蒙精神"向前发展。

二、宗白华文化美学思想的形成与演变: "东西文化对流"中的理性选择

宗白华在 1920 年 4 月 30 日的《时事新报·学灯》上发表了一则个人启

---

〔1〕　宗白华.宗白华全集(第 1 卷)[M].合肥:安徽教育出版社,2008:417.
〔2〕　顾毓琇.顾毓琇全集(第 8 卷)[M].沈阳:辽宁教育出版社,2000:128.

事,向同人指出由于个人特别事务原因,不能继续编辑《学灯》,以后《学灯》事务将由李石岑负责。一个月后,23 岁的宗白华启程赴德国留学,开始了他长达五年的留学生涯。途中经过巴黎时他在徐志摩的陪同下参观了罗丹雕刻院,被其艺术力量所震慑,思想由此大变。随后赴德国法兰克福大学学习,不久后转入柏林大学,学习美学与历史哲学,受业于美学家、艺术学家玛克斯·德索(Max Dessoir,1867—1947)和新康德主义哲学家阿洛伊斯·里尔(Alois Riehl,1844—1924)等。此次赴德留学使他对中国文化产生了反身认同体验。1920 年 7 月,刚到德国两个多月的宗白华在写回国内的信中说道,近来战后的德国学术界反而学术大振,其中最兴盛的研究有两类,一是相对论的发挥和辩论,二是对"文化"的研究和批评。这可见于时下最盛行的《西方文化的消极观》和《哲学家的旅行日记》两部著作中,它们所讨论的主要内容都是在极力赞美东方文化的优美,而同时又大谈特谈欧洲文化的破产。但是我们国内的知识分子们此时也正在做一种倾向西方文化的运动,这可谓是"东西对流"了。最近的一个月的时间里,德国就出版了四五部介绍中国文化的书,涉及中国艺术、中国绘画、中国小说、中国古典诗词,还翻译了《庄子》《列子》等,仅《老子》的译本就有五六种之多。可见,德人对中国文化兴趣之盛,宗白华指出我们可以借此来反观自己的面孔。

　　宗白华指出,正如许多中国人到欧美后,反而"顽固"了一样,他也在东西对流的潮流中受了"反流"的影响,尽管极尊崇西方的学术艺术,但不再敢藐视中国的文化了,同时提出了一种理念,即中国文化发展不应专门模仿西方,而应是最大程度地发扬中国民族文化的个性。[1] 由于研究兴趣太多,宗白华声称他将来准备以"文化"为总对象,专门从事文化哲学的研究,做一个"小小的文化批评家"。他曾非常明确地表达了自己这一想法:"我预备在欧几年把科学中理、化、生、心四科,哲学中的诸代表思想,艺术中的诸大家作品和理论,细细研究一番,回国后再拿一二十年研究东方文化的基础和实在,然后再切实批评,以寻出新文化建设的真道路来。"[2] 由此我们可以非常明显地看出,宗白华在这种"东西文化对流"的潮流中,自觉以一种理性的、清醒的研究头脑来对待中西文化,这是对其早期主张以西方科学精神来改造中国旧文化、旧制度的

〔1〕　宗白华.宗白华全集(第 1 卷)[M].合肥:安徽教育出版社,2008:321.
〔2〕　宗白华.宗白华全集(第 1 卷)[M].合肥:安徽教育出版社,2008:320—321.

激进态度的一种修正。

宗白华的这封信在 1921 年 2 月 11 日发表于《时事新报·学灯》后,随即引起了国内学人的热烈讨论。陈嘉异首先在 1921 年 2 月给李石岑的信中写道:"刻复得见《学灯》所载宗白华君由德寄书,甚言德人从事翻译吾周秦古籍,倾慕东方文化之热望。……故寓意以为吾辈生于中国,实负有两重责任,一在介绍西方文化,一在阐发固有文化。合此东西文化,然后将来之'世界文化'乃能产生。"[1]同时又提出,中国文化和印度文化在本质上具有世界性和人类普遍性,因此"将来世界文化中所有之因素,东方文化必占其一,此实无可疑"[2]。以此来看,陈嘉异的观点显然与宗白华的文化观念相契合。两年后,1923 年 5 月郭沫若在写给宗白华的信《论中德文化书》中,对宗白华将东方文化的静观作为中西文化的根本差异所在提出质疑,他认为中国的固有精神与希腊思想实际上是同为入世的,当以动态来理解而非以静观来论。儒家思想自不待言,是动的,进取的,老子的静也是一种"活静",与"死静"不同。由此郭沫若提出,中国传统文化精神实际上是极重视现实和实践的,只是由于佛教文化的传入,才导致固有的文化传统遭到遮蔽,致使我们"动"的文化精神遭到沉潜。因此,我们要在我们这新时代制造一个普遍明了的意识,那就是"我们要秉着动的进取的同时是超然物外的坚决精神,一直向真理猛进"[3]。在以后的中国文化精神研究中,宗白华接受了郭沫若的这一观点,承认中国文化在本质上是主"动"的,并主张西方纯粹科学与中国传统文化在挽救中国民族的过程中都具有重要的作用,两者并不是彼此冲突的。由此推之,宗白华这时在思想上出现了较大转变:"一是从普遍的美的艺术精神及艺术哲学掘进到更宽厚而又独特的文化心灵及文化哲学,二是从倾慕普遍的人类精神初步转向比较视野中独特的中国文化精神反思。"[4]即他认为中国旧文化实有伟大优美的,将来的中国文化也绝非照搬欧美文化。

1925 年夏,留欧回国后的宗白华在同乡曾朴的介绍下,任教于东南大学,讲授美学、艺术学等课程,此后至 1932 年,宗白华主要以编写《美学》《艺术学》

[1] 宗白华.宗白华全集(第 1 卷)[M].合肥:安徽教育出版社,2008:323.
[2] 宗白华.宗白华全集(第 1 卷)[M].合肥:安徽教育出版社,2008:323.
[3] 宗白华.宗白华全集(第 1 卷)[M].合肥:安徽教育出版社,2008:332.
[4] 王一川.德国"文化心灵"论在中国——以宗白华"中国艺术精神"论为个案[J].北京大学学报,2016(2):59—67.

等高校课程教材为主,从人生和文化方面论述美学、艺术学等理论问题。值得注意的是他还写作了《形上学(中西哲学之比较)》《孔子形上学》《论格物》三篇文章,从中西哲学路线之不同,得出西方是概念的世界、中国是象征的世界这一结论。除此之外,宗白华几乎未发表过任何文章。这也许正如他在《自德寄见书》中所说的,回国后以在欧学习的哲学和艺术学中诸大家的思想为基础,先拿一二十年研究中国文化的"基础和实在",然后再作切实的批评,以寻出建设新文化的道路来。

　　从 1932 年起至 1938 年,宗白华开始有意识地比较中西艺术的差异,尤其在西方现代性的合法性遭到怀疑、科学文明所导致的工具理性与价值理性矛盾冲突的语境下,宗白华日益坚信中国文化精神在世界美学中的不可或缺性。从 1938 年起,宗白华再次为《时事新报》(渝版)主编《学灯》,并一直持续到1946 年的夏天,所以这一时期的美学思想也主要集中在几乎每一期的编辑后语中。这一时期可以说是宗白华得以发现中国艺术心灵重要性的"关键时期"。在抗日战争这一特殊环境下,宗白华从世界语境思考了民族文化的拯救与复兴问题,并着力去探索中国艺术在世界艺术中的特性。在《〈学灯〉擎起时代的火炬》(渝版)中,宗白华深情而又悲愤地呼喊:"这个世界太黑暗:一切人间的信义,道德,仁慈,国格,人类共存不可缺少的条件,都被我们的敌人撕破。而全世界的强国都充满了伟大的自私,我们独个为人类的正义抗争到底。""我们应该恢复汉唐的伟大,使我们的文化照耀世界。"[1]宗白华指出,随着抗日战争的全面爆发,一方面外敌的疯狂与内政的昏庸,使得人们的心灵日益变得粗鄙;但另一方面,中国人在这次自卫战中,所显示出来的伟大热情和民族生命力,是一千年来未曾有过的,而这预示中国必会迎来一个伟大的"文艺复兴",想象力和智慧力皆能复活。宗白华认为,这主要是由于中国是个富有哲学理想的高尚的民族,国家数千年的文化精神深入人心,否则怎么能使得每一个兵士都能够有杀身成仁、慷慨殉国的勇气与胆识。更重要的是,在抗日战争的艰难时刻宗白华所表现出的清醒与理性,他说道,"环顾全世界,尽是谈的实际……只有中国的一片的浴血抗战的土地上面才有理想,有热情,有主义,有'诗'"。[2] 日本帝国主义的"铁锤"仅是将"老大的中国捶成一个近代国家罢

---

〔1〕 宗白华.宗白华全集(第2卷)[M].合肥:安徽教育出版社,2008:169.
〔2〕 宗白华.宗白华全集(第2卷)[M].合肥:安徽教育出版社,2008:236.

了"[1]，使中国因此而成就自己的现代文化复兴。因此，宗白华指出，在这全世界大动荡大转变的危机中，也是"中华民族死里求生，回复青春的大转机，这是中国历史上最有意义，最悲壮灿烂的一页"[2]，我们何其有幸，生在中国如此空前伟大的时代。在未来的学术生涯中，宗白华身体力行地实践着这一文化理想，通过比较中国和西方艺术中所表现出来的生命情调和宇宙意识，直探中国文化精神的内脉，在为实现中国的民族解放和现代文化复兴的道路上贡献着自身的力量。

三、宗白华文化美学思想的审美建构：
"中国艺术心灵论"的理想范型

宗白华发表在《文艺月刊》(1933 年 7 月)，后又在《文学》(1937 年 1 月)第 8 卷第 1 期再刊的《生命之窗的内外》展现了一个近代人的矛盾心情：

> 白天，打开了生命的窗，/绿杨丝丝拂着窗槛。/白云在青空里飘荡。/一层层的屋脊，一行行的烟囱，/成千成万的窗户，成堆成伙的人生。/行着，坐着，恋爱着，斗争着。/活动、创造、憧憬、享受。/是电影、是图画、是速度、是转变？/生活的节奏，机器的节奏，/推动着社会的车轮，宇宙的旋律。/白云在青空飘荡，/人群在都会匆忙！
>
> 黑夜，闭上了生命的窗。/窗里的红灯，/掩映着绰约的心影：/雅典的庙宇，莱茵的残堡，/山中的冷月，海上的孤棹。/是诗意、是梦境、是凄凉、是回想？/缕缕的青丝，织就生命的憧憬。/大地在窗外睡眠！/窗内的人心，/摇领着世界深秘的回音。[3]

对生命的尊重是宗白华美学思想的灵魂。身处金陵都市的危楼之中，俯瞰着现代社会迅速转动的生活节奏，目睹着成堆成伙的微小的身躯在为推动

〔1〕 宗白华.宗白华全集(第 2 卷)[M].合肥:安徽教育出版社,2008:180.
〔2〕 宗白华.宗白华全集(第 2 卷)[M].合肥:安徽教育出版社,2008:255.
〔3〕 宗白华.宗白华全集(第 2 卷)[M].合肥:安徽教育出版社,2008:153.

人类社会的前进斗争着,奋斗着,这种生命的悲壮令人惊心动魄。然而,当黑夜来临,诗人内心的孤寂随之出现,世界现在被黑暗填满,一切人间的信义,道德,仁慈被敌人所撕毁,但莱茵河上的故垒寒流,残灯故梦仍萦绕在诗人的心灵深处,希望能以荧荧之火烛照微茫的未来,拯救人类灵魂于异化的社会之中。

从 20 世纪早期到抗日战争全面爆发,宗白华始终坚守学术阵地,憧憬着一个更有力,更光明的人类社会的到来。早在少年中国学会时期,宗白华就已经注意到了中国古代文化的重建问题,并且分别从物质文化、精神文化和社会文化三个方面论述了中国新文化、新人格的建设问题。所谓"新",是指在旧的中间发展进化,不是凭空特创。学术上本只有真妄问题,无所谓新旧问题。所以我们要有进化的精神,而无趋新的盲动。由此,宗白华提出:"我们现在对于中国精神文化的责任是,一方面保存中国旧文化中不可磨灭的伟大庄严的精神,发挥而重光之,一方面吸取西方新文化的菁华,渗合融化,在这东西两种文化总汇基础之上建造一种更高尚更灿烂的新精神文化,作世界未来文化的模范,免去现在东西两方文化的缺点、偏处。"[1]

留学回国之后,受到斯宾格勒文化哲学观影响的宗白华,开始从中西比较的视野来探寻文化的现代性问题,并发现了中国艺术心灵在中国文化中的核心作用。尤其是在去欧途中和回国途中观赏到的欧洲艺术,使宗白华意识到伟大的艺术不仅仅表现人类普遍的精神,还表现出每一时代的伟大精神,并通过艺术遗传给后世。斯宾格勒在 20 世纪 20 年代早期以其《西方的没落》(1918 年第 1 卷出版,1920 年第 2 卷出版)而名声大噪。斯宾格勒称自己的哲学体系为"比较文化形态学",他认为只存在各个文化的历史,不存在全人类的历史,研究各个文化的历史即是研究世界历史。伟大的文化是根源于灵性的最深基础之上的,每一文化都有其基本的象征。[2]

虽然当时中国并没有中译本,但是从宗白华后来对斯宾格勒的评价来看,他是阅读过这本著作的英译本的,并且对斯宾格勒的另一著作《人与技术》(1931)也很熟悉。首先是文化多元论,宗白华指出,斯氏是用"艺术史家与诗人的眼睛浏览人类史里几个庞大的生物,文化的生态,像希腊的阿波罗文化,

〔1〕 宗白华. 宗白华全集(第 1 卷)[M]. 合肥:安徽教育出版社,2008:102.
〔2〕 [德]斯宾格勒. 西方的没落(上)[M]. 齐世荣,等,译. 北京:群言出版社,2016:2.

西欧的浮士德文化,亚拉伯文化,印度文化,中国文化,墨西哥文化等等"〔1〕。一般史学家眼中的世界通史,通常是以西欧历史为主,斯氏认为,这种流行的假定以西方文化为全部事变的中心,各大文化均绕其旋转的西欧历史体系,可以被称为"历史的托勒密体系"。取而代之的是被斯氏自诩为"哥白尼发现"的历史观,这一历史观强调各文化的差异性。其次是文化有机论,宗白华说道,在斯宾格勒的历史哲学观中,每种文化都有如自然界中的植物一样,有自己的生长过程,从顶点趋向衰落,从文化走向文明,文明的象征便是那离开了自然而仍不断吸取自然的血液以自活的大城市。斯宾格勒认为作为历史的世界应是歌德所说的"活生生的自然",而不是牛顿的"死板的自然"。斯氏说道,我看到的不是虚构的一份直线历史,而是一群伟大文化组成的戏剧,其中每一种文化皆以原始力量从其土地里蓬勃发展,且在其全部生活期内始终紧密地同土地发生着千丝万缕的联系。〔2〕第三是文化悲观论。斯宾格勒提出,文明是文化不可避免的归宿。换言之,从朝气勃勃的充满生命力的文化最终走向暮气沉沉的委顿的文明是整个人类历史发展的规律,并断言西方已由青年阶段步入老年阶段,这是因为西方已从文化阶段进入文明阶段,它趋于没落的事实将是不可逆转的。换言之,即"现代是一个文明的时代,断然不是一个文化的时代,事实上许多生活能量(life-capacities)已变成不可能的,这或许是可悲的,在悲观主义的哲学和诗歌中,它可能,也将受到悲叹,但我们无能为力使它成为另一个样子"〔3〕。

宗白华认为,斯宾格勒拥有一双夜枭的巨眼,但是又太容易被黑夜的悲观所笼罩了,"虽崇拜歌德,却没有完全接受浮士德生活悲剧的结论,即拿'智慧'与'行动'来改造世界,建成一个新世界"〔4〕。因此,宗白华指出,斯宾格勒只看见这大城市的末运,不能看到问题的症结所在,他显然是从文化心灵的诊断来预知它的悲壮的末运的。但宗白华认为,这也正是斯宾格勒文化形态学的独特之处,即每一种文化都有一种完全独特的观察和理解作为自然的世界的方式。由此,探索一个民族的独特的象征形式,正是要去发现隐含于其中的独特的"文化心灵",从而找到复兴民族文化的关键。

---

〔1〕 宗白华. 宗白华全集(第2卷)[M]. 合肥:安徽教育出版社,2008:186—187.
〔2〕 [德]斯宾格勒. 西方的没落(上)[M]. 齐世荣,等,译. 北京:群言出版社,2016:21.
〔3〕 [德]斯宾格勒. 西方的没落(上)[M]. 齐世荣,等,译. 北京:群言出版社,2016:42.
〔4〕 宗白华. 宗白华全集(第2卷)[M]. 合肥:安徽教育出版社,2008:188.

　　对于宗白华来说,理想的人类文化形态应是那以美与智慧为特征的阿波罗精神和以生命的激情为特征的狄奥尼索斯精神的结合,而这种结合只有在中国和古希腊存在过。郭沫若曾说道:"德国文化算是希腊思想的嫡传,德国人自许如是,我们第三者的研究也承认如是。"[1]宗白华对这一观点是赞同的,他认为文化学术的强盛也是德意志民族复兴的重要原因,这其中便是以歌德精神为代表的德意志文化。宗白华在青年时期就曾以"拿歌德的精神做人"来作为自己人生哲学的标准,对宗白华来说,歌德是理想文化与人格精神的象征。1932年,宗白华在纪念歌德逝世一百周年所作的《歌德之人生启示》与《歌德的〈少年维特之烦恼〉》两篇文章中,就歌德精神作了详尽的论述。就人类整体来看,歌德的人格与生活可以说极尽了人类的各种可能性,宗白华认为,他有"西方文明自强不息的精神,又有东方乐天知命宁静致远的智慧"[2];就欧洲文化的观点来说,歌德代表了文艺复兴之后的近代人所普遍存在的精神生活与内在心灵的问题,虽然在近代社会中人类精神获得了解放,但也同时失去了希腊文化中人与宇宙的谐和,以及人对宗教的信仰,导致人类的精神失去依托。而歌德对于近代文化来说,他的巨大历史价值主要体现在其为近代人提供了一个"新的生命情绪",即对"生命本身价值的肯定"[3]。

　　宗白华指出,生命与形式,向外扩张与向内收敛,本是普遍人生的两端,歌德曾将此命名为宇宙生活的"一呼一吸"。但是人类向外无限扩张与向内收缩的不均衡,所获得的形式终不能满足,反使生命受到阻碍,因此这悲剧的源泉就是人类自身永不餍足的内心。那么,人类怎样从"生活的无尽流动中获得谐和的形式,而又不让僵固的形式阻碍生命前进的发展"?[4]也即生存还是毁灭?宗白华认为,歌德与他的替身浮士德终其一生就是在以"积极活动的生命"与造物主生生不息的"动"相融合来探求近代人生悲剧的本质,并为人类指出解救之道。浮士德是歌德关于人生情绪最纯粹的代表,浮士德人格的中心是永不满足的生活欲与知识欲,并以永不停息的追求在不断前行中试图寻求生命的意义,最终以毁灭自身来完成对生命本身的肯定,这是歌德的悲壮的人生观,也是《浮士德》的中心思想。

〔1〕宗白华.宗白华全集(第1卷)[M].合肥:安徽教育出版社,2008:330.
〔2〕宗白华.宗白华全集(第2卷)[M].合肥:安徽教育出版社,2008:1—2.
〔3〕宗白华.宗白华全集(第2卷)[M].合肥:安徽教育出版社,2008:5—6.
〔4〕宗白华.宗白华全集(第2卷)[M].合肥:安徽教育出版社,2008:11.

不过,歌德自己的生活发展使问题出现转机,他在意大利获得了生命解放的新途径,而剧本中的浮士德也将因此得救。这就是歌德透悟了原本流动的永恒的生命本身其实正是人生的最高贵之处,人生的矛盾痛苦源于此,同样人生得救也源于此。浮士德最终获救的原因正在于人生观的飞跃:以前愿意毁灭,是因人生无价值;现在宁愿毁灭,是为了人生能有价值。这两者之间存在的一个非常大的不同就在于,前者是消极的悲观厌世态度,而后者则是积极的悲壮主义。[1]那原本不停息的追求,由原本是人生的诅咒一跃而成为人生最高贵的印记。我们明白了这个道理,便什么生活都能过好了。由此可见,浮士德最后在自我救赎的过程中获得了解放,全书的智慧便是"一切生灭者,皆是一象征"。因此,宗白华提出,生活愈是丰富,形式也就愈加和谐,形式不但不会阻碍生活,还会给生活以指导。这种谐和的人格最终获得了人生的清明与自觉,表现在歌德的诗歌中便是打破了心与境的对峙,从而形成一种"流动的,缥缈的,绚缦的,音乐的"心灵与世界浑然合一的生命艺术境界。对此,席勒在给歌德的信中说道,歌德是以逻辑去追逐生命,这是一切哲学家所不能达到的理想,是"一个伟大的真正英雄式的理想"[2]。这在宗白华看来,歌德天生就是希腊的心灵,试图在宇宙的事物形象里观照其基本形式,再用艺术的形式呈现在伟大纯净的风格中。由此,宗白华指出,文艺复兴以来,近代人视宇宙为无限的空间和无限的活动,这与古希腊艺术所反映的圆满、和谐、秩序井然的宇宙观不同,并将"浮士德精神"视为近代文化精神的"基本象征",它所反映的文化心灵是"向着无尽的宇宙作无止境的奋勉"[3]。

德国汉学家顾彬(Kubin)曾这样说道:"(宗白华)是想借助德国文化,特别是德国古典文学中的伦理学激情来促进中国变革。由于这涉及德国思想与中国思想在根本上的结合,因此可称他为现代的传统主义者。"[4]在宗白华看来,我们国家现在的处境与130年前的德意志民族所处的境遇极其相似。于是,带着对近代西方文化精神的思考,宗白华转向中国美学的研究,即从中国古代文化中寻找能够复兴本民族的艺术心灵,出于这种文化复兴意图,找到未来建设中国新文化的理想范型,他把目光投向了魏晋时代,并给予了极高的评

〔1〕 宗白华.宗白华全集(第2卷)[M].合肥:安徽教育出版社,2008:13.
〔2〕 宗白华.宗白华全集(第2卷)[M].合肥:安徽教育出版社,2008:39.
〔3〕 宗白华.宗白华全集(第2卷)[M].合肥:安徽教育出版社,2008:44.
〔4〕 叶朗.美学的双峰:朱光潜、宗白华与中国现代美学[M].合肥:安徽教育出版社,1999:382.

价。在宗白华看来,虽然"汉末魏晋六朝是中国政治上最混乱、社会上最苦痛的时代,但却是精神史上极自由、极解放,最富于智慧、最浓于热情的一个时代"[1]。同时,这个时代也是中国周秦诸子以后第二个哲学时代,充满着矛盾、热情、浓于生命色彩的一个时代,晋人的美是这全时代的最高峰。宗白华在为《〈世说新语〉和晋人的美》(1941)写的"编辑后语"中曾这样说道:"我们若要从中国过去一个同样混乱、同样黑暗的时代中,了解人们如何追求光明,追寻美,以救济和建立他们的精神生活,化苦闷为创造,培养壮阔的精神人格,请读完编者这篇小文。"[2]宗白华在这篇文章中将晋人之美总括为八个方面:①对自我价值的发现和肯定,这在西洋是文艺复兴以来的事;②山水美的发现和晋人的艺术心灵;③"一往情深",能感宇宙人生之最深,与之同呼吸;④精神上是最哲学的,在晋人超脱的胸襟里萌芽出所谓的"生命情调"和"宇宙意识";⑤人格的唯美主义;⑥美在神韵,不滞于物的自由精神;⑦发现了自然美和人格美,形成了中国"人物品藻"的美学传统;⑧真性情的道德观与礼法观,以狂狷来反抗"乡愿"之流。由此可见,宗白华认为魏晋时代的美学是集儒道禅精神为一体的。

一方面,晋人之美主要在于个人自我意识的觉醒,肯定自我价值,从而具有一种真自由、真解放的精神人格,在道德上则表现为真性情、真血性。这种真道德,扩而充之,就是所谓的"仁"。直率的性情和宽仁的胸襟使得晋人能够摆脱礼法的控制,重新建立他们的新生命,同时,伟大的同情心的流露使得他们的道德教育以人格的感化为主。于是,宗白华指出,这是一群文化衰堕时期替人类冒险争取真实人生、真实道德的殉道者。

另一方面,晋人的艺术心灵是以老庄哲学的宇宙观为基础的,富于简淡、玄远的意味,这主要表现于山水画、山水诗之中,并且奠定了中国1500年来的美感经验。而起源于晋末的中国山水画,自始就具有"澄怀观道"的意趣,诗人画家能够在最深最玄的宇宙里体会到弥纶万物的生命本体,这种艺术心灵不是外在的,而是本就植根于其心性中的,向外扩而大之,体而深之,不仅能够体会到宇宙至深的无名的哀感,还可以感他人之感,从而产生出一种悲天悯人的宽仁胸襟。于是山水在他面前也虚灵化了,情致化了。宗白华指出,王羲之的

---

[1] 宗白华.宗白华全集(第2卷)[M].合肥:安徽教育出版社,2008:267.
[2] 宗白华.宗白华全集(第2卷)[M].合肥:安徽教育出版社,2008:286.

"仰望碧天际,俯瞰渌水滨。寥朗无涯观,寓目理自陈。大矣造化工,万殊莫不均。群籁虽参差,适我无非新",这首《兰亭》诗可以说充分体现了晋人艺术创作所欲表现的宇宙观。[1]尤其"群籁虽参差,适我无非新"这两句尤能表现出晋人以鲜活自由自在的心灵对宇宙生命的追寻。画家宗炳云:"山水质有而灵趣",诗人谢灵运有"溟涨无端倪,虚舟有超越",可见晋宋山水画自始都是表现一种"意境中的山水"。王羲之曰:"从山阴道上行,如在镜中游!"宗白华说道,正是这种澄朗纯洁的心灵使山川映射在光明静体中,才形成了倪云林那样"洗尽尘滓,独存孤迥","潜移造化而与天游"的山水灵境,这是"造化与心源"合一的艺术境界,并指出这种境界不仅能够令心灵与宇宙净化,而且同时也可以令心灵与宇宙深化,使人在超脱的胸襟里体味到宇宙的深境。[2]另王羲之云:"争先非吾事,静照在忘求。"这也说明了哲学彻悟的生活和审美的生活在源头上是一致的,都是在"静观"中来体悟这活泼的宇宙生机。总之,这个时代是中国历史上最具生机的、美的成就极高的一个时代。

由此看来,宗白华在 1932 年所写的《介绍两本关于中国画学的书并论中国的绘画》中对中国艺术心灵所下的定义即来源于此。对于宗白华来说,中国艺术展现的最深心灵"既不是以世界为有限的圆满的现实而崇拜模仿,也不是向一望无尽的世界作无尽的追求,……而是'深沉静默地与这无限的自然和太空浑然融化,体合为一。'它启示的境界是静的,因为顺着自然法则运行的宇宙是虽动而静的,与自然精神合一的人生也是虽动而静的。它描写的山川、人物、花鸟、虫鱼,都充满着生命的动——气韵生动"[3]。不过,中国现在被迫卷入欧美的"动"的圈中,想要静而不得,不得已也随之俱动了。由此,宗白华提出,为了维持我们民族的存在,中国人现在不得不发挥我们"动"的本能以重建我们文化的基础了。但是这里所说的"动"并不是西方的"动",它是与宇宙人生浑然合一的气韵之动、旋律之动,因为理智加上同情才是智慧。也即郭沫若在致宗白华的信中所主张的那样,"我们要在这个新时代制造一个普遍明了的意识:我们要秉着个动进取的同时是超然物外的坚决精神,一直向真理猛进"[4]。在这篇短文中,宗白华毫不掩饰对晋人艺术心灵的推崇,展现了宗白

---

〔1〕 宗白华. 宗白华全集(第 2 卷)[M]. 合肥:安徽教育出版社,2008:275.
〔2〕 宗白华. 宗白华全集(第 2 卷)[M]. 合肥:安徽教育出版社,2008:337.
〔3〕 宗白华. 宗白华全集(第 2 卷)[M]. 合肥:安徽教育出版社,2008:44.
〔4〕 宗白华. 宗白华全集(第 1 卷)[M]. 合肥:安徽教育出版社,2008:332.

华对复兴中国艺术精神的自信与决心，因为现在全世界，只有在抗战中的中国民族精神是自由而美的了。

　　总之，宗白华文化美学的旨归在于实现中国文化的现代复兴，关键在于艺术心灵的培育，不管是理想人格范型的歌德精神，还是理想的晋人之美，他们都有共同的特征，那就是对生命的尊重。只有具备艺术化的心灵才能重现唤醒中国文化的活力，并再创造新的现代文化精神。虽然近一百年来中国政治的腐败造成今日空前的国难，宗白华仍寄希望于现代中国的战士与知识分子人格的觉醒，只有真正爱国家、爱民族的青年灵魂才能洗涤一切过去与现在的新式旧式的腐败，重新建起一个国家来。

四、宗白华文化美学思想的现代性：以"艺术"重构"中国"的审美理想

　　西方自文艺复兴以后，就进入了现代工业文明阶段。人们在借助科学技术促进社会进步的同时也带来了负面效应，遭到文化批评家们的批评，也由此引发了对现代性本身的批判。斯宾格勒指出，在现代性内部总是存在着两个极端，一类是以经济学家、政治学家、法学家等为代表的群体认为"今天的人类"进步极了；另一类是以艺术家、诗人、语言学家和哲学家为代表的群体贬责"今天"所造成的罪恶，这主要指那些浪漫主义者们。[1] 这一分歧最终导致人们生活在分裂的世界图景中，一方面在历史上从来没有哪个时代像今天这样力图追问世界的意义和人类存在的意义，表现出一种强烈的"形而上学欲望"，另一方面又对此持怀疑态度，这意味着近代以来资产阶级充满自信和乐观的整个精神价值体系面临着崩溃的"文化危机"。

　　如前所述，刚到德国的宗白华就已感受到西方近代文明步入荒芜的精神氛围，回国后的宗白华在面对着国内越来越艰难的境况时，已经开始有意识地反思中国现代性进程的变革路径，一方面痛感西方文明的理智精神和无限扩张的浮士德精神所造成的邪恶魔欲，另一方面又因中国文化的"美丽精神"在现代世界饱受摧残而深感忧虑。他不禁发问：中国文化的美丽精神要到哪里

[1]　[德]斯宾格勒. 西方的没落（上）[M]. 齐世荣，等，译. 北京：群言出版社，2016：28.

去寻？面对西方学界对现代性问题提出的怀疑与批评，我们应如何协调现代性自身出现的危机，以及中国文化在现代世界中应以何种身份自处，宗白华给出的策略是，应从中国现实需求出发，既不否定西方现代科技文明本身的价值，又以中国文化为立足点来寻求解决这一现代性困境的方案，换言之，在宗白华看来，技术与哲学是我们建造新国家大业的两根重要基石，这充分显示了宗白华的冷静与理性。

在 1938 年 6 月 5 日《时事新报・学灯》（渝版）第 1 期中，宗白华发表了《〈学灯〉应擎起时代的火炬》一文，他回顾并强调了《学灯》的精神传统，在五四运动的时候，《学灯》应着抗日救国的精神、科学的精神、民主的精神而兴起，那时的《学灯》关注思想解放问题、社会问题、青年问题，而今天的《学灯》仍愿为这未尝的时代精神而努力，"愿擎起时代的火炬，参加这抗战建国文化复兴的大业"〔1〕。可见，依宗白华来看，为争取民族解放和复兴文化大业，仍需继续延续自五四以来就注重精神科学的传统，这主要集中在对技术问题的探讨上。1938 年《学灯》第 10 期、第 11 期连载董兆孚所译斯宾格勒的《人与技术》。在第 10 期编辑后语中，宗白华说道："斯宾格勒的《西方的没落》是一历史的生态学，博大精深，征引繁复，董兆孚君译其《人与技术》已可窥见他思想的一面。"〔2〕在第 11 期的编辑后语中他又写道："斯宾格勒在《人与技术》这小书中静思创见，层出不穷，使我们在那平凡的'技术世界'发现层层远景，意趣无穷。哲学家引导我们触到世界底一层。"〔3〕民国时期，宗白华还在大学讲授过斯宾格勒的《西方的没落》之课程。在 1938 年发表的《近代技术的精神价值》一文中，宗白华更是高度肯定了斯宾格勒的技术观，并在此基础上展开了自身对技术问题的思考。

宗白华认为，马克思与斯宾格勒分别代表了两种不同的近代技术文明观。马克思从技术生产关系角度来考察近代资本主义社会的内在矛盾，并指出其走向崩坏的必然性。斯宾格勒则将艺术与文化形态分析结合，从技术发展的不同阶段来诊断人类历史文明的生理进程。显然斯宾格勒的技术观更符合宗白华的理论需求。在宗白华看来，作为哲学家的斯宾格勒以艺术史家和诗人的眼光引导我们触摸到了更深一层的技术世界，"我们要了解技术的意义，不

---

〔1〕　宗白华. 宗白华全集（第 2 卷）[M]. 合肥：安徽教育出版社，2008：170.
〔2〕　宗白华. 宗白华全集（第 2 卷）[M]. 合肥：安徽教育出版社，2008：187.
〔3〕　宗白华. 宗白华全集（第 2 卷）[M]. 合肥：安徽教育出版社，2008：188.

应该从机器技术出发,更不可堕入那魅惑的思想,以为制造机器和工具是技术的目的"[1]。事实上,技术与人类同样古老,它与人的生命本体具有内在的同一性,赋予有生命的生物以存在的意义。据此,宗白华进一步指出,"技术"普遍存在于人的一切行动中,但近代所谓的技术往往被人们狭义地界定为科学技术和武器的运用,它们不单单是自然的机械,还是人类能动性的发挥,所以也导致了两种后果,一是技术作为一种工具理性,使得真理的追寻者"逼迫"自然交出答案,化知识以成事业,从而运用自然的因果来实现人们生活的目的;二是若技术运用得不当会造成社会矛盾的加剧及战争灾难的爆发,从而成为摧毁一切人类文化的手段。但是,宗白华认为,技术作为一种普遍存在的工具,为福为祸,应用是否得当,不应由技术本身负责,这个责任应该由哲学来负。这是由于哲学与技术本属同源,但在近代却被分裂开来。"古代的神巫,魔术师,他们就是哲学的前身,他们是古代知识智慧的保藏者,他们也就是古代技术的运用者,智慧与艺术集于一身。"[2]在古代,哲学往往作为一门智慧之学,引导一个民族的政治轨道和道德标准,决定人生理想和文化价值,教人辨别是非、善恶、美丑,赋予一切应有的价值和地位。因此,只有将近代技术重新置于哲学的正确指引下才能使其服役于人类真正的文化事业。

随后,宗白华在复旦大学文史地学会上所作的《技术与艺术》演讲中,从技术与艺术的关系出发,再次论述了技术在人类文化史上的地位。宗白华指出,在整个人类文化体系中,技术为下层建筑,介于科学与经济之间,而艺术乃上层建筑,介于哲学与宗教之间,从控制人类物质生活的技术到表现人类精神的艺术,它们共同构成了整个文化的中轴。宗白华指出:"东西古代哲人,都曾仰观俯察探求宇宙自然的秘密,但希腊及西洋近代哲人倾向于运用逻辑推理与数学演绎去把握宇宙间质力推移的规律,一方面满足理智了解的需要,另一方面导引西洋人去控制物力,发明机械,最后获得是关于科学权力的秘密。"[3]这主要源于西方自古希腊时代一直至文艺复兴时代的哲学传统,如柏拉图、亚里士多德、笛卡尔等既重玄学又注重科学数理的逻辑演绎。与之相反,中国古代哲人重感悟与体验,倾向于以"默而识之"的艺术态度来观照自然,与宇宙间生生不息的韵律节奏同呼吸。印度哲人泰戈尔指出,中国人实际上把握到了

〔1〕 宗白华.宗白华全集(第2卷)[M].合肥:安徽教育出版社,2008:162.
〔2〕 宗白华.宗白华全集(第2卷)[M].合肥:安徽教育出版社,2008:165.
〔3〕 宗白华.宗白华全集(第2卷)[M].合肥:安徽教育出版社,2008:400.

自然间宇宙旋律的秘密。宗白华由此接着说道,中国古代哲人将这获得的旋律秘密渗透进日常生活,装饰进日用器皿上,表现在生活的礼与乐里,从而使形下之器启示着形上之道,形成一"可以同我们对语、同我们情思往还的艺术境界"〔1〕。依此来看,在宗白华看来,艺术化的人生态度是中国文化精神的核心,因而科学与艺术构成了中西文化哲学的根本差异之所在。

西方文艺复兴以后的现代文明确是"理智精神"的结晶,人类陶醉于现时的美丽之中,并寻求一种"积极活动的生命",然而这种"企向无限的"勇于进取的理智精神背后却站着一个——魔鬼式的人欲!宗白华认为,这是由于"近代西洋人把握科学权力的秘密(最近如原子能的秘密),征服了自然,征服了科学落后的民族,但不肯体会人类全体共同生活的旋律美,不肯'参天地、赞化育',提携全世界的生命,演奏壮丽的交响乐,感谢造化宣示给我们的创化机密,而以厮杀之声暴露人性的丑恶……"〔2〕宗白华在1941年12月8日《星期学灯》辟为"纪念泰戈尔专刊"的"编辑后语"中,对这一近代欧洲哲学精神作了隐喻式的批判与否定。

泰戈尔曾说:"当飞机翱翔天空时,我们也许惊奇着以为它们是物质力量的具体体现;但是在这后面藏着人类的精神,坚强的,活跃的。就是这种人类的精神拒绝去承认自然界限是固定的。'自然'在人的脑筋中置着死的恐怖,把人的力量缩在安全的范围内;但是人类在欧洲向死亡挑战,撕毁了那些束缚。唯有这样他始能获得飞行的权利——一种神的权利。"〔3〕宗白华认为,泰戈尔的观点实际上道破了欧洲近代精神的真相,它们以不断突破自然界限为人生追求,但这也极易导致私欲的不断膨胀,最终丧失感受他人的情感能力,而不断向人类发起进攻以获得自身的满足。东方的哲人不是飞翔于自然之上以征服自然,而是深入自然和宇宙的深处,追求心灵的玄远冲澹,继而发扬为人类普遍的爱。因此,在宗白华看来,理智只有加上人类的同情才是"智慧",并且"智慧"的根基在于"仁",不是"权力意志"。然而,恰恰是中国哲学中这种注重体验的艺术态度,使得我们在这个生存竞争激烈的现时代遭到外敌的侵略与欺侮,并销蚀了我们文化中的美丽精神,人们的灵魂也愈变得粗鄙和怯懦。于是,我们失去了文化中旋律美和音乐境界,世界变得盲动而无序,人与

〔1〕 宗白华.宗白华全集(第2卷)[M].合肥:安徽教育出版社,2008:402.
〔2〕 宗白华.宗白华全集(第2卷)[M].合肥:安徽教育出版社,2008:403.
〔3〕 宗白华.宗白华全集(第2卷)[M].合肥:安徽教育出版社,2008:296.

人之间充满猜忌和斗争,那么对于一个最重乐教、最重旋律的民族来说,没有了音乐,也即没有了国魂。宗白华不禁感叹道,中国精神应该往哪里去?西洋精神又要往哪里去?

由此可见,宗白华从技术问题出发,对中西文化哲学精神的研究,并不是为了分出胜负,以此否彼,宣扬自我,而是试图"以'艺术'重构之后的中国文化精神来为现代文明提供自我更新之可能"[1]。这主要源于斯宾格勒的历史哲学观的启发,在斯宾格勒的思想体系中,文化与文明是一对有特定意义的基本范畴,他主张世界历史应是作为历史的世界,是活生生的自然,是一个有机体,每种文化如同每个人或每种生物一样,有自己的生命周期,从发生(前文化阶段)到发达(文化阶段)再到衰落(文明阶段)。据此,宗白华指出:"文化是人类向上的创造活力和创造的动力,受着'理想'的指导和支配,着重不断地向前追求和精神的登高望远。文明则是应付人生实际方面的需要而产生的社会制度,生活方式,生产的方法,一切物质的有形的具体物。"[2]随着时代的向前发展,这些"文明"的产物终会退化为阻碍人类进步的东西。因而,宗白华认为,在当下特殊时期,重建中国文化精神首先需要我们从自身民族里重新寻回自己的艺术心灵和音乐境界,以丰富而深厚的生命情绪去体会中国哲人智慧的真正精神与价值旨归,这样才不会使我们坠入灵魂的虚无之中,因为"只有生命才能了解生命,精神才能了解精神"[3]。但与此同时,宗白华也说道,我们不能否定西方近代文明那缜密、精细的科学精神,以及植根于近代自然科学的发明能力与创造精神。宗白华的目标是要建立一个和谐的全人类的生命状态,使人类全体的生活具有一种中国美学的"旋律美",使全世界的生命都能得以提升,这便是中国的艺术心灵,也即中国文化的美丽精神。

综上所述,宗白华复兴中国文化的美学思想,并非全盘肯定传统文化,而是以"中国"面目出现的审美现代性视野。在他看来,现代性不仅包括启蒙的传统,还应包括文艺复兴的传统。"马克思主义在它的第一个创始人培根那里,还在朴素的形式下,包含着全面发展的萌芽。物质带着诗意的光辉对人

〔1〕 金浪.以"艺术"重构中国——重审宗白华抗战时期美学论述的文化之维[J].文艺争鸣,2018(4):92—98.

〔2〕 宗白华.宗白华全集(第2卷)[M].合肥:安徽教育出版社,2008:233.

〔3〕 宗白华.宗白华全集(第2卷)[M].合肥:安徽教育出版社,2008:291.

(整个的人)的全身心发出微笑。"[1]宗白华说道,这句话可用来概括文艺复兴的艺术家的世界观,那时世界对他们而言还没有失去色彩,还没有变成几何学的抽象,理性也未获得片面发展。换言之,宗白华以"艺术"重构"中国"的深层含义即在于以富有精神生命的艺术世界来反叛以实用理性为目的的技术世界,以焕发失去的活力来对抗功利性的理性主义世界。宗白华指出,环顾全世界,尽是谈的实际,只有中国这一浴血抗战的土地上面才有理想与热情,有"诗"。因此,在军事上的胜利即将到来之时,宗白华认为,在这世界的文化花园里,继之者当是优美可爱的"中国精神",并强调"我们并不希求拿我们的精神征服世界,我们盼望世界上各型的文化人生能各尽其美,而止于其至善,这恐怕也是真正的中国精神"[2]。由此可见,以艺术重建的中国文化精神不仅属于中国还属于世界,这与宗白华的世界美学思想是相契合的,反映了宗白华对中国美学的自信,他期待下一次的"文艺复兴"在中国发生。在中国有关"现代"的思考中,无论是五四时期的文学变革,还是抗战时期所提出的"中国文艺复兴"观念,都可看到,中国学人在探索文化现代化的途中一直未缺席。它们都是实现中国社会现代化转变中不可缺少的一针加速剂。在文章的最后,让我们再重申波德莱尔的观点,"为艺术而艺术"只是实现"为人生而艺术的手段",为人生才是艺术的最终的目的与价值所在。

〔1〕 宗白华.宗白华全集(第3卷)[M].合肥:安徽教育出版社,2008:334.
〔2〕 宗白华.宗白华全集(第2卷)[M].合肥:安徽教育出版社,2008:242.

贰

从"先验认识论"到"客观实在论"：
宗白华美学思想现代性的哲学向度

宗白华是从哲学起步开始他的学术求索之路的,他最初的学术文章就是以叔本华、康德为对象展开的哲学研究。1917年7月发表的第一篇哲学文章《萧彭浩(即叔本华)哲学大意》,不仅对叔本华的"唯意志论"本体观作了详细介绍,还确立了康德在欧洲哲学中的地位,认为康德的先验唯心主义哲学观超越了自古希腊以来就已存在的唯物与唯心之争。1919年5月连续发表的两篇论康德哲学的文章《康德唯心哲学大意》《康德空间唯心说》,再次强调了康德在欧洲哲学中的重要性,指出"德国近世实证学派诸家,皆出于康德,承康德之旨也"[1]。紧接着,从1919年8月至1919年12月,宗白华发表的哲学文章有《哲学杂述》《说唯物派解释精神现象之谬误》《欧洲哲学的派别》《读柏格森"创化论"杂感》《科学的唯物宇宙观》,1920年3月还发表了一篇《对现在学哲学者的希望》,劝告学人不要只重玄想,而遗弃科学,应明了近代哲学与科学的关系。

留学回国后,从1925年下半年开始,宗白华相继在东南大学、中央大学讲授"美学""艺术"学课程之外,还讲授中西方哲学方面的课程,如"形上学""尼采哲学""康德哲学"等。1930年宗白华为汤用彤推荐任中央大学哲学系主任,直至1952年被调到北大哲学系。主持了1937年在南京举办的中国哲学第三届年会,与汤用彤、冯友兰、金岳霖、祝百英为常务理事。1943年,宗白华未参加在云南大学开幕的中国哲学第四届年会,但仍任常务理事,并与汤用彤、冯友兰两人,"兼任西洋哲学名著编辑委员会、中国哲学研究委员会、中国哲学编辑委员会委员"。[2]从保存下来的《形上学》《孔子形上学》《论格物》《西洋哲学史》《中国哲学史提纲》等手稿来看,宗白华对欧洲哲学和中国哲学等都有详细的研究。在西方哲学方面,从古希腊的伊奥尼亚派到中世纪的奥古斯丁、近代的笛卡尔主义,直至最近的叔本华唯意志主义、柏格森生命哲学、斯宾格勒的文化哲学等,都有详尽的论述。在中国哲学方面,从先秦的孔子形上学到近代的哲学等,也有精要的阐述。

〔1〕 宗白华.宗白华全集(第1卷)[M].合肥:安徽教育出版社,2008:11.
〔2〕 林同华.哲人永恒,"散步"常新[J].学术月刊,1994(3):93—100.

第四章
宗白华的唯物史观

从斯宾格勒的文化有机论出发,宗白华认为哲学的总体也是个"有机体",有萌芽,有发展,由单纯至于复杂,由浅近至于精微。因此,宗白华指出,我们要研究一哲学全体,不可不先知一哲学派别;而要研究欧洲现代哲学中一家的学说,一种理论,也不可不先明了欧洲哲学的源流派别,从欧洲哲学的总体出发。然而,在宗白华看来,要建立系统的科学的哲学史必须立足于历史的和逻辑的这一唯物论的统一上,这和建立唯物辩证法、逻辑学的任务紧密地结合着。宗白华说道,如果说逻辑学就是"关于世界的全部具体内容的以及对它的认识发展规律的学说,即对世界的认识的历史之总计、总合、结论"[1],那么它就和逻辑地认识世界的哲学史不可分离地结合着。这样逻辑和历史便被统一,构成它们统一基础的就是人类历史实践。但是,哲学史和逻辑学的结合,在黑格尔手中却以不同的结合方式出现。黑格尔曾说道,"逻辑须要作为纯粹理性的体系,作为纯粹思维的王国来把握。这个王国就是真理,正如真理本身是毫无蔽障,自在自为的那样。人们因此可以说,这个内容就是上帝的展示,展示出永恒本质中的上帝在创造自然和一个有限的精神以前是怎样的"[2]。在这里,黑格尔所以为的,若以实践作为认识过程的历史的基础现实,那么它就不能构成作为反映这一过程的思维形式的基础,宗白华认为,这实际上是唯心论思想在作祟。因此,他提出辩证法唯物论体系的逻辑学和黑格尔的逻辑学正好相反。辩证法的唯物论立足于模写说上,这种观点认为只有建立在人

〔1〕 [苏]列宁.哲学笔记[M].北京:人民出版社,1993:77.
〔2〕 [德]黑格尔.逻辑学(上卷)[M].杨一之,译.北京:商务印书馆,1966:31.

类社会实践基础上的唯物观才能将哲学史和逻辑学正确地统一起来。

基于这种理解,不同于黑格尔立足于"哲学史是唯心论的发展史,理念的自己发展"[1]这一前提所作的哲学时代划分,宗白华依据哲学史是"唯心论的唯物化,唯物论完成化的历史"[2]这一观点,采取了与黑格尔完全不同的哲学史划分方法。在宗白华看来,真正的哲学史,是以人类的社会实践为基础的认识。无论是唯心论,还是不完全的唯物论,都是基于人类对自然以及世界的认识不充分造成的,但这种认识并不是固定的,僵死的,而是一个无限裂变的运动着的过程,逐渐地接近绝对真理。也就是说,辩证唯物主义哲学观是一切科学和哲学发展的历史之总计和结果。哲学只有在它是较进步的社会实践之表现时,才成为更高的认识阶段——逻辑地发展了的哲学,它取决于实证科学,尤其是自然科学的发展和该时代的社会政治条件,不过最根本的还是人类的社会实践。由此,宗白华认为哲学史实际上是唯物论和唯心论的斗争史,并且不能不特别是"唯物论的发展史,辩证法唯物论——最彻底化,完成化了的唯物论——的成长史和发展史"[3]。正是从这一唯物史观出发,宗白华将西方哲学史概括为从古代素朴的、不完全的唯物论向着近代机械的形而上学唯物论,再向着完全的唯物论,直至辩证法的唯物论形成的发展过程。

一、古希腊唯物论哲学的素朴性和直观性

首先,宗白华指出,构成西洋哲学史开端的希腊初期哲学——伊奥尼亚哲学(或米利都学派),便是基于自然科学的发展,作为反宗教的唯物论而诞生。随着生产力的发展和社会分工的发达,他们对自然的认识从氏族的民族的宗教神话观念中解放出来。当时的哲学家,又是数学家、自然科学家,以泰勒斯、阿那克西曼德、阿那克西美尼为代表的米利都学派,除研究宇宙的自然哲学外,还研究天文学,并因陆海旅行而发展了地理学知识。他们的中心课题就是探求处于生成、消灭、运动与相互关系中的世界的根源。被誉为"哲学创始者"的泰勒斯,将"水"作为万物的根源,也由此奠定了物质为宇宙本原的希腊初期

〔1〕 宗白华.宗白华全集(第2卷)[M].合肥:安徽教育出版社,2008:509.
〔2〕 宗白华.宗白华全集(第2卷)[M].合肥:安徽教育出版社,2008:500.
〔3〕 宗白华.宗白华全集(第2卷)[M].合肥:安徽教育出版社,2008:493.

哲学的基础。阿那克西美尼则为这一本原找到的基础是"空气",空气稀薄之后可以变成火,收缩之后则可以变成大地上的风、云、水等。从这一关于世界本原的物质观来看,米利都学派的哲学便是唯物论。同时,他们又是从变化与生成中来把握世界,显示了他们的唯物论又是辩证法的。可是,他们的哲学由于是和自然科学结合了的唯物论,所以因着这种自然发生的唯物论,不能明了"思维对于物质的关系",便有着产生灵魂能脱离身体而存在的唯心论的可能性,因此也为后代哲学分裂为唯物论和唯心论奠定了基础。这一自然发生的辩证法的唯物论哲学,到了德谟克利特手里发展成为机械的唯物论,代表了早期希腊唯物主义自然哲学的最高成就。德谟克利特认为,世界实是由无限多数的实体构成的,因为它们已经小到不能再分割的程度,所以可以称之为"原子",并且这些无限微小的物体,我们不能通过感官感知它。而且世界是基于因果必然性而自己运动的"原子"世界,这就排除了任何的偶然,也即排除了所谓站在世界背后,而用意识的目的来活动的一切神。从这个意义上来说,这一时期的哲学是古代唯物论的确立过程,其特性就在于它是和自然科学密切地结合起来的自然哲学,宗白华指出,正是从这种关系出发,形成了初期希腊哲学的进步的实践性质——唯物论的、反宗教的、辩证法的性质。

当希腊文化发展至高峰期,古代哲学的中心也随"索菲思特"("Sophist",即所谓诡辩派)西移至雅典,产生了苏格拉底及柏拉图的唯心论哲学,和亚里士多德对辩证法、唯物论的阐释。宗白华指出,这一时期的哲学已不像初期那样,和自然科学紧密结合,"它的对象,已由客观移到主观、由自然移到人类(思维概念)了"[1],可以概括为唯心论对于唯物论的斗争,或者说唯心论的反动。在轻视自然科学研究这一点上,宗白华认为柏拉图和他的老师苏格拉底一样,是唯心论(客观唯心论)的确立者。在苏格拉底和柏拉图的唯心论哲学中,突出了"意特"(Idea)的辩证法矛盾,认为真正的存在物是作为思维的观念的存在,即"意特"就是"存在"。这一意特是"自己的同一者""存在于自体者""多数同名物所共通的一者"。宗白华认为,这一"意特"论,实际上是把普遍和个别形而上学地分离,替神做基础的结果。接着亚里士多德试图把德谟克利特的唯物论和柏拉图的唯心论统一起来,成功地完成了辩证法在古代的完形,它是古代哲学的最高完成,也是这一时期最重要的科学成就。亚里士多德认为,所

---

[1] 宗白华.宗白华全集(第2卷)[M].合肥:安徽教育出版社,2008:511.

谓"第一哲学"或"第一科学",就是"把存在作为存在来研究,并研究属于它本来固有的东西的科学"[1]。亚里士多德从经验主义、实证主义的立场出发,以为一切的知识,都要以感觉为基础,从感觉出发。虽然"意特"本质上是"较先的东西",但也是感觉的对象之个物,因此,他注重经验的事实,拿基于感官的知觉而来的各个经验事实的归纳,来获得一切普遍者和原理,而经验又依赖于对事物的严密观察,所以,亚里士多德说,"不和观察结伴的自然科学理论,是空虚的"。对此,黑格尔曾指出:"柏拉图的普遍者,虽然一般地是客观的东西,可是那上面却缺乏生命性的原理、主体性的原理。这个生命性的原理、主体性的原理,并不是在一种偶然的主体性、单单特殊的主体性的意味上,实在是纯粹主体性的意味上,为亚里士多德所独特的东西。"他又说:"亚里士多德反对单纯变化的原理,固执普遍者,同样,他也反对毕达哥拉斯学派及柏拉图,反对数而主张活动。"[2]宗白华解释道,黑格尔这里说的是:亚里士多德拿来和个别统一了的普遍者,比起柏拉图的普遍者来,那是较活动的,即辩证法的东西。[3]从这一点来看,宗白华认为,亚里士多德对柏拉图的批判,采取的是以感觉经验为知识基础的唯物论立场,并且试图把概念的普遍者和感觉的个别者统一起来的努力,意味着唯物论和辩证法的胜利。在这一时期另一发展了德谟克利特唯物论的哲学家伊壁鸠鲁,反对唯心哲学中概念和理性的优越性,主张感官知觉的根源性,只有感官知觉才是认识的真理性的唯一规准,试图从感觉的根源性上,完成感觉和思维(理性)的统一,这是亚里士多德的唯物论所没有完成的事情。不过,伊壁鸠鲁的目的不在于探求自然本身,他的目的是以德谟克利特的唯物论为基础,从而建立伦理学的哲学体系,是一种幸福主义。这是由于伊壁鸠鲁时代,古希腊奴隶社会经济结构的内在矛盾激化,生产力停滞,已不再进行以自然(科学)本身为目的的自然科学研究,希腊哲学的关心,从自然转移到人类。

继亚里士多德和伊壁鸠鲁之后的古代哲学发展的第三个时期——"亚历山大时代"的希腊—罗马哲学,这时代是随着希腊国家的崩溃而开始的,这时的奴隶制度陷入绝境,人们站在这动摇、混乱的社会中,为着获得内心的满足和情绪的安定,便想从哲学中探求意义。哲学脱离了个别诸科学,成为一种人

---

〔1〕 转引自宗白华.宗白华全集(第2卷)[M].合肥:安徽教育出版社,2008:572.

〔2〕 转引自宗白华.宗白华全集(第2卷)[M].合肥:安徽教育出版社,2008:570.

〔3〕 宗白华.宗白华全集(第2卷)[M].合肥:安徽教育出版社,2008:571.

生哲学。于是哲学成为人生的智谋,哲学家被呼为"灵魂的医生"。一些哲学家主张通过在世的享乐去求得,如伊壁鸠鲁主义,有些哲学家则主张禁欲来获得,如斯多葛主义,还有些哲学家主张中止判断、放弃思维来获得内心的安宁,如怀疑主义。最后发展为新柏拉图主义,表现为一种宗教救济的哲学。宗白华指出,所有哲学形态,都是作为罗马世界"受压迫的被造物的叹息"的原始基督教的意识形态地盘而准备着。[1] 总体来说,这一时期的哲学中心任务,就是设法躲避不安,沉潜于内心,向精神寻求慰藉,最后就是宗教的自我救济,"由精神和真理发生理性和生命,更由理性和生命生出理想的人类和理想的教会"[2]。这样,希腊—罗马的人生哲学便和宗教融合,趋向神秘主义和宗教化,完全脱离了自然科学,失掉了建设体系的激进精神,变成沉潜于人生问题的唯心论哲学。随着基督教的成立,古代哲学遂闭幕。

由此,宗白华指出,由于人类早期科学技术和生产力水平的低下,人们依赖自然,一方面,使得人们很自然地利用可以从自然界中直接观察到的某些事物和现象来解释自然;另一方面,人们在与自然打交道的过程中,体会到了自然的变化,人与社会、自然的相互关系,这便产生了早期的唯物论学说和朴素的辩证法思想。但是,由于生产力的不发达,人类认识自然的范围和能力有限,某些不可抗拒的自然现象也被人们赋予了神秘的色彩。因此,在古代哲学中,唯物论、唯心论都和神学观念、形而上观念交织在一起,从而也使得古代的唯物论哲学呈现出直观性、神秘性、不彻底性和简单性等特质。

二、中世纪经院哲学和文艺复兴时期唯物论的复活

宗白华指出,随着古代社会的消亡,基督教在中世纪封建社会的成立和发展,哲学及科学开始陷入停顿状态。中世纪的一切意识都隶属于这个封建宗教,它构成了封建社会统治最本质的部分,成为维持并强化封建诸关系所不可缺少的意识形态的柱石,这是中世纪的决定性特征。就科学来看,这时完全停滞了,就哲学及艺术看,在这时代则完全受宗教支配。宗白华认为,与古代哲

[1] 宗白华.宗白华全集(第2卷)[M].合肥:安徽教育出版社,2008:594.
[2] 宗白华.宗白华全集(第2卷)[M].合肥:安徽教育出版社,2008:594.

学相比,这是一种倒退。隶属于宗教的"经院哲学",成为"宗教的奴隶"和"神学的婢女"[1],试图依据亚里士多德的哲学将奥古斯丁所完成的基督教哲学体系化,用逻辑来"证明"宗教的教义,给它以理论基础。但到了后期,在中世纪哲学发展中,可以看到都市市民(形成中的资产阶级)哲学对封建地主哲学(经院哲学)的反抗,这主要表现在以罗杰·培根的实证哲学和威廉的唯名论为代表的对经院哲学的动摇。因此,从这个意义上来看,相对于古代哲学末期的倒退,中世纪在自身内部孕育出了自身的矛盾的扬弃者,使得中世纪哲学在更高级的哲学中,被否定地发展和提高了。也就是说,由于古代生产样式的界限,古代哲学走到了绝境,没落于宗教中,而中世纪因着生产力的发展,都市资本的出现,自然经济的崩溃,哲学反而被突破了,有了直接的后继者、发展者。但宗白华指出,无论是罗杰·培根的实证科学主义,还是唯名论所主张的只有"个物"才是真正的实在,普遍者仅是单纯的抽象物、"名"的唯名论,它们都绝不能跳出经院哲学的圈子,如培根认为最高的理性只有靠神力才可能,威廉认为神的恣意及其丰富的力是无限制的,由此看来,他们仍然是经院哲学家。要让经院哲学完全崩溃,或者说要让唯物论及辩证法哲学真正复苏过来,宗白华指出,这不能不等待资本主义生产关系的充分发展,那便是文艺复兴时代。

到了文艺复兴时期,近代的自然科学才真正兴起,于是哲学、科学开始脱离神学。这一时期构成了中世纪向近代的过渡,是整个中世纪崩溃的时期,它的文化特征就是人类的觉醒并发现自身,以及自然科学的发展,力图冲破封建教权的束缚。由此,宗白华指出,"唯物论的复活,和这有着紧密的关联"[2]。文艺复兴时代最初的哲学家尼古劳·库沙纳首先为认识论提供了一定的体系,他把认识分为四个阶段:获得混乱形象的感官、从事差别的悟性、思辨的理性、神和灵魂合一的神秘直观。这里,我们可以看到,经培根明示的经验论,由尼古劳·库沙纳移入认识论的基础构造中,体现了要把模写说的认识论体系化的努力。尼古劳·库沙纳又用神学的思辨形式,指出他所说的神不外是物质的世界全体,不外于物质的统一性。在神的中间,一切对立都被统一所溶消,一切的可能性都实现,并且万物都在神的中间联络着,各物都在自己的位

---

〔1〕 宗白华. 宗白华全集(第 2 卷)[M]. 合肥:安徽教育出版社,2008:603.
〔2〕 宗白华. 宗白华全集(第 2 卷)[M]. 合肥:安徽教育出版社,2008:635.

置上反映着宇宙,因而人类也是万物的一面镜子,也是一个小宇宙。宗白华指出,尼古劳·库沙纳的哲学"是一种说明世界的发展、展开、对立物的统一的泛神论,已经暗示着近代哲学的方向了"[1]。布鲁诺作为文艺复兴最典型的有着改革热情的哲学家,基于哥白尼的新学说,拿诗人的想象,建立了一个雄伟的泛神论世界观。布鲁诺主张宇宙的无限性,反对把神和自然对立起来的神学思想,认为真正的哲学者,应向自然中去找神,并提出宇宙是由无限的"单子"构成的。可见,布鲁诺的泛神论体系中所表现的唯物论和辩证法思想都与自然科学有着密切联系。在康帕内拉那里,哲学和神学被截然分开,认为认识的来源有两个,一是信仰,二是知觉,前者生神学,后者生哲学,并提出所谓的"我所确知道的事就是我在",这就是他的出发点,在这里,显然可以看到近代的自我之自觉意识。宗白华认为,后来的达·芬奇所谓的"一切确实性的母体是那须经由实验所获得的经验",哥白尼的"日心说"、开普勒的"运动定律"、伽利略的"数学的物理学"等自然科学的发展,实际上都加快了宗教和神学的解体。

因此,宗白华指出,我们可以将中世纪哲学划分为两个时期,第一个时期是封建制度确立和发展的时期,这时期正是"神学的忠实婢女"经院哲学成立和发展的时期,也是它往后开始动摇的时期。第二个时期是自然科学随商品生产及资本发达而勃兴的唯物论复活的时期,文艺复兴、宗教改革,正属于这个时期,它也是整个中世纪闭幕的时期。由此可见,与古代哲学"从结合自然科学研究的自发的唯物论(辩证法)出发,经过唯心论、宗教的唯心论,告别于宗教之中"的发展路线不同,中世纪哲学是"采取着宗教→唯心论(经院哲学)→唯物论"的发展历程,[2]并最终发展出自己的后继者——资产阶级唯物论哲学,预示着近代哲学的开端。借用汤普逊的话来说:"近代社会的根源深深地扎根于中世纪时代的历史里。中世纪历史是近代所承袭的遗产。不应该认为它是与我们无关的东西。它的文明在多方面已渗入了我们的文明里。"[3]

[1]　宗白华.宗白华全集(第2卷)[M].合肥:安徽教育出版社,2008:629.
[2]　宗白华.宗白华全集(第2卷)[M].合肥:安徽教育出版社,2008:602—603.
[3]　[美]汤普逊.中世纪经济社会史(下)[M].耿淡如,译.北京:商务印书馆,1963:45.

三、近代资产阶级唯物论哲学的机械性和形而上性

作为新兴资产阶级的唯物论哲学,进入 17 世纪之后,便与近代自然科学携手并进。以 18 世纪末为界,近代自然科学的发展可以划分为两个时期,17—18 世纪所取得的自然科学成绩主要集中在数学、力学、机械学等无机界,对有机体的认识还处于幼稚阶段,这时代的特征就是机械论的形而上学的自然观。到了 18 世纪后半期,康德及拉普拉斯星云说的出现,使得机械论的自然科学观出现动摇,但真正达到决定性的动摇,要到 19 世纪的三四十年代。如达尔文的进化论、施旺及施莱登的生物细胞说、迈尔及格罗甫的物理学能量转换法则等自然科学的发展,证明了自然总是辩证地活动着。也就是说,自然成了辩证法的直接证据。19 世纪后半期遂具体化地进入辩证法的唯物论之自然观的领域,成立自然的辩证法理解,即"自然辩证法"(恩格斯),这构成了近代自然科学第二时期的特征。

不过,从 19 世纪进入 20 世纪后,相对性理论、量子力学等现代自然科学的实证研究,使得从前的狭隘的自然科学研究方法露出破绽,自然科学者遂陷入剧烈的哲学动摇中。生产力愈发展,资本主义社会的矛盾愈激化,作为担负近代哲学的社会要素——资产阶级,在它的敌对社会要素面前越来越反动化,自然科学的成果,已经不能再作为资产阶级哲学的基础,两者不在科学上紧密结合了。得到了权力的资产阶级毅然在 1848 年做了历史上的第一次抬头,走入了宗教和唯心论,他们主张"为了民众而不能不维持宗教",于是他们的哲学变得唯心论化和僧侣主义化。但与之相对的进步社会群,在 19 世纪 50 年代确立了他们自己的稳固的进步哲学,那就是辩证法的唯物论。

宗白华指出,我们可以 1850 年为界,把近代哲学史划分为两个时期,第一个时期是以 17 世纪的唯物论为起点,以 19 世纪初的德国古典哲学的终结即黑格尔和费尔巴哈为终。这时代的伟大科学成就,就是 18 世纪法国唯物论,即资产阶级唯物论的完成,和德国唯心论的辩证法。17、18 世纪的唯物论,实是进步的资产阶级哲学,它以对抗封建的唯心论和经院哲学的神学世界观为起点,其后更体系化、完整化,这主要表现在 18 世纪的法国唯物论中,它完全抛弃了宗教的假面具,达到了资产阶级唯物论的完成化、彻底化。发展至 19 世纪初德国古典哲学的终结,主要是指从黑格尔经费尔巴哈到马克思的发展,

这是唯物论的确立过程,同时也是唯物论(辩证法)经过对唯心论的彻底斗争而达到最后完成形态的过程。第二个时期是以 19 世纪 50 年代的辩证法的唯物论的成立和唯心论的反动为始,直至现在。这一时期,辩证法的唯物论,经过对 19 世纪后半期的庸俗唯物论、新康德主义、马赫主义等唯心论反动的斗争,更加体系化,进而确立为"作为认识论的辩证法"(列宁阶段)。相反地,随着社会矛盾的激化,和辩证法的唯物论对立着的资产阶级哲学,理论日益开倒车,逐渐丧失科学性。因此,近代哲学在基于高度生产力发展这一点上,比任何时代都显示着认识的更高发展阶段,但同时也经受着两大敌对社会因素的对抗,从这一点来说,可以看出资产阶级哲学在第一时期和第二时期的根本差异——进步性和保守性。

近代的资产阶级唯物论,首先发生于英国,自然科学中的机械的形而上的自然观被培根和洛克移植到哲学中,形成了英国 17、18 世纪占支配地位的狭隘的形而上学思想方法。培根以感觉、经验和具体的事物为出发点,提出感觉是"一切知识的泉源",从感觉中获得的经验,是一切科学的基础。因此,自然不是靠思维赋予它形式、法则,而是自然本身内在的,人们通过观察、分析、归纳、实验,可以去认识这些形式和法则。宗白华指出,从这里来看,培根确是近代唯物论的"真创始者",他的经验论之唯物论哲学指示着认识上的感觉之根源性,及作为模写的认识论,只不过他没有将这一模写说的辩证法弄得完成化,他所采取的方法仍是机械的形而上学的方法。继续着培根唯物论的是霍布斯,他是笛卡尔的反对者。依据霍布斯的见解,人类的感觉和思维,是物质向人体运动的影响,以及传达这一影响的人体运动。就是说,"思维不能脱离从事于思维的物质,物质是一切变化的主体",那样,"只有物质的东西能被感知,能被知道,所以关于神的存在,人是一点儿也不知道"[1]。于是,霍布斯的无神论思想成立,他否定神的启示。然而,两人都未详细为这一从感觉世界生出来的知识及诸概念奠定根本的基础原理。所谓知识及诸观念在感觉世界中有其根源性的原理,这一问题的解释由他们的后继者洛克来完成。

洛克哲学开始于否定"天赋观念",以及对经院哲学的否定和与笛卡尔及剑桥的柏拉图主义的斗争。与霍布斯的数学的唯物论相区别,洛克的唯物论是更实验科学的、具体的东西。洛克认为,一切的认识,都是来自后天,并没有

---

〔1〕 转引自宗白华. 宗白华全集(第 2 卷)[M]. 合肥:安徽教育出版社,2008:662.

所谓的天赋观念。但是他承认神的存在及启示,只不过认为没有理性的证明,启示便没有妥当性。这样,洛克的唯物论就成为一种"理神论",为英国理神论奠定了确定的哲学基础。"他的'合理的基督教',就是适合于'名誉革命'的要求的基督教,此外什么都不是。"〔1〕这是说,英国的资产阶级原本就是宗教性的,所以,英国的资产阶级唯物论在 1688 年之后,终于成为贵族的理神论而已,使得原本就"畏神的英国布尔乔亚(资产阶级),愈加巩固地信奉他们的宗教去了"〔2〕。因此,一到 18 世纪,离开自然科学基础的英国哲学转化为替保守的宗教作哲学辩护的唯心论。这主要表现在主教贝克莱的唯心论和休谟的不可知论中。贝克莱排斥洛克经验论中唯物论的内容,高扬其观念、认识的主观性,建立"存在就是被知觉"的主观唯心论。他认为,一切物质的东西,不外是印象的集合,离开知觉,物的存在绝对不可能,因此拒绝离开意识而独立的客观的实在,并且我们所感知的观念,是神赐予我们的观念,我们意识中经验的水流,其发生和消灭都是神的事业。这样一来,他便否认诸事物的内在关联和因果关系。宗白华认为,贝克莱的这一主观唯心论,不仅使人类的认识全部被感觉消解,而且关于觉察物性质的感觉,也和物的性质本身一起被一定感觉的结合替代。与贝克莱将洛克的经验论导向一种主观唯心论相区别,休谟则走向了不可知论。在休谟看来,"感觉"是"不可还原的第一次的意识形态",是"知识的根源"〔3〕,可是感觉的起源,是不可知的东西,它并不能经由经验来证明,也不能将其归之于外的世界及神的方面,因而休谟是个不可知论者,是个怀疑论者。并且在因果关系上,与贝克莱将其指认为"神的告示"不同,休谟认为物和物之间的因果关系,是"习惯"的产物。休谟认为,一切的经验证明,诸表象或思维的必然结合在于我们从类似的原因期待类似的结果的习惯力所生的信仰上。宗白华指出,在休谟的不可知论中,实际上暗含着唯物论的要素。虽然休谟主张我们关于客观的实在不可知,但在立论的出发点上,假定着客观的实在,它"横于知觉、经验外而'触发'感觉",在这一点上,不可知论可以说是"害羞的"唯物论。〔4〕可见,承认"客观实在"的存在是宗白华辩证法的唯物论观念的前提。

---

〔1〕 转引自宗白华.宗白华全集(第 2 卷)[M].合肥:安徽教育出版社,2008:670.
〔2〕 宗白华.宗白华全集(第 2 卷)[M].合肥:安徽教育出版社,2008:690.
〔3〕 宗白华.宗白华全集(第 2 卷)[M].合肥:安徽教育出版社,2008:694.
〔4〕 转引自宗白华.宗白华全集(第 2 卷)[M].合肥:安徽教育出版社,2008:695.

　　近代唯物论发展的另一个泉源，便是欧洲大陆尤其是法国笛卡尔的唯物论哲学。站在文艺复兴复活唯物论传统上，把理性对宗教的斗争加以遂行的人，在欧洲大陆有笛卡尔和伽桑狄。费尔巴哈说："近世的课题，就是神的现实化和人类化，神学向人类学转化并消解。"[1]宗白华指出，如果说把这一课题宗教化的做法是福音主义的话，那么将这个课题哲学化的做法或理化的做法就是"思辨哲学"（合理论）。这一对神做合理的理论研究及阐明的思辨哲学，开始于笛卡尔，再由斯宾诺莎把它作为"颠倒了的无神论"即泛神论而确立起来。它的理论内容全是唯物论的。宗白华说道，这种"具着神学假象的无神论、思辨哲学、理想王国的哲学"，就是"资产阶级王国的理想化"的哲学，欧洲大陆的唯物论，正是这种理想的哲学的完成。[2]笛卡尔被称作"近代哲学之父"，为了获得真理，他所采取的方法就是首先怀疑一切，然后再达到完全确实而无可疑的认识，他的著名命题"我思故我在"就是出发于这种方法论。他从这里得出的结论就是我之所以得出"我的存在'我是思考者'的认识来"，是经过"清晰而判明的表象"得来的。[3]"清晰而判明"是笛卡尔的认识真理性的规准。也即只有被清晰而判明地认识的东西才存在，作为真理才妥当。而数学的方法是清晰而判明的认识的第一模范，因此，只有算术和几何学才是"一切真理的泉源"。笛卡尔这种实是结合着唯心论的形而上学和机械论的唯物论的物理学的"半截的立场"，使其陷入心物二元论，最终依靠神所创造的第三实体将两者统一起来。宗白华认为，这是笛卡尔唯物论中的最大缺陷。

　　克服笛卡尔这种不彻底的心物二元论的是斯宾诺莎的工作。斯宾诺莎的哲学是17世纪伟大的资产阶级唯物论和无神论，他的哲学的根本观念，是本体（实体）的概念，他把它称作神。不过，斯宾诺莎的神并不是超自然的具着宗教性的神，它是"绝对无限的实在，亦即具有无限'多'属性的实体，其中每一属性各表示其永恒无限的本质"[4]。从而将笛卡尔作为物体属性的实体和作为精神属性的实体结合在一个实体（本体）上。因此，斯宾诺莎用独特的方法，为自然的客观实在性及其根源性、统一性，建立了基础。他对于认识的真理性说

〔1〕　转引自宗白华.宗白华全集（第2卷）[M].合肥:安徽教育出版社,2008:672.
〔2〕　宗白华.宗白华全集（第2卷）[M].合肥:安徽教育出版社,2008:672—673.
〔3〕　宗白华.宗白华全集（第2卷）[M].合肥:安徽教育出版社,2008:674.
〔4〕　[荷]斯宾诺莎.伦理学[M].贺麟,译.北京:商务印书馆,1983:3.

道,"真观念必定符合它的对象"〔1〕,也就是说,认识的真理性存在于客观的实在和观念一致的中间。由此来看,斯宾诺莎的哲学,完全是具着唯物论的内容。但是,他将物质变化的原因确立为"自己的原因",认为运动只是形态所固有的东西。他的所谓实体,是"和人类分离被形而上学地变曲了的自然",只作为"知的直观"的对象去把握。〔2〕所以,斯宾诺莎的唯物论,根本上来说是形而上学的机械的唯物论,仍是一种不完全的唯物论。

当历史上资产阶级第三次谋叛的法国大革命于1789年爆发时,法国的资产阶级凭着不妥协的战斗精神,向着一举而扬弃封建制的方面努力,法国唯物论在18世纪就是这一资产阶级的哲学。他们把自己确立为战斗的唯物论、无神论,他们不把批判单纯局限在宗教信仰的事件上,"宗教、自然观、社会、国家制度,一切都受到了最无情的批判;一切都必须在理性的法庭面前为自己的存在作辩护或者放弃存在的权利。思维着的知性成了衡量一切的唯一尺度"〔3〕。法国唯物论还批评了英国经验论中的唯心论要素,指出物质世界可以离开意识而独立地存在,同时又把笛卡尔的心物二元论作了最后的排除,明确指出人类及思维能力都是自然的一部分,并将斯宾诺莎的物质"自因"的观点深化到物质世界全体所固有的"运动"这一思想中来,承认物质自己的运动,这是法国唯物论的最大成就。由此可见,18世纪的法国唯物论,是17世纪两个方向的唯物论的统一与结合,一是从培根到洛克的经验论,一是从笛卡尔到斯宾诺莎的欧洲大陆唯物论。培尔和伏尔泰首先剥夺了形而上学的学问信用,把形而上学驱到解体之途上,为法国唯物论开辟了道路。接着把英国唯物论导入法国的是孔狄亚克,他认为,一切的意识活动,都是从感性的知觉中发展起来的东西,是变形的感觉作用,同时,人我意识的统一,以一个确实完全不能认识的"实体"为前提。宗白华认为,在这里,孔狄亚克的感觉论,有着唯物论的要素。而梅叶则是18世纪后半叶中开花的法国唯物论的前导,在狄德罗手中深化。狄德罗代表了18世纪法国唯物论的最高成就,他从洛克的认识论出发,承认感觉有其根源性,并从物质的运动来理解意识的发生,这一观点"不是在于从物质运动导出感觉,使感觉归着于物质运动,而在于把感觉认作运动

〔1〕 [荷]斯宾诺莎.伦理学[M].贺麟,译.北京:商务印书馆,1983:4.
〔2〕 宗白华.宗白华全集(第2卷)[M].合肥:安徽教育出版社,2008:683.
〔3〕 马克思恩格斯选集(第3卷)[M].北京:人民出版社,2012:391.

的物质之一资性的点上"〔1〕。但这也是法国唯物论的最大缺陷，即无法认识到物质基于自身内在矛盾而产生的自身辩证的运动，因此，从这里来看，法国唯物论既是资产阶级唯物论的完成，也是机械的唯物论，结局就是不完全的唯物论。这是由于 18 世纪的法国唯物论，没有把对象作为感性的人类活动、实践去把握，因而也就无法真正明了认识的辩证法，及存在的辩证法。

　　由此看来，宗白华指出，近代自然科学和古代希腊的自然发生的唯物论不同，它把作为整体的自然和种种自然现象分成一定的部类，从自然各部分去分析，研究有机体的内部，这既使得古代自然发生的唯物论的世界观在关于物质各部分的认识上得到深化，但也同时造成对于自然物和自然现象不能从全体上、大的关联上去把握，却从个别上、大的关联外去把握；不从运动上去把握，却从静止上去把握；不把它作为本质上变化着的东西，却作为永久不变的存在去把握。因此，也生出近代形而上学的思维方法，这一近代唯物论的机械论性质，也正是源于这种形而上学的研究方法。

---

〔1〕 转引宗白华.宗白华全集(第 2 卷)[M].合肥:安徽教育出版社,2008:711.

第五章
从康德到马克思

　　宗白华在专门论说西方哲学发展史的手稿《西洋哲学史》(1946—1952)中,对于德国哲学几乎未作论述。其中原因,一是 17 世纪的德国不仅在经济上、政治上,在自然科学的发展程度上,明显落后于英国、荷兰及法国。宗白华认为,莱布尼茨的唯心论妥协哲学正是这一时期德国资产阶级诸关系未充分发展的产物。二是德国思想资源尤其是康德哲学,早在 20 世纪 20 年代前后宗白华就作过多次论述,对康德学说的研究也贯穿了他的整个学术生涯。如果说宗白华的哲学思想是一种体现了向现代精神历程转换的中国思想体系的话,那么它的源头就是近代以来的德国哲学。宗白华指出,18 世纪后半期,康德及拉普拉斯"星云说"的提出,认为太阳和所有行星都是由星云生成的,这就从根本上动摇了自然在时间尺度上没有任何历史的观点,进而为辩证的自然观打开了一个缺口。对此,恩格斯指出:"要精确地描绘宇宙、宇宙的发展和人类的发展,以及这种发展在人们头脑中的反映,就只有用辩证的方法,只有不断地注意生成和消逝之间、前进的变化和后退的变化之间的普遍相互作用才能做到。近代德国哲学一开始就是以这种精神进行活动的。"[1]

　　18 世纪末至 19 世纪上半叶,德国哲学开始了飞跃性的发展,并成为工业革命时期欧洲哲学舞台上的主角。自康德始,德国古典哲学不仅继承了欧洲大陆的唯理论,特别是莱布尼茨哲学的传统,而且还综合了英国经验论哲学的合理成分,最终建构了一种立足于唯心主义基础之上的辩证法。恩格斯指出,黑格尔首次将整个自然的、历史的和精神的世界描述为一个不断运动、变化的

---

〔1〕 马克思恩格斯选集(第 3 卷)[M].北京:人民出版社,2012:398.

过程,但在黑格尔的唯心论哲学思想体系中,思维不是对现实事物和发展过程的反映,而是对先于世界出现并早已在某个地方存在着的某种"观念"的反映。恩格斯指出,我们一旦了解到德国唯心主义哲学思想体系的这种悖论性,那就必然要求一种辩证的现代的唯物主义思想体系的产生。这种现代的唯物主义严格区别于那种建立在静止的自然观基础上的机械的唯物论,它因新近自然科学的发展,如地质学及古生物学和有机化学的成立,明了自然界也同样有自己的历史,有生有灭,循环往复,因而那宇宙本原的东西,即使能够存在,在本质上也是辩证的。据此,宗白华指出,现代自然科学研究的巨大成果,便是替科学的哲学——辩证法的唯物论——做了基础。

　　在 20 世纪中国现代思想史中,作为受过系统德语训练,及德国学术熏陶的宗白华,自然不会忽略德国古典哲学在西方哲学发展过程中的重要作用,这其中便是作为德国古典哲学创始人的康德哲学在宗白华的整个学术体系中的关键作用,他以为康德哲学以一种更高的理论将欧西哲学之流贯通。在后期,宗白华亦从马克思主义哲学角度对康德哲学中的美学思想进行了理论反思,以科学的辩证的眼光肯定了康德学说中的合理成分,对其唯心主义进行了批判,并最终形成了其关于思维与存在的辩证唯物主义哲学观,从而体现了宗白华一以贯之的对科学的哲学观与人生观的追求。

一、康德先验形而上学:宗白华
关于先验认识论的辩证哲学观

　　在宗白华看来,西方哲学在整个历史进程中的发展过程可以归约为唯心论与唯物论的斗争史,从哲学的内容来看,则又可以划分为两部分:一是本体论或形而上学;二是认识论或知识学。宗白华指出,本体论是自古希腊哲学起就一直存在的重大哲学问题,唯心论与唯物论的分歧便在于如何回答这一世界本原问题。从古代自然生长的原始的唯物论,由于没有弄明白思维对于存在的关系,产生离开肉体的灵魂说,最终结束于宗教之中。而近代哲学机械的唯物论,有的主张实验外物,有的主张内观自心,有的偏重演绎,有的偏重归纳,从而也导致了形而上学的思维方式。自笛卡尔以来的近代哲学家们,不再断言存在,而是开始意识到思维与存在的对立,以为在解决世界本原性问题之前,须先对人的认识进行研究,用恩格斯的话来说,就是"我们关于我们周围世界的思想对这个世界本身的关系是怎样的? 我们的思维能不能认识现实世界? 我们能不能在我们关于现实世界的表象和概念中正确地反映现实?"[1]这是由于,无论是可感觉的经验世界,还是可知不可体验的超感性本体世界,皆出发于人的主观认识的关系之中,只有先获得关于人的认识的理论,才能为回答世界本原问题提供理论依据,从而证明其存在或否定其存在。

根据这一由本体论转向认识论研究的近代哲学特色,宗白华指出,与一般普通哲学概论书中先讲本体论再讲认识论不同,他的哲学研究也将先从认识论出发,研究"吾人知识的本源、界限、原则、效用,及其本体",解决思维与存在的问题,然后再回答"何为宇宙客观的实际"这一本原问题。宗白华指出,康德是认识论的创建者,但是在康德之前,围绕人的认识问题所产生的争吵已使形而上学面临着崩塌的危险。宗白华将包括康德在内的各派别认识论学说总括为以下四类:唯理论/经验论;实在论/现象论;独断论/怀疑论/实证论;康德批评论。

近代科学是近代哲学发展的"灵魂",尤其自启蒙运动以来,哲人借助科学完成了对神学形而上学的改造,也因此提出了建构科学的形而上学的要求,并形成了两大特色鲜明的哲学派别:英国的经验论和欧洲大陆的唯理论,它们都是从人的主体性出发的哲学思维方式,但前者以自然科学为基础,后者以数学为基础,尤重几何学的逻辑演绎与归纳法。

首先,从吾人知识的本源来看,宗白华指出,唯理论的主旨是"吾人理性是真知识的'中源',也是正确知识的'标准'"[2]。也即此派学说的要旨在于认为人的理性可以直观事物的本质,而由于经验世界的现象生灭无常,所以由五官所得的知识,不具有决定性与普遍性。与唯理论的主张相反,经验哲学认为:"五官所取的经验世界,是吾人知识唯一的基础本源。没有经验就没有知识。所以一切科学的方法就是观察与实验。"[3]宗白华认为,尽管经验论是现代科学与现代哲学研究的新方法,现代学术的昌盛也实是经验论的功效,但是这两方观点的合理性实是"一半一半"。一方面,现在经验科学还不能忽视思想的价值,科学中的根本观念,如物质、因果、空间、时间等,都不是由纯粹实际

[1] 马克思恩格斯选集(第4卷)[M].北京:人民出版社,2012:231.
[2] 宗白华.宗白华全集(第1卷)[M].合肥:安徽教育出版社,2008:61.
[3] 宗白华.宗白华全集(第1卷)[M].合肥:安徽教育出版社,2008:61.

经验所得,它们都是思想所假定的存在;另一方面,吾人思想具有独立自主的运行法则,在既有经验外,也有整理经验、假设悬想的作用,况且科学研究所得的宇宙观也不是普通人的纯朴经验世界,而是个有系统有律令的客观世界,因此,这个客观世界一半是由我们想象力构成的。从这里可以看出宗白华对康德先验哲学思想的接受。

其次,从知识的范围来看,又可分为实在论与现象论。实在论的主旨是"以为吾人可以得外物实际的本相"[1],其中有以精神为客观实在的本体的哲学实在论,也有以物质为客观实在的本体的哲学实在论,它们都承认吾人知识能得宇宙的本相。现象论则认为,经验所至,皆是现象,吾人知识永不能知道现象后的本体。宗白华指出,康德的认识论显然更符合现象论主旨。现象论是现代科学哲学中极盛行的一种认识论,依经验来看,实在论所谓的"客观实在物"的存在,如原子、伊太、物质、势力等,都是假定的思想中物,不能说是实际绝对的存在,再就主观地位而言,心理学说明了一切现象不外吾人的感觉知觉,知觉以外远非吾人所能知。可是,既然宇宙本体不可知,我们又是从何处知道现象之后有个本体呢? 宗白华指出,这个问题是现象论所不能回答的,这恐怕要等待康德来回答这一问题了。

再次,从知识的本体来看,又可划分为独断论、怀疑论及实证论。与前两类认识论注重研究知识的起源及范围不同,哲学的独断论凭着理想决定实际的本相,精神论与物质论可以说都是独断论,后来因着各派独断论的精神论与物质论相互矛盾,各执一端,于是又引起怀疑论与批评论。怀疑论往往是一时代独断论宇宙观失势时候发生的学说,它怀疑一切,认为吾人知识不能获得宇宙真理,但是它并不像批评论者那样研究吾人知识的起源界限以决定知识的效用,只不过对于吾人知识一切怀疑,不下判断而已。实证论在这一点上与怀疑论相似,它认为吾人知识不能够获得宇宙实际,所知的只是宇宙间各物象的相互关系,即宇宙现象中的秩序律令,至于这些关系背后的原因及宇宙的本相,我们永不可知。因物质阿屯(原子)不是经验所得,只是假定的一种关于世界本原的概念而已。总之,我们的知识只限于实际经验界,经验所不到的永不能知。但是,彻底的实证论也必将陷入现象论。由此可见,宗白华认为各派认识论学说各有其合理性,但显然均未解决吾人知识与这个世界本身的关系,用

---

〔1〕 宗白华.宗白华全集(第 1 卷)[M].合肥:安徽教育出版社,2008:62.

恩格斯的话来说,将这一问题转述为哲学的语言,也即以唯理论和经验论为代表的诸哲学派别都未能解决思维与存在的同一性问题。

宗白华认为,实证学派则是现代科学中极有价值的认识论,既不执唯心,亦不执唯物,但主张实验。也即实证论既反对形而上推度经验以为的真理,也极反对唯物派所说的物质阿屯(原子)是宇宙实际。康德哲学亦与此派全不相背。宗白华在青年时期所写的第一篇哲学文章《萧彭浩哲学大意》(1917)中,不仅较全面地介绍了叔本华"唯意志论"的哲学本体观和伦理美学思想,还确立了康德在欧洲哲学传统中的地位,认为康德的先验哲学,超越了自希腊时期就已存在的唯物与唯心之争。在《康德唯心哲学大意》中也曾对康德哲学作出了极高的评价和肯定,"德国近世实证学派诸家,皆出于康德,承康德之旨也",认为康德哲学,涵摄唯物、实证两派之精义,并且超越了它们,建立起最高唯心之理,实乃"千古不易之唯心哲学"。[1] 对于康德哲学本身来说,它则是一种批评论。康德曾在其《纯粹理性批判》中说道,为了与以前的哲学相区别,他的哲学并不是以建立体系为主,而是为了批判认识,特别是对莱布尼茨-沃尔夫的"独断论"的批判。宗白华指出,康德的批评论有广义和狭义之分。广义的批评论是指在建立形上学体系之前,需要先研究人的知识的本源、范围及界限,来决定形上学能建立与否。狭义的批评论,即康德自己的认识批评论,他的内容就是考察那些具有普遍性与决定性的知识的起源与效用范围,如数学几何的公例,因果律与原质不灭律等。前者主要针对独断论而言,在康德看来,从前的独断论哲学家往往是吾人知识的独断进行,并以各自所认同的知识论建立他们的宇宙观,但均不问这些知识的由来。由此指出,凡一哲学系统若未先研究吾人知识的能力范围将是完全不稳固的,所以"认识之批评"是研究宇宙的先决事业。后者则是源于休谟的怀疑论,因休谟怀疑"因果"与"原质"两观念的价值,遂引起康德的批评论与近代的实证主义。康德在《纯粹理性批判》序言中指出,若将"独断论"视作专制统治的话,那么"怀疑论"就是指破坏社会秩序的游牧民族。休谟从洛克的经验论出发,将人的认识区分为"感觉"和"反省",认为第一的感觉是指活生生的种种感觉或印象,并且包括爱憎、愿望、意欲,而第二的反省的东西是指比较弱且暗的种种观念或"思想",它是在感觉/印象的记忆中产生的,就此休谟将感觉和存在隔离。作为知识获得途径

---

[1] 宗白华.宗白华全集(第1卷)[M].合肥:安徽教育出版社,2008:11.

的因果关系,休谟则认为它是"习惯"的产物,即人们从类似的原因期待类似的结果的习惯性联想,因为即使是因果之间的联系,知性也无法觉察到它们之间的内在联系。由此,宗白华指出,依休谟的见解,"感觉"是"知识的根源",而且感觉的起源不能经由经验来证明,那是不可知的东西,既不能从心和物其他东西的作用来说明,也不能归之于外的世界及神的原因。也就是说,在人类认识能力范围之外,我们永远无法对现象背后的东西进行说明,这样休谟不仅拒绝思维与存在的统一,而且还摧毁了经验论所追求的将经验作为科学知识基础的目标,因为经验依着习惯力所获得的因果联系,并不具有普遍性和必然性。康德所面对的正是这一被休谟摧毁的科学和理性的信念。

康德推究的结果就是,在经验科学未着手研究自然以前,便先要认定有个"自然境界"的存在,才能去研究它,观察它。这自然境界的内容,就是"空间时间中的物质与物质变动的因果关系",自然科学若没有关于时间、空间、物质、因果这四种前定观念,就没有目的标准,无从着手。若承认这四种观念绝对存在,那科学家就不是处于研究批评的地位了,因此这研究批评的事业则要归于哲学家。因为若不穷究关于这些自然科学中基本观念的知识的来源与所能及的范围,将动摇自然科学的根基,遭到怀疑论的打击。于是,康德将观念与对象的顺序进行了颠倒,转向研究对象是如何被认识的,从而建立了"先天知识说",以确立知识的标准与价值。宗白华认为,这是康德哲学中最精微最高深的部分。依据今日科学之发展,已经证明了无论是唯心派所强调的"以身心外之世界为空华水月,全无实际,而执内心,思想实有,且长存不灭"[1],还是唯物派所主张的外在物质现象乃真实的,它们实际上皆是唯心假相,世界真相乃是指"色相后不可直觉之物质运动"[2]。

康德的伟大之处便在于,它将世界划分为两种心相:一是形而下心相,一是形而上心相。宗白华将康德的这一观点与中国古代哲学《易经》及佛教学说中的抽象玄理相结合,指出"形而上心相"相当于中国的哲学概念"伊太阿屯","无色声香味诸性,而具形体,含方分,占据于空间,运动于时间"[3],这种物质运动世界是实有的,而非幻梦。"形而下心相"则是我们可以凭直觉获得的感官色相界。所以,"形而下心",即"吾人感觉思想情意之心名",对于感官色相

〔1〕　宗白华.宗白华全集(第1卷)[M].合肥:安徽教育出版社,2008:13.
〔2〕　宗白华.宗白华全集(第1卷)[M].合肥:安徽教育出版社,2008:10.
〔3〕　宗白华.宗白华全集(第1卷)[M].合肥:安徽教育出版社,2008:16.

界,我们可以通过实证觉知它。而"形而上心"则渺然无误,不可接知,但可谟知,即我们不能直接通过感官获知它,只能通过思想推度来知觉它。这样,康德把世界分为可知的和不可知的,人的认识又可划分为面向现象界的知性能力(经验性的合理性)与面向形上界的先验能力(超验性的理性),直面了休谟所否定的思维与存在、主体与客体的统一性问题。康德认为,人既然知道存在着一个不能被认识的对象,那么这实际上就是人的主观认识能力的显现,也就是说,我们虽然对"物自体"不可知,但它可以刺激我们的感官,形成关于事物的感受,从而通过主观能动性,建立起关于它的知识,这正是由于人具有一种"先天综合判断能力",即纯粹理性"含有吾人由以绝对先天的能知任何事物之原理"[1]。具体来讲,这种先天性不是指所谓的天生的,而是指人本身所固有的一种先天认识能力,它在逻辑上先于经验而存在。康德的这种"逻辑自明性"保证了认识的普遍性。正如李泽厚曾指出的,在康德这里,"'先验'便是'普遍必然',这种普遍性不是逻辑的普遍必然,那是分析;而是在经验中有现实客观效力的普遍必然,这是经验的归纳所不能具有的"[2]。康德便由此回应了休谟对知识的可靠性的否定,在他看来,因果关系是人的先验知识建构的,是知性范畴,指出"凡一切知识不与对象相关,而惟与吾人认知对象之方法相关,且此种认知方法又限于其先天的可能者"[3]皆为先验的。康德为我们找到的形而上学的根据就在于人的"先验"能力,它既否定了休谟对科学和理性的怀疑,又为形而上学的重构寻找到新的"根基",即人所具有的先天理性能力。

综上,在宗白华看来,康德的先验哲学是一种科学的形而上学,它是一种从人的认识能力的界限和普遍必然性出发,考察世界从何而来的形而上学思想,区别于唯理论和经验论中在世界中寻找知识可靠性的哲学。因此,康德唯心主义与昔日欧洲唯心哲学大相径庭。以往的唯心哲学认为宇宙乃形而下心之思想,故身心外之世界,皆无实际,只有思想实有,且常存不灭。而在认识论上,以往的唯心论哲学注重对客体对象研究,忽略了作为认识主体的人的研究。康德的先验唯心论哲学则从认识主体中寻求知识的普遍性。他将世界区分为形而上心相和形而下心相,这时空中的物质世界,皆为主观的组织,但它

---

〔1〕 〔德〕康德.纯粹理性批判[M].蓝公武,译.北京:商务印书馆,1982:42.
〔2〕 李泽厚.康德认识论问题的提出[J].文史哲,1978(1):57—72.
〔3〕 〔德〕康德.纯粹理性批判[M].蓝公武,译.北京:商务印书馆,1982:42.

既不是形而上之心相，也非形而下之心相。一切诸法，皆具有形下实相，且同时为形上虚相。但这客观的自然不是我们小己的主观，康德假定有个"超尚的我"[1]，这客观的物质世界便是这"超尚心"的主观世界，是他的认识功能。宗白华认为这正是康德哲学的精微深妙之处。近代自然科学的发展，使得认识自然现象的普遍规律得以可能，但它无法认识诸如上帝、精神等无限的对象。因此，康德哲学实际上包含着一种超越科学知识的企图，他的目标在于建立一种真理性的知识形态，使思维形式不仅能够把握客观存在着的现象界，还能认识现象界背后存在着的"物自体"，它是人的先验理性通过事物和事物所呈现的感性材料所认识到的事物的本质。所以，康德哲学所致力于建构的是一种思维与存在、主观与客观相统一的真理性知识，真理性知识是哲学所研究的对象，也是人类能够获得的最高知识。

二、马克思主义哲学的"客观实在论"：宗白华 关于世界本原的辩证唯物主义哲学观

由前述可知，哲学主要是对两大问题的思考：一是本体论，关于"何为宇宙客观的实际"及"什么是一切现象的真因"之终极客观存在的绝对知识；二是认识论，关于"什么是人生正确知识的标准"的研究，即为自然科学知识提供真理性的哲学保证。康德的先验认识论扭转了自古希腊以来的认识论传统，主体不再是被动地认识对象，而是主动地建构对象，由人为自然立法。哈贝马斯指出："通过对知识基础的分析，纯粹理性批判承担了我们滥用局限于现象的认识能力的批判任务。"[2]这是康德在哲学上的伟大贡献，一方面，他以认知理性取代了传统形而上学的实体性理性概念，另一方面他以"先验认识论"有力驳斥了经验论和怀疑论的片面认识论，同时也批判了独断论不经理性批判就断言对象客体的真实存在。但由于作为主体的人的理性能力有限，人类的认识能力只限于主观意识范围之内的客观存在，对于超出意识范围之外的那作为现象本质存在着的"物自体"，我们永远不可知。因此，宗白华指出，由于理

[1]　[德]康德. 纯粹理性批判[M]. 蓝公武，译. 北京：商务印书馆，1982：42.
[2]　[德]哈贝马斯. 现代性的哲学话语[M]. 曹卫东，译. 南京：译林出版社，2017：23.

性的有限性,康德也不可避免地要在客观对象和自在之物之间作出二元论区分,最终也致使强调人的主观认识能动性的康德哲学走向了笛卡尔式的二元分裂。

在宗白华看来,这实际上源于欧洲哲学的传统。自古希腊以来的哲学家们,无论是唯心论学说,还是唯物论学说,他们都在这实际的客观世界后面构想一个客观本体世界,作为一个理想的世界而存在着;他们都假定世界上存在着某种或某些固定不变的作为本原的东西。从前述宗白华对欧洲哲学的讲演来看,他把这一本原性的东西统称为"客观存在的实体"。在他看来,关于实体的内容,各派学说各执一端,不过可以肯定的是,这一作为哲学理论核心的东西不断从具体走向抽象,这也标志着哲学从原始走向成熟。宗白华指出,自泰勒斯将"水"作为万物的根源起,便奠定了以"物质"为根源的初期希腊哲学基础,经恩培多克勒的"四根说和爱与恨",至德谟克利特的"原子"说,古代自然哲学关于万物根源的"物质"说最终演变为"可感的抽象概念"。亚里士多德曾对此总结道,"初期哲学家大都认为万物唯一的原理就是物质本性。万物始所从来,与其终所入者,其属性变化不已,而本体常如,他们因而称之为元素,并以元素为万物原理。所以他们认为万物成坏,实无成坏,这一类实是万古常在"[1]。由此可见,在以泰勒斯为代表的米利都学派那里,作为万物始基的"水""空气""火"虽然来源于经验界可感的物质,但它们也并不是一般的具体可感的有形之物,而是赋有万物本性意义的不变的普遍性,作为一种"本体""实有"万古常在。黑格尔对于泰勒斯的"水成说"这一本原性命题也曾作出过十分恰当的解释,指出这首先是一种哲学观,这里的感性之水已包含一切实际事物在内,故而水被理解为普遍的本质,其次它是一种自然哲学观,因为"普遍"还被认定为"实在",即实体。[2] 可见,这些作为本原的物质在早期自然哲学中,已不再是感性的具体物而转变成普遍性的本原物了。但由于受时代和人们思维能力的局限,这种关于世界本原的本体论不过是人们凭借理智的想象,并借助逻辑的力量建立起来的以取代神话世界的观念世界而已。

与希腊初期哲学家注重自然研究不同,苏格拉底反对向外寻求世界本原的方式,他认为哲学应首先是道德的东西,在他看来,"原野和树木,什么也没

---

〔1〕 [希]亚里士多德. 形而上学[M]. 吴寿彭,译. 北京:商务印书馆,1996:7.
〔2〕 李凌云. 马克思哲学对西方形而上学的现实超越[D]. 辽宁大学,2019:25.

有告诉自己"，所以探求世界的本原要到人的心灵中去寻找。由此，苏格拉底也使得哲学研究由"自然"转向"人自身"。宗白华指出，虽然苏格拉底的哲学往往被称为"实践哲学"，但显然它并不是指现实的生产实践，而是指抽象的道德实践，它被局限在内在道德领域中，并没有外化为去探寻"何为宇宙实际"以及"世界何以可能"的这一本原性问题。宗白华认为，在轻视自然科学研究这一点上，柏拉图和他的老师苏格拉底一样，是唯心论的确立者，想确立"善"的最高理念世界。柏拉图认为，只有那被概念地思维了的东西才是真正根源的存在，是"真实在"（存在的存在者），也即关乎存在之真理的知识绝对正确，反正，凭借感官所获得的感性世界的认识则可能出现错误。由此，柏拉图将世界区分为相对的感觉世界和绝对的本质世界（即理念世界），而真的知识和真的科学，只有依据概念上的思维才能获得，所以通过超感觉的理念所建构的世界才是最真实的本体世界，这也使得世界被分裂为形而上的本体世界与形而下的非真实的感性世界。但宗白华指出，虽然柏拉图的"意特"说，夺取了世界本质的物质性内容，但是柏拉图的"意特"既是思想，同时又是永远的客观存在，说明"意特"虽是神的产物，不是人类所造，但它却是绝对实在的东西。由此，柏拉图的"理念"说和古代自然哲学提出的"物质"说，完整了哲学研究的内容，即包括自然对象和人本身，都承认世界根源为存在着"客观实在"。对此，宗白华指出，作为古代哲学的集大成者，亚里士多德曾明确说道："纵然假定我们没有看见过星辰，可是除我们现知的事物外，那永远实体之存在，也仍然无变更。因此，纵然再假定我们现在不知那永远实体是什么，但那些实体之不能不存在，也确是的而且确实的。"[1]可见，亚里士多德丝毫没有怀疑外界的实在性，并且承认离开我们意识而对立存在的客观实在。宗白华强调，这对唯物论来说是至关重要的，因为承认客观实在的存在是唯物论的根本前提。至此，在古代自然哲学基础上，古希腊哲学通过内在意识的逻辑演绎，最终确立了"以本体论为实质、以存在学说为中心的概念论、意识论和二元论'三位一体'的理论轴心构架"，也由此奠定了西方形而上学发展延异的逻辑路向和基本论域。[2]

在古希腊形而上学思想中，无论是早期自然哲学在人的意识之外寻求本原的"自然实体式"思考，还是转向人的意识之内对包括人本身在内的存在本

〔1〕 转引宗白华.宗白华全集(第2卷)[M].合肥:安徽教育出版社,2008:572.
〔2〕 陆杰荣.形而上学研究的几个问题[M].北京:中国社会科学出版社,2012:296.

体的探寻,它们都是建基于同一理论前提基础之上,也即确信人的意识思维到的存在就是现实的存在。这也为后世哲学埋下了批判的种子,对这一理论前提的批判构成了近代哲学认识论转向的中心主题。近代哲学已经意识到必须发挥人的主体性认识能力去克服人与自然之间的对立思维,只有这样才能实现思维与存在的统一。这在近代哲学中尤其表现在以斯宾诺莎为代表的唯理论和以休谟为代表的经验论中,因其各执一端,即唯理论执着于本体而经验论局限于经验,最终都导向了对“外在对象本体”的怀疑与否定。

宗白华指出,首先在被称为近代哲学之父的笛卡尔那里,所谓实体,就是“关于自己的存在,不需要自己以外的任何东西为助的东西”,所以笛卡尔哲学怀疑并抛弃一切被认为真实的假设,转而从人的思维本身去推知一切客观实在,包括物质和精神(灵魂)都是这种意味的实体。故而笛卡尔的“我思故我在”这一哲学认识论,确立了西方近代哲学个体的主体地位,它内在于人的精神本体,并构成外在对象的前提,从而使西方哲学传统中的“我思”由自在变为自觉。笛卡尔又指出,物体的属性是延长,精神的属性是思维,它们都是有限的,并且各自独立、互不依存。由此,基于逻辑概念论的笛卡尔哲学最终也难逃主客分离的二元思维模式。笛卡尔给出的解决办法是将两种有限的实体统摄于第三实体的无限实体,即神所创造的实体。这样,宗白华指出,以神为中心的物心二元论,便构成了笛卡尔关于世界何以可能的哲学特征,笛卡尔最终并没有全部否定神学的观念。宗白华指出,在斯宾诺莎那里,表现着对笛卡尔这种二元论加以克服的努力。

斯宾诺莎第一不赞同笛卡尔把“精神”作为独立的思维实体看,排斥了他的这一唯心论的原理,第二不赞同笛卡尔把神作为自然及运动的创造者看,排斥他的这一概念。斯宾诺莎的哲学,承认世界、自然、物质的客观实在性,认为自然的原因就存在于自然本身中,否定超自然的神,一切东西都由因果的必然性支配着。他将笛卡尔作为物体属性看的“延长”和作为精神属性看的“思维”,结合在一个实体(本体)上,即自然本身。因此,斯宾诺莎虽和笛卡尔同是出发于“实体(本体)的”概念,但他不同于笛卡尔的实体论,从而确立了作为唯一本体的自然。但这一作为实体的自然,只作为“知的直观”的对象去把握,它是和“人类分离被形而上学地变曲了的自然”。[1] 而在从经验论走向不可知

---

〔1〕 转引宗白华.宗白华全集(第 2 卷)[M].合肥:安徽教育出版社,2008:683.

论的休谟那里,将感觉和存在隔离,认为思想是感觉的模写,"我们的知觉是我们唯一的对象",关于客观实在,我们什么都不知道,也即彻底否定了人关于客观实在的知识。宗白华认为,这两派学说实际上都假设着客观实体的存在,只是都主张从思维去解决存在的问题,也因此导致对于人的意识内思维到的存在是否就是意识之外的现实存在的问题仍然悬而未决。最终,宗白华从总体上,将欧洲哲学关于本原问题的思考划分为四组相互对立的观点:精神论/物质论/心物平行论;自然论/自然哲学;机械论/目的论;一元论/二元论。

　　如前所述,康德以纯粹理性批判完成了思维与存在在主观表象中的形式统一,其方法就是对人的认识能力进行划界,将知性严格限定在经验的现象界,理性以经验外的"物自体"本体为对象。也即"经验存在的客观性须由范畴进行规定,知性从先天规则出发在杂多的经验中为自身寻找对象,所找到的只是被知性思维所规定的和赋予内容的存在,而不是由'存在'自身所规定的存在;只是具有认识论意义的'现象',而不是具有本体论意义的'物自体'"[1]。关于"物自体"的言说向来众说纷纭,李泽厚曾总结道,康德的"物自体"也即"自在之物"至少包含着三层意思:一是它是感性的来源,二是它显示了认识的界限,三是它是理性的理念,但它们并不是相互独立的,而是相互包含并交织在"不可知"这个总的意义上。第一和第三是对立面,第二是第一向第三的过渡。[2]李泽厚指出,康德关于"物自体"作为感性材料来源的论说可以在《纯粹理性批判》《未来形而上学导论》《自然科学的形而上学基础》等著作中找到直接证明。

　　我们都知道,康德对物自体的经典表述就是,尽管承认在意识之外存在着自在之物,对于自在之物本身,我们不可知,但根据它作用于我们的感官所引起的表象而言,我们是知道它们的。也即,"物自体"作用感官,提供刺激,才产生我们的感觉,但它虽作为感性来源而存在,我们却对它自身不可知。因为,康德的"物自体"并非物质,他说道:"绝对空间本身什么也不是,更不是客体,……由于我只是在思想中拥有这个虽依然是物质性的但却扩展着的空间,对描画出这个空间的物质什么也不知道,于是我就抽离了物质,这样空间就像一个纯粹的、非经验的和绝对的空间那样被想象,我可以将它和任何一个经验

〔1〕　姜海波.理性的区分与传统形而上学的没落[J].杭州师范大学学报,2019(2):89—95.
〔2〕　李泽厚.关于康德的"物自体"学说[J].哲学研究,1978(6):43—52.

的空间相比较,并在其中将经验的空间想象为运动的,因而它永远被看作是不动的。"[1]可见,康德的物质是指质料,即作为逻辑判断的感性材料和构成经验的对象要素。而我们对"物自体"最本质的东西"不可知",是由于它属于超越经验的彼岸,我们的知性概念对它不适用,所以它实际上意味着人类认识的一种界限,也即"物自体"作为与现象界相对的"本体"而存在。由于知性无法认识物自体,如果强行以经验中的知性范畴来认识物自体的话,那么必然会导致理性的矛盾。由此可见,康德的先验综合判断逻辑虽然克服了过去的教条主义,但它未能解决知性与理性、现象与本体的分离,并将二元论推向了极端。因此,也正是由于康德这一"物自体"含义的暧昧性,既遭到来自唯物主义的批评,又生发出许多唯心主义的规定,它关系到我们如何理解康德哲学中关于感性材料及外部客观实在的来源问题,同时又关系到康德又是如何解决近代哲学思维与存在的二元对立问题。

宗白华在后期吸收了马克思、恩格斯与列宁等人的康德批判模式,尤其是直接借鉴了苏联马克思主义学者瓦·斯卡尔仁斯卡娅的分析观点。他们接受了列宁"可以从右面来批判康德,也可以从左面来批判康德"[2]的看法,从而认为康德哲学具有明显的两重性。具体而言,就是"当康德承认在我们之外有某种东西、某种自在之物同我们表象相符合的时候,他是唯物主义者;当康德宣称这个自在之物是不可认识的、超验的、彼岸的时候,他是唯心主义者"[3]。黑格尔也曾指出,康德的"物自体"实际上并不存在,它只是一个摆脱了"我思"规定性的虚假的、空洞的抽象概念。后继者们费希特和谢林为了实现主客统一,分别建构了可以推演宇宙一切的"绝对自我"和超越思维与存在对立的"绝对同一"策略。黑格尔则认为:"一切问题的关键在于:不仅把真实的东西或真理理解和表述为实体,同时还必须注意到,实体性自身既包含着共相(或普遍)或知识自身的直接性,也包含着存在或作为知识之对象的那种直接性。"[4]所以,黑格尔采取的是一种"实体即主体"的策略。

在黑格尔看来,康德之所以认为不能通过知性范畴来认识物自体,是因为

〔1〕 [德]康德.自然科学的形而上学基础[M].邓晓芒,译.北京:生活·读书·新知三联书店,1988:22—23.

〔2〕 [苏]瓦·斯卡尔仁斯卡娅.马克思列宁主义美学[M].潘文学,等,译.北京:中国人民大学出版社,1958:102.

〔3〕 列宁选集(第2卷)[M].北京:人民出版社,2004:161.

〔4〕 [德]黑格尔.精神现象学(上)[M].贺麟,王玖兴,译.北京:商务印书馆,1979:10.

康德的绝对不是来自经验。所以,"为了使理性把握住绝对,就必须把知性范畴改造为本体论意义上的'思辨概念'、上升为理性的纯概念和真实世界的本质规定"[1]。也即要求理性通过自身内部的辩证法运动,在知性范畴的固有性领域与各个范畴之间建立一种必然联系,因为"一旦我们发现了先验逻辑范畴之间的必然联系,我们也就发现了实在的必然结构"[2]。所以,在黑格尔那里,这个"自我"主体不能仅仅只是作为一种自身的主观性、抽象性而存在,它应发挥自身的能动性,使自我发展成一种创造性的本源,能够在不依靠任何外界刺激的前提下,从自身中发展出与它相一致的客观实在。换言之,黑格尔的"实体即主体"策略便是将抽象的主体建构为"活的实体",实体只有客观且能动,才能通过自己的行动来获得绝对知识,那么主体(概念)和客体(客观实在)之间就获得了统一。然而,这样一来,恩格斯说道:"一切都被头足倒置了,世界的现实联系完全被颠倒了。"[3]宗白华也说道,这是一种"颠倒了的唯物论"。黑格尔建立在理性思辨基础上的对思维与存在统一问题的解决,最终还是在不触及现实生活的绝对精神本体论控制下的理性和解,因而黑格尔的"实体即主体"原则也就不可能从根本上改变思维与存在分裂的二元论倾向。

宗白华指出,从唯物辩证法的见地来看,无论是古希腊自然哲学对存在本体的形而上学建构,还是近代哲学关于思维与存在的二元分裂论,抑或是德国古典哲学认为真理乃最高意义上的"绝对"等,都表明了传统形而上学在探求"世界何以可能"问题上,逐渐把认识的诸特征、诸方面、诸界限片面地、夸大地、逸脱地发展成为一致离开物质和自然而深化了的绝对,最终都演化为把用以阐释世界的最高概念归为一种"神力"。在宗白华看来,这实际上是建基于本体世界的哲学知识论所导致的将意识思维、知性概念等加以绝对化、神秘化的必然产物。在某种程度上,宗白华认为,我们可以说,一切唯心论实际上都是宗教的党羽和哲学拥护者。但从辩证法唯物论的立场来看,这些传统形而上学都有其巨大的价值,它们都是人类认识发展史上的重要一环。正如列宁所指出的,"一个唯心论者,批评别个唯心者的唯心论基础时,常是唯物论的胜

---

[1] [德]黑格尔. 小逻辑[M]. 贺麟,译. 北京:商务印书馆,1996:323.
[2] 陆杰荣,李凌云. 论马克思对传统形而上学"内在根据"的现实破解[J]. 北方论丛,2017(4):131—135.
[3] 马克思恩格斯选集(第3卷)[M]. 北京:人民出版社,2012:399.

利"[1],宗白华说道,如从洛克的经验论哲学,经贝克莱和休谟的唯心论和不可知论,再到康德先验唯心哲学,这其实既是唯心论的内容体系化,也是唯物论内容的胜利。这是由于,辩证法的唯物论就是对一切科学和哲学发展并的总计。这也就是说,在宗白华看来,马克思主义的辩证法唯物论批评改造了从前的旧唯物主义和唯心论哲学,最终建立了一种新的科学的哲学。

　　宗白华在 1920 年 1 月 22 日发表于《时事新报·学灯》的《我对于新杂志界的希望》一文中首次提到了马克思主义,这篇文章提出要针对各种问题做专门的研究,出版专门的杂志,如"专门研究发挥马克思主义的,就出本'马克思研究'"[2]。第二次提到马克思则是在为伍蠡甫的《文艺倾向性》所写的编辑后语中,刊发于 1938 年 8 月 7 日《时事新报·学灯》(渝版)第 10 期。宗白华认为马克思和斯宾格勒从不同角度诊断了资本主义的末运,与斯宾格勒从文化形态学角度分析所得出的文明悲观论不同,马克思从技术生产关系的角度分析了近代资本主义社会的内在矛盾,并指出其必然走向崩坏。可见,宗白华对马克思学说早就有所了解,并且认识也极为客观。新中国成立后,宗白华开始研究马克思主义,认为马克思主义哲学标志着"辩证法的唯物论"的确立,它是唯物论形态的最高表现。从宗白华为何思敬翻译的马克思《经济学哲学手稿》译校中,可以看出他对马克思的理解与接受程度。如"此句须再考虑,似应译作:'他总不会超越从感觉达到意识以上去。'这样就不会和'不会……达到意识'不同了。前者是不超越感觉范围,后者是不超越感觉和意识底范围。大概后面的意识较佳。因鲍威尔等正大谈其'自我意识'呢。我以为此处是指'批评家'不是不能达到意识,而是不能超出'意识'范围,达到现实。这正是马克思对鲍威尔所指摘的。他并不是纯感觉论者,但却是自我意识论的唯心论者"[3]。从这段译校记中可以看出宗白华对马克思的理解深度。这便涉及马克思主义哲学关于思维与存在关系的看法,恩格斯曾指出,思维与存在问题的提出,使得关于存在的学说同解决存在与思维关系的问题连起来了。也就是说,本体必须放在存在与思维的关系中加以规定。为此,恩格斯从物质本身出发,规定了"物质本体"的含义,它的重要特征就是"客观实在",这是理解马克

〔1〕 列宁.哲学笔记[M].北京:人民出版社,1974:313.
〔2〕 宗白华.宗白华全集(第 1 卷)[M].合肥:安徽教育出版社,2008:164.
〔3〕 宗白华.宗白华全集(第 4 卷)[M].合肥:安徽教育出版社,2008:204.

思主义哲学的关键。正是由于诸哲学派别对作为世界本原的"客观实在"内涵的界定不同,从而导致了诸学说之间的根本分歧。

首先,马克思主义哲学的"物质"概念规定了"客观实在"属性的抽象性、永恒性和绝对性。恩格斯说道:"物质本身是纯粹的思想创造物和纯粹的抽象。当我们把各种有形地存在着的事物概括在物质这一概念下的时候,我们是把它们的质的差异撇开了。因此,物质本身和各种特定的、实存的物质不同,它不是感性地存在着的东西。"[1]这样,马克思的唯物主义者们就首先将"物质本身"与客观存在的具体可感的各自然物质区分开来,"物质本身"是一纯粹的抽象概念,它存在于无限多样的具体构成系统中,离开这些具体的形态和性质,"物质本身"也就不存在。

其次,这种"客观实在"可以为人们所感知,说明具着"物质"属性的"客观实在"又是具体的可感之物。列宁接着在恩格斯的"物质"概念基础上,对物质与客观实在的关系作了明确界定:"物质是标志客观实在的哲学范畴,这种客观实在是人通过感觉感知的,它不依赖于我们的感觉而存在,为我们的感觉所复写、摄影、反映。"[2]那么,既然这种客观实在不依赖人的感觉,为什么这种"客观实在"又能够为人的感觉所模写呢? 宗白华指出,这是辩证法唯物论的一个根本命题。这里所说的感觉并不是现代心理学意义上的感觉,它包含了思维的内容,主要强调意识上的可感知性。

"客观实在"是客观存在的,它与各种形而上学体系所建构的"实体"存在着根本差异,列宁所指称的哲学范畴的"客观实在"既不是作为一切事物基础的形而上学本质而存在,也不是构成物质的最小单元,而是为人的意识所反映的一切现象、物质、过程。列宁指出,在马克思和恩格斯看来,任何"绝对的实体"都是不存在的,物的实质或实体也是相对的,它只表示人对客体的认识变化。这也正是马克思主义者们的辩证唯物主义哲学与旧唯物主义和唯心论哲学的重要区别,即"客观实在"兼具普遍性、抽象性和可感知性。列宁的这一定义,既说明了物质自身的规定性,又说明了物质和意识的关系问题。前者关涉本体论,后者关涉认识论。由此可见,列宁是在唯物主义哲学力图解决近代哲学基本问题的基础上来确定物质定义的,这表明了离开存在同意识的关系,物

---

[1] 马克思恩格斯全集(第20卷)[M].北京:人民出版社,2001:598.
[2] 列宁选集(第2卷)[M].北京:人民出版社,2004:89.

质的感觉也就没有哲学上的意义,或者说,物质本身在认识论之外,就不再是哲学的问题。

所谓认识,就是思维向着客体无限制地去接近,并由人的意识所反映,但这一反映并不是将客观世界理解为静止的、僵死的研究对象,而是从事物矛盾发展及解决的过程去理解客观存在的现实世界,从而将世界作为一个不断发展、运动的过程,这是由人类的社会实践和历史实践决定的。在马克思看来,"物质本身是纯粹的思想创造物和纯粹的抽象。当我们用物质概念来概括各种有形地存在着的事物的时候,我们是把它们的质的差异撇开了。因此,物质本身和各种特定的、实存的物质的东西不同,它不是感性地存在着的东西"〔1〕。无论是以客观或直观形式去理解现实世界的旧唯物主义,还是以纯粹理性思辨把握客观存在的唯心主义,马克思认为,他们都是因忽略了现实的、感性的社会实践本身而导致对客观实在的两种极端对立的片面理解。

由此,马克思在批判吸收前人哲学研究成果的基础上,开创了一种基于实践思维的"新唯物主义世界观"。这是由于,马克思主张哲学家们的任务在于"改变世界",而不仅仅是"解释世界"〔2〕。因此,在马克思主义哲学家们看来,只有从人的实践出发才能真正把握思维与存在的本质及其关系,并由此出发才能真正实现感性与理性、思维与存在、自由与必然之间的和解与统一。我们可以从宗白华晚期对技术与艺术的关系的阐释看到马克思主义实践观在其美学研究中的具体运用。宗白华认为,技术美学在新国家的现代化建设时期将是一门很有前途、大有可为的实用性美学。并且指出,我们在研究技术美学方面的问题时,要不能忘记其与社会学之间的关系,因为器物的制造,不仅有人类生理上的需要,而且还有社会需要,它反映着一定的社会文化思想,如古代的"器"与"礼"是不能分开的,不同等级的人有其严格的标志,因此器物中还包含着社会功能与象征功能。读到这里,我们不得不佩服宗白华的学术眼光,他在20世纪80年代就以美学家的敏感觉察到了器物在审美与人类学间的紧密联系中的作用,而当代也正在以考察器物或其他审美形式,来对古代文化甚至远古时期的审美原型或审美理想进行研究。这也正是马克思主义美学的独到之处,将美学与社会学相结合,不断地引发新的思维之光。毋庸置疑,宗白华

〔1〕 马克思恩格斯选集(第3卷)[M].北京:人民出版社,2012:950.
〔2〕 马克思恩格斯选集(第1卷)[M].北京:人民出版社,2012:136.

领会到了马克思主义哲学思想的关键。

综上,宗白华总结道,欧洲哲学在从古代素朴的、不完全的唯物论向着完全的唯物论发展过程中,不断伴随着唯心论的反动,它们的分歧便在于模写说上,辩证法的唯物论主张实践是人类认识的媒介,认识是人类意识对客观世界的模写。这也是辩证法唯物论的根本命题。哲学的唯心论,与宗教结合,是所谓的"科学僧侣主义",它将认识的诸特征一面地夸大,从而成为脱离自然而绝对的、神化了的东西。但是,辩证法的唯物论,正如恩格斯在《路德维希·费尔巴哈和德国古典哲学的终结》中所说的,"像唯心主义一样,唯物主义也经历了一系列的发展阶段。甚至随着自然科学领域中每一个划时代的发现,唯物主义也必然要改变自己的形式"[1]。作为辩证唯物论者,宗白华从人类社会实践的角度,对古代和近代的传统物质观念和物质思维方式进行了合理阐释,并吸收了马克思主义哲学关于世界本原的观点,将"客观实在"作为科学的唯物观的内在本质,充分体现了其对古代素朴唯物论和近代机械的唯物论,以及唯心主义哲学之间内在区别的精准把握。

三、"少年中国"理想的文化建构:宗白华"辩证法唯物论"思想的现代美学内涵

林同华在 20 世纪 80 年代对宗白华美学思想的研究著作中就曾写道:"宗白华作为一位民主的战士,在他的审美理想论中,透露了对近代哲人——马克思关于改造这世界的最高理想的向往。"[2]综观宗白华一生的学术研究,始终是紧紧围绕着"文化建国"这一核心理念在不断地调整自己的治学方向与策略。早在五四时期,他便奠定了具有政治意味的"救世情怀"的美学发展道路。也可以说,一开始,美学在宗白华这里就不仅仅是作为一门学科而存在,它是与不同阶段的社会现实境况相结合着的。正是基于此,宗白华无疑洞察了作为意识形态反映的美学的批判性,通过其来研究社会、政治、伦理问题。在 20世纪初的中国哲学界,叔本华及康德哲学普遍被认为是比一般唯物论和唯心

---

〔1〕 马克思恩格斯选集(第 4 卷)[M].北京:人民出版社,2012:234.
〔2〕 林同华.宗白华美学思想研究[M].沈阳:辽宁人民出版社,1987:61.

论更加高超的一种理论学说,并成为支配现代中国哲学发展诸多外来思想中的重要一支。自梁启超 1903 年将康德哲学系统地介绍到中国,发展至今已百年有余。以梁启超、严复、章太炎为代表的改革维新派最早从政治需求出发,着重康德思想的解放力与精神性。王国维、蔡元培等人从美学领域出发,或与中国传统哲学结合,认为康德哲学"可爱而不可利用者",或从美育角度出发,将康德学说作为培育国民新人格的理论资源。这些也奠定了后人理解康德思想的认识论基础。

五四运动之后,进入了康德哲学的学理性研究。一批留学归国的中国学人不仅在哲学教学中引入康德,还翻译了康德的一些重要著作,如《纯粹理性批判》《实践理性批判》和《道德形而上学探本》,其中尤以张颐、张东荪、张君劢、郑昕、贺麟等影响较大。另外,在该时期从美学角度研究的,便以朱光潜和宗白华为代表。朱光潜认为康德乃德国唯心主义哲学和形式主义哲学的开山鼻祖,宗白华则认为康德超唯物与唯心之上。值得注意的是,也正是在这一时期,基本形成了支配中国现代美学发展的另一重要派别——马克思主义美学。在早期,两条学术理路各自平行发展,很少发生论战。但在 20 世纪 30 年代末期,随着革命的深化,文艺的社会功能被凸显,导致了中国现代文坛上的第一次美学论争,也预示着两种力量的平衡被打破。

1937 年,梁实秋在《东方杂志》新年号上发表了《文学的美》一文,指出将美学原理运用于文学批评"绝对是一大误解",并批评了西方以柏格森为代表的观念论美学,强调文学的美重在道德价值,而非形式美。因此,文学批评绝不能躲在美学的象牙塔里,只有先尽量认识人生,才能有资格批评文学。而一个月后,朱光潜则在 1937 年 2 月 22 日《北平晨报》上发表了《与梁实秋先生论"文学的美"》的公开信,他反对梁实秋将"文学的美"仅视为形式美,而且反对其将文学的形式与内容进行美与道德的二元对立式划分,认为这是一种狭窄的美学观念。朱光潜借用康德的名言"世间有两件事物你愈关照愈觉其伟大幽美,一是天上的繁星,一是我们心里的道德律"[1],指出美的内涵极广,不仅包含内在的道德性,也应包含客观世界的外在形象,即艺术图画的意境美。随后,两人的这一争论,引起了马克思主义美学家们的注意,周扬率先在 1937 年6 月 15 日发表的《我们需要新的美学》一文,肯定了梁实秋关于文学与人生之

〔1〕 朱光潜全集(第 8 卷)[M].合肥:安徽教育出版社,1993:510.

间关系的强调,但他认为梁实秋并没有对以朱光潜为代表的旧美学观念作出
批判。因为,在他看来,西方现代美学便是一种"主观化,形式化,神秘化"的旧
美学,人们应沿着唯物论的线索建立一种基于现实的历史的运动和斗争之上
的"新美学"。这一"新美学"构想,在20世纪40年代由蔡仪完成。中国现代
美学的理论资源也逐渐向马克思主义美学倾斜,尤其新中国成立后,苏联模式
的马克思主义哲学占据着中国思想界的主导地位,作为系统地建立唯心主义
哲学体系的康德哲学,便不可避免地成为主要的批判对象。这也是康德哲学
在中国的第三个发展阶段——曲折发展期,大约至改革开放的1978年。

　　进入20世纪90年代之后,学界重新以平等的对话姿态阐释康德的学说。
其中,以李泽厚在1979年出版的《批判哲学的批判》为代表,对之前的康德哲
学研究进行了总结:对待康德哲学,向来就有两种派别、两种方向。马克思主
义者主张揭露和批判康德哲学的唯心主义先验论,在辩证的否定中来估计和
肯定康德哲学中的合理成分。而资产阶级学者和修正主义者则大多坚持康德
的唯心主义路线,以各种不同的方式,或歪曲、或抹杀、或夸张这个哲学中的唯
物主义因素。[1]这一结论显示出自20世纪初就已存在的交织着历史变革的
两种不同研究传统,但它也表明研究者将康德哲学简单化的倾向。当然,作为
受过系统德语学习的宗白华,也不免受整个学术大环境的影响,新中国成立之
后,宗白华的学术目光也在主流意识形态的影响下,从马克思主义哲学角度对
康德哲学思想进行了理论反思,以辩证法的唯物论眼光批判了康德哲学中的
先验唯心主义部分。但是,宗白华并没有否定康德学说的哲学品格,相反,他
认为康德哲学是科学的哲学,并从这里进一步发展出自己的哲学信仰。这就
是宗白华对认识的辩证法和存在的辩证法的理解,也即对世界的物质性和物
质运动性的理解。可见,美学最初在宗白华这里就不仅仅是作为一门学科而
存在,而是与不同阶段改造社会的现实任务相结合的。

　　在20世纪20年代中期以后,宗白华就在南京的东南大学、中央大学开设
过"康德哲学"课程,并写过两篇关于康德哲学的文章,一是《康德唯心哲学大
意》,一是《康德空间唯心说》,分别发表于1919年5月16日和5月22日的北
京《晨报》副刊《哲学丛谈》上。在同年发表的其他哲学类文章中,如《哲学杂
述》(1919)、《欧洲哲学的派别》(1919)、《读柏格森"创化论"杂感》(1919)、《中

---

[1]　李泽厚.批判哲学的批判——康德述评[M].北京:人民出版社,1979:2.

国青年的创造生活与奋斗生活》(1919)等,也都可见宗白华对康德哲学的兴趣,或曰:康德哲学复杂,今天无暇细说,当另详之,请俟诸异日;或以康德哲学作比,曰:柏格森的"机器观"即是康德所说的"先天知识";或曰:康德哲学已达至佛家最精深的境界,并且依诸算学物理,有科学的价值。可见,关于康德哲学的研究,宗白华已经酝酿很久了。一方面,他无疑是受到时代学术思潮的影响,正如贺麟所指出的,"这情况大概是和'五四'运动开创的民主和科学精神相联系的,因为康德的知识论是和科学相关的,要讲科学的认识论,就要涉及康德的知识论。另外康德讲意志自由,讲实践理论,这就必然同民主自由相关联。因此,这时期传播和介绍康德哲学是学术理论界的中心内容"〔1〕。另一方面,也与宗白华早期伦理美学思想有关,不同于当时其他社会团体的救国方略,宗白华坚信不必使用武力,通过培养国民具有"同情力"的伦理观与科学的哲学观,便可以实现主体间的人格平等与全体团结,达至建立美好新社会的救世目标。康德哲学中严密的学术论证与知识分析所体现的科学态度与实证精神正是当下新青年所必备的重要品质。

新中国成立,改造社会的任务发生改变,宗白华在后期把学术目光转向了马克思。宗白华对马克思及马克思主义哲学作出了极高的评价,认为马克思的全部天才就在于回答了他的先行者们所提出的而无法解决的种种问题,并且最重要的本质不同在于,它的目标是"改变世界",而不是如传统哲学那样只是"解释世界"。在宗白华看来,马克思主义哲学不向后看,而是向前看,立足于实践来理解世界,因为一切神秘都只有在实践中才能解决。宗白华在1951年7月发表的一篇文章《从一首诗想起》中写道,马列主义哲学也唤醒了他们这些知识分子们的"迷途长梦",自觉抛弃小资产阶级的虚弱情绪。〔2〕于是,宗白华对自身思想中的唯心主义部分进行了自我批评。他认为在五四时期,满脑子都是小资产阶级知识分子的幻象,只是凭借着一腔热情希冀建设新的中国与新的文化,而中国共产党以切实的奋斗实践,将马克思主义哲学与中华民族的具体情况相结合,不仅实现了中国长期以来国内外战争的胜利,而且还成立了一个强大而独立自由的新中国。在后期,宗白华主要是将马克思主义基本原理作为一种指导思想与方法论贯彻在对各种问题的具体分析上,如写

〔1〕 贺麟选集[M].长春:吉林人民出版社,2005:443.
〔2〕 宗白华.宗白华全集(第3卷)[M].合肥:安徽教育出版社,2008:2.

于 20 世纪 40 年代的《西洋哲学史》,可以明显地看到宗白华运用历史阶级决定论的观点来进行梳理西方哲学的发展历史,另外如 50 年代所写的《近代思想史提纲》与《中国近代思想史纲要》,则系统地梳理了马克思主义产生的历史条件与哲学内涵,以及近代以来中国思想界的发展历程与马克思主义在中国的传播,充分显示了他对马克思主义基本原理的熟练掌握。当然,最能显示宗白华转向接受马克思主义哲学观的主要表现就是他将矛头指向康德,作为系统地建立西方唯心主义哲学体系的康德美学,便不可避免地成为这一时期的批判对象。不同于早期从学理角度对康德的先验的哲学观的肯定,在这一时期,宗白华转向对康德的批判。仔细对照宗白华在 1960 年所作的《康德美学思想述评》与苏联马克思主义者瓦·斯卡尔仁斯卡娅关于康德学说的论述,我们不难发现,宗白华的观点主要来自她的影响。在《马克思列宁主义美学》中,斯卡尔仁斯卡娅从革命斗争实践的角度,批评了康德哲学的唯心性、无党派性与反科学性,认为康德哲学是资产阶级的唯心的反动哲学。宗白华接受了斯氏的这一观点,认为这种矛盾性贯穿在康德全部哲学中,而且康德的解决路径是企图以先验唯心主义来调和这一矛盾和斗争。这集中表现在其 1960 年发表的《康德美学思想评述》一文中。

在这篇文章中,宗白华以其深厚的德国古典哲学素养,将康德哲学放在 17—18 世纪的欧洲哲学发展进程中进行重新把握。他指出,康德美学主要源于对以莱布尼茨、沃尔夫为代表的德国唯理主义美学和以布尔克、休谟为代表的经验主义美学思想的借鉴与吸收。其中继承着唯理主义美学传统的鲍姆嘉通的感性学知识论,直接启发了康德对先验逻辑和先验感性理论所作的区分,而以休谟为代表的心理分析美学则启发了康德关于审美判断有效性的思考与研究。据此,康德转向了对认识主体的研究,并建立起先验的唯心主义美学观。当宗白华说道,康德美学的研究对象不是个别的特殊的问题,而是以人的审美态度与审美判断为基础性问题时,他无疑抓住了康德美学思想的核心。他认为,康德先验唯心主义美学的伟大贡献便在于第一次在哲学系统中为“审美”划出了一个独立的领域,指出它是人类心意活动中的一个特殊状态,即“情绪”。这种情绪乃认识与意志之间的中介,就像判断力在悟性和理性之间。这个发现,不仅很有价值,也显示出宗白华对康德的整个哲学体系已了然于胸。朱光潜便曾指出,宗白华的这个发现不同于一般常见。进而宗白华指出,康德的《判断力批判》的目标就是企图将“鉴赏判断”与“目的论的自然观的批判”结合在一起，所以康德美学的中心实际上即是研究鉴赏判断与知识判断，以及道德判断的区别问题，并指出美学研究的对象是"鉴赏里的愉快"，宗白华也由此在文章的后半部分转向了对康德美学中"鉴赏判断"这一概念的主观性与唯心性进行批评。

首先，宗白华批判了康德鉴赏判断中的"先验论"与艺术创造的"天才论"观念。根据康德的观点，"鉴赏没有一客观的原则"，不涉及任何个人主观感受与客观感觉，也就是说，在历史与世界之外，不依赖任何外部因素，我们人类自身本体中便已具备那种先验的鉴赏美的原则。宗白华认为，康德的"审美判断力哲学"的前提是从"自我"到世界而不是从世界到"自我"，这是一种强调人人"应该"具有与先天"必须"的原则，这些美的原则被强加于现实。受斯卡尔仁斯卡娅的影响，宗白华强调这种脱离现实的美学观念将是非常危险的。虽然康德指出这些美的原则由"天才"颁布，但宗白华认为，如果按照康德的理解，天才是在脱离社会的情况下天生就具有的，而且它一旦产生，对其他人来说，便成为评判或法则的准绳，那么作为一门科学的美学就可以取消了。更糟糕的是，天才自身并不知晓诸观念是如何在他的内心中形成的，这种能力也不受自身控制，那么可以用"特异"来形容这一天赋的产生。因此，美的规范的不可传达性与人们鉴赏美的艺术的先验性便互为补充，统一在审美"共通感"（Cemeinsein）中，它意味着每个人都应对"我"的审美判断同意。无论是在鉴赏中，还是在创作实践中，康德的哲学始终都包含着要求人们应该，或不容置疑地必然服从准则。而这一最高准则也就是"理念"，它对行为和思想起着指导作用，但在经验世界里找不到相应的对应物。宗白华认为，这就是所谓的理性"使自己和自身协和"，是一种任何科学都无法说明和不受任何客观影响的纯粹直觉。

不过，宗白华认为，康德这种抽象的神秘的美学观点主要源于其对审美判断所下的定义，在题为"决定趣味判断的愉快与任何利害无关"一节中，康德指出美与任何利害无关，是无党性的。斯氏认为，在这个问题上对康德美学进行批判是有巨大意义的，因为康德在这里使用"党性"这一术语特别值得深思。宗白华对康德哲学这一点的分析与批判也主要地受到斯氏这一观点的影响。他认为，如果照康德的意见来看，一方面审美若是无私心的，纯是静观的，那么这必然将审美对象中的一切内容抽离出去，"损之又损，纯洁之纯洁"，结果就是只剩下花边图案，陷入纯形式主义主观主义的泥淖。然而，这种与现实生活相脱离的美学也必然空虚、贫乏到了极点。另一方面,受到马克思与恩格斯观点的影响,宗白华认为这种割裂艺术与政治之间关系的美学观点,为现代艺术中的最反动的形式主义思想提供了理论源泉。苏联学者谢·伊·波波夫指出,马克思认为法国启蒙思想的革命内容被康德阉割了。恩格斯在《大陆上社会改革运动的进展》一文中更明确讲道:"在法国发生政治革命的同时,德国发生了哲学革命。这个革命是由康德开始的。"[1]从这些简明而直接的观点中可以看到,在他们看来,康德哲学存在着许多与贵族反动派精神相吻合的观点。宗白华据此认为,康德是在狄德罗等人走上历史舞台,启蒙运动者提出艺术必须为人民服务时才提出"为艺术而艺术""艺术无党性""艺术与任何政治利害无关"这些口号的。也就是说,康德反对艺术的目的性与思想性,其实是对启蒙主义美学家的反动。

　　由此,宗白华批判康德哲学的第三个方面就是它的反动性与反科学性。对于前者,宗白华所述较简,延续上述对康德哲学的无党性的批评,他强调任何真正的艺术都必然意识到阶级的利益,而且批判康德哲学中的这种反动性应是所有美学家的任务。对于后者,则指方法论上的不科学,亦即只重"批评""分析",也就是侧重于将一原来联系着的对象进行切割,不能辩证地把握矛盾的统一。而康德之后,黑格尔所致力于实现的便是将康德所割裂开来的宗教、道德与科学诸领域进行再次融合。宗白华在后期曾多次强调,我们今天迫不及待的工作,同时也是我们今天哲学的任务和目的,就是坚持马克思主义哲学的唯物辩证法,辩证地看待历史发展与解决现存的问题。可见,宗白华对康德哲学的最后一点批判,仍延续其早期的美学目标,希冀国民在新时代下树立新的科学观与人生观,以辩证唯物主义哲学观为行为准则,来指导各个时期的中国人民革命与建设事业。

　　宗白华尝言:"近代科学的宗旨是要做经验的科学。他所观察研究的对象当然是经验世界的现象。"[2]可见,依宗白华见解,"讲求科学地认识世界、自然和社会,以求真、求实的态度对待我们的生活,是近代文化精神的一个重要象征"[3]。正是基于此,宗白华无疑洞察了作为意识形态反映的美学的批判

〔1〕　[苏]瓦·斯卡尔仁斯卡娅.马克思列宁主义美学[M].潘文学,等,译.北京:中国人民大学出版社,1958:588.
〔2〕　宗白华.宗白华全集(第1卷)[M].合肥:安徽教育出版社,2008:118.
〔3〕　王德胜.散步美学:宗白华美学思想新探[M].郑州:河南人民出版社,2004:50.

性,他始终紧紧围绕着"文化建国"这一核心理念不断调整自身的美学研究方向与策略。在宗白华看来,康德哲学与马克思主义哲学分别代表着前后两种不同时期的建国理想模型——想象的民族共同体与现实的国家共同体。从理论出发的一开始,两者便存在着重要的差别,前者始终以抽象的人为思考中心,人是普遍理性的,在它这里,并不是单纯地假设人性的恶或善,而是以更理性的态度来想象人的理想化存在。由此便不可避免地具有一定的先验性与强制性,如它将鉴赏判断中的情感设定为一种共同的情感,以区别于私人化的情感,这种假设要求每个人都"应该"同意我们的判断,因为它在判断之前就已经将情绪中的差异抹杀了。在这里康德明确指出,这些"事实上仅是一种理性要求,是一种要求产生感性形式的一致性"[1]。康德的这些美学思想得到宗白华的共鸣,他对其加以发挥,延伸到社会中的个体之上,建立了以"同情"为核心范畴的伦理哲学观,他假设在理性指导之下的人性情感具有普遍性。因此,在这一观念之下,宗白华在初期主张通过温和的社会变革方式,培养新的少年中国,那么便可以实现非暴力的美学革命理想。其实,每种美学革命设想都是建立在一种所谓人人应该怎样的假设与强制的前提下,康德只是在他的美学分析中,将它们从心理分析的角度逻辑地指出来而已,而宗白华则是在这种基础上进一步提出在这种"应该"的情况下,所应有的社会理想模型——一种想象的具有共同感的普遍人性基础上的"少年中国"。

但这种理想是基于文化想象的基础之上的美好愿景,它是历史发展至最高阶段的可能产物,但现实始终是处于变动之中的,而马克思的伟大之处便在于,他发现了现实中的人的存在差异与制约因素。于是,宗白华在指导新时期国家建设方面,转向对马克思主义哲学的接受,认为康德将审美的人从整个社会生活中抽象出来,变成了一个纯粹静观的人。这一转变说明宗白华对于人的理解发生转变,从抽象的个体转变为作为社会存在中的个体,并注意到了社会实践与人的发展之间的复杂性。最重要的一点,就是我们必须投入现实,才能改造人类生存的世界。宗白华指出,著名美学家王国维便是一个例证,由于读康德与叔本华,王国维陷入了学术与政治分离的苦恼,但在寻求解脱的方法中,又受到叔本华的"拒绝求生之意志"观点的影响,最后选择逃避现实。宗白华认为,这大概是由于王国维没有读过辩证唯物论,所以他放弃了哲学,转向

---

[1] [德]康德. 判断力批判[M]. 宗白华,译. 北京:商务印书馆,2016:73.

文学来求"直接之慰藉"。可见,在宗白华看来,马克思主义美学的哲学观与方法论不仅可以正确地指导新时期的国家建设,而且还是帮助唯心论者解开矛盾的一剂现实良药。总而言之,只有面向现实,才能认识并解决这些形而上的苦闷,但恰恰是这种对现实性的强调,使得宗白华后期美学思想的哲学性大大减弱。

综观宗白华一生的美学研究,其伟大之处便在于,一是对中国传统文化的自信,一是始终如一地对改造世界的渴望。宗白华十分佩服古印度和欧洲中古学者的治学精神:"绝对的服从真理,猛烈的牺牲成见"和"宁愿牺牲生命,不愿牺牲真理",[1]认为探求真理是学者第一重要的生命。因此,作为美学家的宗白华,他的哲学观始终建立在科学实证精神之上,反对盲目直觉主义。他认为,这种崇"真"的哲学观应用到生活中便是要求人们首先形成一种科学的人生观,那样就成了一种有条理、有意义的、活动的人生。毋庸置疑,宗白华于不同时期分别领会到了康德哲学与马克思主义哲学思想的关键。

在后期的美学研究中,宗白华运用马克思主义哲学基本原理系统地梳理了中西方美学史与继续深化其前期的美学观点,如将中国传统中的虚与实问题转化为对现代美学中的艺术的形与质,和艺术表现的主客观统一问题。不过,集中反映其美学思想朝着马克思主义方向转变的则是对于美的"探寻"。此前,宗白华并未从本体论的角度定义"美"的概念,在这一时期,他以明晰的唯物辩证法为指导思想对美进行了阐述。宗白华指出,美是客观存在的,不以人们的意志为转移。但要发现这种客观存在的美,则需要作为外在于美的对象的主体,在主观方面具有一定的条件和准备,也就是说,要将我们的情绪进行净化,但这并不是否定美的无党性,因为只有在克服个人小己私欲与利害计较的情况下,才能如实和深入地将美映射到我们内心中。然后再凭借物质形象将这种感受创造出来,那么这样才成为艺术。宗白华认为这个过程也就是古人所谓的"移我情"。

宗白华在这里不仅通过马克思主义的哲学方式将传统的美学术语进行现代式的阐释转换,而且还将其与西方美学家利普斯的"情感移入论"进行比较。在他看来,前者要比后者更深刻,因为"移易"和"移入"的关键不同在于,前者指出了"移情"必须以现实生活中的体验和改造为基础。对此,宗白华借用捷

---

〔1〕 宗白华.宗白华全集(第 1 卷)[M].合肥:安徽教育出版社,2008:130.

克诗人里尔克的一句话来进行例证:因为诗并不像大家所想象,徒是情感,而是经验。[1] 因此美需要在外界事物的经验里来感受与发现。不过,在发挥主观性之外,我们还需要对外在世界进行改造,使其成为美的对象,这一过程,我们称为"移世界"。这充分体现了宗白华对唯物辩证法的吸收与运用。因此,他的观点是:美是客观存在的,与求真和求善这两种能力都是人类社会前进的目标,它们构成了哲学探索和建立的基本对象。最重要的是我们要注意到这种美的力量,对个体来讲,它可以培养人们对自然和社会真理的正确认识,而对于大的方面即国家来说,则具有"倾国倾城"的力量。但至于什么是美,这取决于我们内心对它的感受力。

最终,宗白华的美学重心停驻在认识论方面,他要求人们在追求真理的基础上具备艺术化的人生观,希望通过提升国民的鉴赏趣味与探求真理的勇气,来建设一个富有审美精神与科学态度的伟大民族。这也显示了,宗白华并没有完全地转向马克思主义哲学来抛弃康德哲学,这两种观念始终交织在宗白华的美学思想中。

---

〔1〕 宗白华.宗白华全集(第3卷)[M].合肥:安徽教育出版社,2008:271.

叁

从"比较哲学"到"比较艺术学"：
宗白华美学思想现代性的理论形态

在研究宗白华美学思想的初始，便存在着"古典"与"现代"之争。现代性的特征之一就是对古典治学方法的超越，主要表现为经验的、实证的、分析的现代学术研究思维。据此，有学者提出，判断古典的还是现代的，应主要看思维方法，或者说哲学的方法论。[1] 其中章启群便认为，宗白华接受的主要是西方古典思辨哲学及古典美学思想的启迪，所以理应将宗白华的美学归入古典的。但宗白华以古典思辨哲学、美学返观中国古代艺术，并把"中西艺术的方法论差异提升至哲学与宇宙观的高度"[2]，因而"古典"一词已经不足以表述宗白华的美学。此后不久，章启群在《重估宗白华——建构现代中国美学体系的一个范式》一文中，认为在现代中国美学界，宗白华美学的学术境界与研究范式，"不仅前无古人，至今也无来者！"[3] 在几年之后出版的《百年中国美学史略》中，章启群再次提高了宗白华在中国现代美学史上的地位，认为宗白华是"20世纪中国唯一有自己思想体系的美学家"，宗白华的美学思想体系属于真正意义上的"中国的"[4]。因此，章启群大力倡导道："如果说在20世纪，中国青年从阅读朱光潜的书踏进美学之门，那么在21世纪，让我们从阅读宗白华的思想为起点来建立真正的中国美学体系。"[5] 章启群将这一美学体系总结为：宗白华在博大的中西学术背景下，确立了他对中西哲学与美学思想研究的比较意识，并基于此建构了一个贯通古今中外，汇通文史哲，勾连艺术、宗教、科学的中国形上学体系。[6] 由此，汤拥华指出，章启群为我们提供了一个如何判定一种思想既是中国的又是世界的，既是古典的又是现代的解决方案，这其中的核心要点便在于"体系"这一概念，"体系性"是现代性学术的基本范

〔1〕　叶朗主编. 美学的双峰：朱光潜、宗白华与中国现代美学[M]. 合肥：安徽教育出版社，1997：324—325.
〔2〕　叶朗主编. 美学的双峰：朱光潜、宗白华与中国现代美学[M]. 合肥：安徽教育出版社，1997：330.
〔3〕　章启群. 重估宗白华——建构现代中国美学体系的一个范式[J]. 文学评论，2002(4)：22—30.
〔4〕　章启群. 百年中国美学史略[M]. 北京：北京大学出版社，2005：168.
〔5〕　章启群. 重估宗白华——建构现代中国美学体系的一个范式[J]. 文学评论，2002(4)：22—30.
〔6〕　章启群. 重估宗白华——建构现代中国美学体系的一个范式[J]. 文学评论，2002(4)：22—30.

式,将中国古典美学思想体系化正是一个现代的工作。

　　宗白华作为中国美学与艺术学两个学科的重要奠基者,近年来更是被国内学界视为极具原创性的现代"中国型美学"的代表人物。有些学者从宗白华学术研究的"独特思想范式"及"方法论特色"将其美学研究称为"宗白华范式"。[1]这一范式中的其中一个重要特征就是"中西比较的方法"。汤拥华认为,章启群所提出的"形上学"是一种新形态的美学和哲学范式,它从一开始便被用于处理中西比较的复杂语境,它在用于研究审美问题时不是照搬西方近代实验科学,而是把美学还原为以特定文化传统为基础的形上学体系。

---

〔1〕 从宗白华"独特的思想范式"出发,汤拥华将"宗白华范式"概括为"中国体系""文化关怀""比较方法""诗性文体""知行合一"五个方面,其本质是"中华性"。参见汤拥华.宗白华与"中国美学"的困境:一个反思性的考察[M].北京:北京大学出版社,2010:21—22;
　　从"方法论特色"角度,张泽鸿将"宗白华范式"概括为六个要点:"中西比较的方法""'艺道贯通'的方法""'艺史互证'的方法""'以象显境'的方法""科际融通的方法""艺术阐释学的方法"。参见张泽鸿.宗白华现代艺术学思想研究[M].北京:文化艺术出版社,2015:271.

第六章
"中学为体,西学为用":中西哲学比较视域下的宗白华中国形上学思想

　　我们需要指出的是,宗白华首先从西方哲学系统出发,为我们厘清了存在于哲学内部的两个基础,也是关涉哲学的两个最根本的问题:宇宙本原的本体论问题,以及人的认识论问题,从而为中国哲学的出场奠定了逻辑上的有效性。宗白华赞同"物质"说为世界的本原这一素朴的唯物论观点,但他反对将物质本身定义为具体可感的物质,如米利都学派的泰勒斯所提出的"水"乃万物之源说。同时,宗白华也否定将抽象概念视作世界本原的看法,它发源于毕达哥拉斯派的"数"的唯物宇宙观,并形成了西洋哲学的"纯理"精神。于是,宗白华援引马克思主义哲学,赞同马克思唯物主义者的"客观实在"说,这是一种辩证的唯物论。这是由于,辩证唯物主义哲学的"客观实在"一方面既是关涉思维的抽象概念和超时空存在,是指引万事万物运行的法则,另一方面它又不否定现实存在,承认作为其来源的自然界和人类社会是比自身更真实的存在,最重要的是,我们可以通过思维觉知这种"客观实在"。

　　那么,我们如何保证这种知识的有效性和普遍性呢? 对此,宗白华吸收了康德的"先验认识"说。我们的经验知识尽管只限于现象界,但我们对于"空间、时间、物质、因果"这几种具有普遍性与决定性的知识具有先验的综合判断能力,经验意识既是对象的知识,又是先验知性范畴对感性直观综合统一的结果,如此,经验认识和理性认识便达成了统一,这就以自身的先天性从而保证了认识的普遍性和必然性,也即先验意识既在经验自我之中,但又超越经验自我。因而,"……这就为科学知识找到了新基础。这个基础不是客观物质世界,不是上帝赋予人的天赋观念,也不是所谓的彼岸世界理念,而是人的主体能动地建立的一种普遍必然性"。宗白华指出,这正是康德哲学的精微之处,

即将人的认识分为"形而下心相"和"形而上心相"，而一切诸法，皆具有形下实相，同时又为形上虚相，这与中国哲学中的"形而上者谓之道，形而下者谓之器"的思想不谋而合。由此可见，西方哲学系统，为宗白华建立中国形上学体系奠定了科学的逻辑的知识论前提，无须再执着于中国哲学中关于"道"作为世界之本原的存在的合法性问题。

一、生命本体论：西方的数理空时观与中国的历律哲学之比较

　　毋庸置疑，"生命"概念是宗白华哲学、美学及艺术思想的核心。刘小枫认为，宗白华首先是一个中国式的生命哲学家。[1] 彭锋从中国现代生命哲学思潮的发展背景考察了宗白华的生命哲学观，指出宗白华对生命本体的理解经历了从注重外在的生命创造活力到强调内在的生命律动的思想转变，而他的美学思想也正是立足于中国哲学这一"生命律动"的本体论基础之上。因此，彭锋认为，"作为宗先生美学基础的生命哲学，是中国式的生命哲学"[2]。陈望衡也曾指出，宗白华的生命美学有两个源头：西方的生命哲学和中国的生命哲学，并成功实现两者融合，最终建构了"艺术的人生观"[3]。张节末指出，我们不应忽视宗白华美学的形上学根基，它形成了宗白华美学理念的哲学性和学术品格。[4] 张泽鸿亦专门考察了宗白华的艺术学理论与其生命哲学思想的关联。[5] 由此可见，宗白华美学建基于其生命哲学思想之上，且宗白华的生命本体论融中西生命哲学智慧，并最终建构了一种中国化的生命哲学形态，已成为学界的共识。

　　宗白华的生命宇宙观最早可追溯到 1920 年之前，他在《少年中国》第 1 卷第 6 期发表的《哲学杂述》（1919 年 8 月）一文中，对于唯物哲学派所主张的"生命缘于物质"说提出质疑，他认为这一主张至今还没有被确切证实。"生命依

〔1〕　刘小枫. 这一代人的怕和爱[M]. 北京：生活・读书・新知三联书店，1996：69.
〔2〕　彭锋. 宗白华美学与生命哲学[J]. 北京大学学报，2000(2)：100—106，43.
〔3〕　陈望衡. 宗白华的生命美学观[J]. 江海学刊，2001(1)：101—111.
〔4〕　张节末. 论宗白华中国美学理念的形而上学品格[J]. 文艺研究，2002(5)：28—34.
〔5〕　张泽鸿. "艺境"新诠——兼析宗白华美学的生命哲学倾向[J]. 西南民族大学学报（人文社会科学版），2011(9)：80—86.

于物质运动,则有之,生命即是物质运动,尚不可说也。"[1]因为,"生命是有目的的、有意志的,物质运动是无意志的、无目的的,即此求生之意志,非物质运动所能解也"[2],此问题乃哲学中的大问题,须当篇详之。在《少年中国》第1卷第6期发表的《科学的唯物宇宙观》中,宗白华进一步阐述道,现代自然科学的发展,有了生物进化论的说明,我们便可以将"这精神现象的谜与生物现象的谜合并为'生物进化原动力'的谜"[3],也即若想要了解精神和生命是什么,则需先证明"生物进化原动力"是什么。但现代科学并不能证明原始动物的生活现象都可被归为物质运动,也不能将无机体凑活从而创造出一个有生命的动物来,因此,我们对于这"生命的原动力"或"生物进化的原动力"不可知,科学的唯物宇宙观也就搁浅在这两个"宇宙谜"上了,即生命原动力的谜和精神现象的谜。留德之前的宗白华接受了叔本华的唯意志论和柏格森的创化论思想,肯定叔本华的生命意志论,认为一切宇宙现象,唯一求生之意志也,但是他否定叔本华的只有消灭人的意志才能解脱这一生命悲观论,赞同柏格森的"生命创化论"。柏格森作为西方生命哲学的集大成者,他的思想不仅是在西方思想界引起了巨大的轰动,而且在中国思想界也造成了非常大的影响,如梁漱溟、唐君毅、冯友兰、牟宗三、熊十力、方东美等,都深受柏格森的影响。柏格森将"生命"与"直觉"置于机械的"自然"与"理智"之上,认为个体的意识与作为宇宙本质的生命冲动皆是一种永不停息的"绵延",而绵延即创新和新形式的创造,以及不断精心构造新东西,"对有意识的生命来说,要存在就要变化,要变化就要成熟,要成熟就要不断地进行无尽的自我创造"[4]。因而,宗白华认为,"柏格森的创化论包含一种伟大入世的精神,创造进化的意志,最适宜做中国青年的宇宙观"[5]。由此可见,受柏格森生命哲学观影响的宗白华早期对生命的证悟重点在于强调生命的冲动与创造活力,但在回国之后执教于中央大学期间所作的《形上学》中,宗白华从中西哲学的比较研究出发,对叔本华和柏格森的态度都发生了转变,认为叔本华虽然发现了与西方理性传统相异的"盲目的生存意志",但是他却无视了生命本身所具有的条理与意义,以及生命

[1] 宗白华.宗白华全集(第1卷)[M].合肥:安徽教育出版社,2008:34.
[2] 宗白华.宗白华全集(第1卷)[M].合肥:安徽教育出版社,2008:34.
[3] 宗白华.宗白华全集(第1卷)[M].合肥:安徽教育出版社,2008:127.
[4] [法]柏格森.创造进化论[M].肖聿,译.南京:译林出版社,2014:8.
[5] 宗白华.宗白华全集(第1卷)[M].合肥:安徽教育出版社,2008:79.

的价值,而柏格森的绵延时间观虽然与西方传统的"几何空间"之哲学相异,但同时也无视了空间的绵延之境,只是一种"纯粹时间"之哲学,从而转向对中国形上学之生命本体论的发现与现代建构。

宗白华指出,发端于古希腊的西洋哲学,宇宙被设想为有限而和谐的整体,大至宇宙,小至原子,都是在一个纯粹的物理空间(绝对空间)中运动,宇宙秩序也主要体现为一种几何空间的秩序。因此,"测地形"之"几何学"为西洋哲学之理想境,研究"数"与"形"的关系遂成为西洋哲学"参透天文物理之密钥"[1]。西方的唯理哲学便是源于毕达哥拉斯派的这一"数"的宇宙观传统,它异于此前的米利都学派的实体说。该派从数学而非物理学出发,不究物质之本体,而唯注意物质结构的比例关系以及统理世界的和谐秩序,认为"数"是万物形成之本,一切物象结构皆是按一定"数目关系"形成,其结果便是成立一"数"底哲学。在思索宇宙本质时,米利都学派持一纯物质宇宙观,不视宇宙有何神秘之处,而仅凭理智作用将其视为一大机器,研究宇宙内部构成原素。毕达哥拉斯派则提出天球音乐之说,认为宇宙为一球形,当各行星绕行时发出之声即成为音乐之和谐,因为此派的"数",便是从音乐中产生的,而非经由自然科学的实证研究得来的。毕达哥拉斯指出,音乐之所以能产生和谐的音调,主要是因为乐弦振幅存在一定"数的比例",而天空星象的和谐秩序之美,也是因为列星的位置和运行存在一定的"数学关系"。由此发明了一种"空间原子说",毕达哥拉斯派曾专门研究古巴比伦的观星学,考察群星在天成列的几何形状,因而悟出"积点而成空间之学说"。点为空间位置中的最小单位,积点成线,积线成面,积面即可成体积,这样便从逻辑上论说了一切几何形体皆可化为数目关系,也即,空间的一切形体,都可由不同的"数的关系"所构成。据此,宗白华指出,希人以"连续的形"与"不连续的数"沟通成一数理的宇宙观,并且这种宇宙观将空间"抽象化、同一化、理化、数化"了。至欧式几何学将毕达哥拉斯派以来两百余年的无数几何学家之发明知识加以总汇,遂使得几何学不但成为开启万物结构形式奥秘的工具,同时也形成了西方严整的逻辑体系的唯理传统。

对于数与形的本体,柏拉图认为,不能以变化无常的经验实物为材料,应向高深的观念中去探究。就几何所研究的图形而言,非具体实物之形,而是由

---

〔1〕 宗白华. 宗白华全集(第1卷)〔M〕. 合肥:安徽教育出版社,2008:596.

概念、由界说构成的形,如点、线、面皆非实际存在的,而是思想构成的。因此,凡是直觉所见的图形位置,必要加以分析,明确它的构成要素与条件,从而通过理性别构一"概念的形"以代替直觉的"形"。然后施以精密严整的证明,便可以使其成为永久普遍的真理。由此可见,宗白华指出,希腊人研究几何学并非出于实用,而是为理性的满足,在于证明超越变化无常的直觉之上,可以发现理智的体系,或思想的逻辑实在而已。

总而言之,希腊的"数"论,区别于普通的算术,乃是一种数的形上学,不是为演算之便,而是为了阐明事物的法相。正如柏拉图的理念论,他认为利用数学的媒介作用,可以指引人跨越不可捉摸的感觉经验界,进入普通真实的理型界,这主要得益于数学善教人由具体而抽象,由特例而通例,由经验常识以入于哲学真知。因此,数学作为一种训练思维的最佳方法,是超达形上境必经的阶梯。宗白华总结道:"希腊学人所痾瘵追求之永恒真理,其原型观念是Archetypal Ideals,合理实在等,在几何学中得达实现,其数为概念的,抽象的,理论证明的,直观可解的,而又能超经验以存在,不为经验所限制。设无此项理论几何学,则希腊人之学术理想,亦仅为空谈幻想而已。"[1]

以此为参照,宗白华也发现了中国哲学中的"数",不过,中国的"数"为"'生成的''变化的',象征意味的。流动性的、意义的、价值性的"[2]。故其宇宙秩序升入中和之境。宗白华的这一观点主要来源于《周易》(包含《易传》),其中以汉易为主。王弼曰:"演天地之数,所赖者五十也。其用四十有九,则其一不用也。不同而用以之通,非数而数以之成,斯易之太极也。"[3]再如《易传》云:"参伍以变,错综其数。通其变,遂成天下之文。极其数,遂定天下之象。非天下之至变,其孰能与于此。"[4]宗白华谓,由此我们可得知,中国的"数"有"生命进退流动"的象征意义,而非指与空间形体相平行的符号,不能与"位""时"分而观之。西方哲学中所取之"正",在空间中表现为量的条理性,在时间中表现为先后、直线的排列及数,即时间的空间化。宗白华指出,这种纯粹的几何性空间抹杀了时间,这也即否定了生命中存在的流动性和创造性,进而将导致生命趋于机械化和凝滞化。由此,宗白华提出"西洋化'命运'为命定

〔1〕 宗白华.宗白华全集(第1卷)[M].合肥:安徽教育出版社,2008:600.
〔2〕 宗白华.宗白华全集(第1卷)[M].合肥:安徽教育出版社,2008:596.
〔3〕 宗白华.宗白华全集(第1卷)[M].合肥:安徽教育出版社,2008:597.
〔4〕 宗白华.宗白华全集(第1卷)[M].合肥:安徽教育出版社,2008:597.

之自然律"〔1〕的观点。

柏格森提出时间的绵延论,则是完全颠覆了西方的传统时间观。柏格森在《时间与自由意志》中描述了其对于传统时间观的看法:"数目确实被人们设想为一种在空间的并排置列。"〔2〕这是一种空间化的时间观,它所表现出来的最突出特征是"以数理衡量时间"。而真正的时间则是一种绵延的流动,是不可分割和衡量的。宗白华指出,柏格森这种纯粹的时间观揭示了时间的流动性,然而因这一观点完全摆脱了空间而陷入另一种极端,取消了生命冲动的形式与目的,因而造成了意义与价值的失落。由此可见,宗白华不仅否定西方传统哲学的"时之空间化",还对柏格森的"纯时之流"提出了质疑,认为它们割裂了数、时、位三者之间的关系。与此相对,宗白华则指出"中国哲学既非'几何空间'哲学,亦非'纯粹时间'(柏格森)哲学,乃'四时自成岁'之历律哲学"〔3〕。这一时间观以"时之节奏化"为基本特征,它是对西方这两种时间观的超越。

宗白华指出,时空的具体全景应是四时之序和春夏秋冬、东西南北的合奏历律,也即"在天成象,在地成形"。与希腊几何学所求空间之正位相异,中国空间意象表现为"'天地设位,而《易》行乎其中矣''乾坤成列,而《易》立乎其中矣''八卦成列,象在其中矣''天下之理得,而成位乎其中矣'"〔4〕。可见中国哲学之空间不离天地乾坤,而为表情性的,为八卦成列之"象"(意象)、之理(生生条理),所以成位,而非依据抽象的点与数所构成的物理空间。《象》曰:"君子以正位凝命","正位"表序秩之象,"凝命"表中和之象。宗白华云,此四字最能表中国空间意识,人之行为鹄的法则亦即表现其中。希腊几何学求空间之正位,而中国求正位凝命,即"生命之空间化,法则化,典型化。空间之生命化,意义化,表情化。空间与生命打通,亦即与时间打通"〔5〕。因此,中国的数乃是指示宇宙世界中贯通着的一种"序秩理数",而且这种序秩理数不是静止的几何学之境,生命的潜流存于其中。于是,"中国之数,遂成为生命变化妙理之'象'矣"〔6〕。"阴阳不测谓之神,神无方而易无体",以虚运实,也即关于中国

---

〔1〕 宗白华. 宗白华全集(第1卷)[M]. 合肥:安徽教育出版社,2008:585.
〔2〕 [法]柏格森. 时间与自由意志[M]. 吴士栋,译. 北京:商务印书馆,1958:57.
〔3〕 宗白华. 宗白华全集(第1卷)[M]. 合肥:安徽教育出版社,2008:611.
〔4〕 宗白华. 宗白华全集(第1卷)[M]. 合肥:安徽教育出版社,2008:621.
〔5〕 宗白华. 宗白华全集(第1卷)[M]. 合肥:安徽教育出版社,2008:612.
〔6〕 宗白华. 宗白华全集(第1卷)[M]. 合肥:安徽教育出版社,2008:597.

形上学之境,我们无法通过算术测算空间中各质素的排列来获得,但可以"通乎昼夜之道"来把握"无方无体"的宇宙境,"其知在通乎时间之节奏,而非以勘测空间之排列为主"[1]。

"生生之谓易",也即宇宙秩序理数变化非空间中地位之移动,而指性质变易,即"刚柔相推而生变化"之发展绵延于时间,故"盛德之大业至矣哉",德之盛,乃性质之丰富,而非空间中量的抽象统一。因而,宗白华指出,奠基于"四时自成岁"之历律哲学基础上的中国时空观,不似西方哲学的几何数理观,皆由逻辑组成一个纯理的体系(非生成过程)以解释这个世界,中国哲学以"流动的,生成的,象征的"数为基础的宇宙观,包含着生命在内的宇宙之秩序,"天象地理,成(非结构)象谓之乾,效(有效果)法谓之坤,成阴阳二德之象征,以二元对立之生成原理,互通互感,以生成此一世界"[2]。换言之,中国形上学的本质特征便在于,它所奠基之上的时空观完全不同于西方哲学的概念化的空间,而是一种象征的空间,强调时间的空间化,及时间的节奏化,从而使数、时、位三者打通,也即与生命打通,因而中国形上学是一种包含时间宽度、立于空间之中的生命哲学体系,时间即生命之创造,空间即形式与条理,所以中国的生命创造概念也就具有了形式与条理,也具有了目的,由此统一了生命之真、形式之美、目的之善。

二、道心统一论:西方的概念哲学与中国的象征哲学之比较

在不同阶段的宗白华研究中,均有学者注意到了作为美学家的宗白华在建立中国形上学体系方面的企图与努力,并认为这就是宗白华美学现代性的重要表现之一。20 世纪 90 年代,王锦民在《建立中国形上学草案——对宗白华〈形上学〉笔记的初步研究》一文中,便曾指出宗白华研究中西哲学的目的是要建立自己的中国形上学体系,尽管从宗白华所欲建立的中国形上学的性质来说,这是一种接近古代思想的本体论,但这样一种相似却不是简单的复古,而是对近代认识论哲学的一种反动,它合乎 20 世纪的哲学潮流。21 世纪初,

---

〔1〕 宗白华.宗白华全集(第1卷)[M].合肥:安徽教育出版社,2008:609.
〔2〕 宗白华.宗白华全集(第1卷)[M].合肥:安徽教育出版社,2008:608.

汪裕雄以其深厚的古典美学素养，提出"艺境"为宗白华文化美学思想的理论核心，认为宗白华以此完成了对中国文化哲学思想的现代性诠释，他曾说道："宗先生的跨文化研究，意在取得他民族文化的参照以对本民族文化作创造性阐释，从而建立宗先生自己的中国形上学体系。"[1]在最近的宗白华研究中，汤拥华教授指出，正如章启群所说的，宗白华这一贯通古今中外，汇通文史哲，勾连艺术、宗教与科学的学术工作本身，就是一个典型的现代工作。也就是说，宗白华将美学还原为一种以特定文化传统为根基的形上学体系这一思想本身便是体现了既是中国的、古典的，又是世界的、现代的。那么要建立中国的形上学体系，一方面，必然面临着对哲学中基本问题的阐释；另一方面，需要回答中国哲学的特性，也即它对于其他哲学体系的贡献。如前所述，宗白华从西方哲学系统出发，首先从逻辑上为建立中国形上学体系奠定了理论前提，确保了中国哲学研究的有效性和存在的合法性，也即承认存在着"客观实在"，并指出人的认识的先验性。但是，由于这些都是在思想中构成的，因而宗白华指出：

> 西洋哲学出发于几何学天文学之理数的唯物宇宙观与逻辑体系，罗马法可以贯通，但此理数世界与心性界，价值界，伦理界，美学界终难打通。而此遂构成西洋哲学之内在矛盾及学说分歧对立之主因。[2]

那么，主观与客观、物与我，也即"道体与心性之体如何获得统一，又何以能获得统一"[3]，便是宗白华建立中国形上学体系所须解决的关键问题。王锦民认为，宗白华给出的方案是"合汉宋"，指出宗白华从中国哲学传统出发，在讲《周易》时主要采用汉人的解释，讲孔孟儒家则主要采用宋代及以后的思想，使之在"天人之际达到统一"，也即宇宙观和人生观的统一。[4]这一观点可以从宗白华的论说中得到直接的证明，宗白华说道："中国出发于仰观天象、俯察地理之易传哲学与出发于心性命道之孟子哲学，可以贯通一气，而纯理之

〔1〕　汪裕雄，桑农. 艺境无涯[M]. 北京：人民出版社，2013：34.
〔2〕　宗白华. 宗白华全集（第1卷）[M]. 合肥：安徽教育出版社，2008：608.
〔3〕　汪裕雄，桑农. 艺境无涯[M]. 北京：人民出版社，2013：34.
〔4〕　叶朗主编. 美学的双峰：朱光潜、宗白华与中国现代美学[M]. 合肥：安徽教育出版社，1997：526.

学遂衰而科学不立。"〔1〕这一"合汉宋"观点虽然从整体上指出了中国哲学中的两大主体,并阐说了宗白华试图将两者融合以建立中国的形上学体系,但它并未能说明作为哲学本身的两大基础性组成部分,即"物"与"心"何以能够统一。汪浴雄曾对此做过补充,直切问题要害,在他看来,这实际上主要是源于"中国人握有'象'这一法宝"〔2〕,而宗白华对"象"的阐释也正是其形上学体系的特性所在。可以说,汪裕雄对宗白华形上学思想的这一把握,不仅更加肯定了宗白华在中国现代美学史上的地位,而且拨开云雾,揭开了中国哲学的神秘面纱。

宗白华指出,与宗教哲学相对立的希腊哲学,使西洋哲学走向"纯逻辑""纯数理"与"纯科学化"的路线,致使"纯理"界与"道德"界、"美学"界之间的鸿沟始终无法打通,柏拉图在中年时期曾试图以"至善"为一切之"范型"(象),努力贯通伦理美学之"法象"(形式)与数理界之"理型"(概念)。在柏拉图那里,一切的个别事物,在其所属类别上都会有一个和其同名的范型,并且只有一个。

首先,范型作为绝对的一和绝对的真,常住不变,而个别事物是相对的,迁流不息;其次,范型是心眼认知的对象,而个别事物是感官知觉的对象;再次,范型是个别事物的原则或原因,也就是"天之生民,有物有则",两者相互区别,但又在关系之中。因而,美的事物之所以是美的,则是由于分享了美的范型。而"善的范型"(即至善)则又是一切范型的总原因,它居于共相世界中。善的理念就是"给予知识的对象以真理,给予知识的主体以认识能力"。"它乃知识和认识中的真理的原因。真理和知识都是美的,但善的理念比这两者更美……"〔3〕在另一处,柏拉图再次阐述道,在可知世界中要花很大努力才能最后看见的东西就是善的理念,而且一旦看见,就必定得出下述结论:"它的确就是一切事物中一切正确者和美者的原因,就是可见世界中创造光和光源者,就是可知世界中真理和理性的决定性源泉",并给出了看见善的理念的依据,即凡是看见了善的理念的人,必定是在私人生活或公共生活中行事合乎理性的人。〔4〕

〔1〕 宗白华.宗白华全集(第1卷)[M].合肥:安徽教育出版社,2008:608.
〔2〕 汪裕雄,桑农.艺境无涯[M].北京:人民出版社,2013:34.
〔3〕 [古希腊]柏拉图.理想国[M].郭斌和,张竹明,译.北京:商务印书馆,1986:267.
〔4〕 [古希腊]柏拉图.理想国[M].郭斌和,张竹明,译.北京:商务印书馆,1986:276.

宗白华指出,在柏拉图那里,善的范型是一切真理和理性的源泉,"她创生一切,长养一切,她是一切的主"[1],所以也是心之所以能认识范型、范型之所以能被认识的原因。但这一范型论在柏拉图晚年所著的《巴门尼德篇》《智者篇》中演化为"范畴""理网"等,由少数基本的"理"构成具体事物的"相",于是柏拉图所说的人体之相,即由"美的象"追寻"善的范型"论,成为构成物理界现象的"条理""原理"论,而与"数"接近,最后反达于数理序秩之境,故曰:"象即数也。"柏拉图的这一数理观则又启发了文艺复兴以来的天文物理之宇宙观,最终西洋哲学由"创造精神到理知工作,由象到数,由神话境到哲理境,以数代象"。

宗白华指出,直至近代经验主义哲学家休谟对经验的普遍性与必然性提出怀疑,打开"信仰""情绪"之地位,后来的哲学家们开始从人自身寻找沟通纯理界与道德界的法宝。康德以理性检讨理性,提出我们可以经由审美直观把握观念世界,因为美是真理与道德之间的桥梁,叔本华虽然发现了人的生存意志,但他忽视了生命本身的条理性与自身价值,黑格尔的辩证法使得理性流动了,但在宗白华看来,他们仍是欲以逻辑精神控制及网罗生命,无法从根本上将纯理界、道德界、美学界三者真正贯通起来,实现生命的整体观照。

宗白华认为,近代哲学家中只有怀特海真正打通了三者之间的割裂状态,实现了理论与价值的融通。怀特海(A. N. Whitehead,1861—1947)是英国现代著名哲学家和新实在论者,他以 19 世纪末 20 世纪初的科学发展为基础,尤其是量子论和相对论,发展出"过程哲学",亦即"机体哲学"思想,对宗白华、方东美、贺麟等中国现代哲学家都产生了深远影响。宗白华说道,至怀德特(怀特海)—"全体生机的哲学"才使得"价值界"与"数理界"得以调和。

怀特海的《过程与实在》(Process and Reality)曾被誉为 20 世纪的"纯理性批判",他把世界的终极存在归结为在时间进程中不断生成变化创造着的"实际实有"(actual entity),除此之外,在实际实有背后不可能找到更实在的事物,且它们皆是"点滴的经验",复杂而又相互依赖。[2] 首先,这一"实际实有"本身即代表着"非二元论"思想,它是指一个事件。正如大卫·R.格里芬所指出的,怀特海的经验观点可以归结为泛经验主义,即"现实世界的所有单位

---

[1] 宗白华.宗白华全集(第 1 卷)[M].合肥:安徽教育出版社,2008:623.

[2] [英]怀特海.过程与实在(卷 1)[M].周邦宪,译.贵阳:贵州人民出版社,2006:24.

都是经验的、创造的事件"〔1〕。怀特海指出,从亚里士多德的第一、第二实体论到笛卡尔的心物二元论,实体—属性的形而上学最终大获全胜,取得了统治地位,并由此使得整个近代哲学陷入以主词和谓词、实体和属性、殊相和共相来描述世界的二元对立之中。但是,怀特海指出,笛卡尔的"真实实体"(res vera)概念丧失了亚里士多德"第一实体"概念所负载的终极事实的分离性。怀特海认为,世界的终极实在只能是一个经验的过程,一个活的有机体,而不是一个抽象的、静止的、孤立的实体。我们不能因为语言逻辑的主谓区分和理论的抽象去否定我们在生存实践过程中所直接经验到的存在,所以与西方传统实体论相区别,怀特海将自己的哲学命名为"机体"哲学,以反对将心与物,自然与生命相隔绝的二元论学说。

因此,在怀特海看来,"心物间并无严格的不可逾越的鸿沟,只不过高级的近心而低级的近物罢了。这是由物到心的一个层层连接由浅而深的整体"〔2〕。我们的身体则"提供了我们对自然界的现实事物的相互作用的最密切的经验"〔3〕,即身体不仅为情感和感性活动提供基础,同时人体还是存在于自然环境中的一部分,通过人的身体和精神作用,将自然界中的诸事件联系起来,所以,实际实有即是"经验者与经验的交织体"〔4〕,我们是"身心一体"地生活于自然界之中,而每一实体都有"心物两极",从物极来看,实际实有存在于时空之中;从心极来看,实际实有自有它的目的、意义和价值。其次,"实际实有"具有"创造性",它是不断变化和生成着的。怀特海指出,所有的哲学系统都有其基本范畴,在机体哲学中,这一基本范畴就是"创造性"。"创造性"与"多""一"都是指终极性范畴,但它们之间又相互区别,"一"非"整数一",乃指一个实有的独特性,"多"则传达了"分离的多样性",在分离的多样性中有很多的"存在","多"与"一"互为先决条件。"创造性"是指"描述终极事实特征的诸共相的共相。正是凭借这一基本原理,'多',即呈现分离状态的世界,凭借之成为了一个现实事态,即一个呈联合状态的世界"〔5〕。

---

〔1〕 [美]大卫·雷·格里芬,等.超越解构:建设性后现代哲学的奠基者[M].鲍世斌,等,译.北京:中央编译出版社,2002:276—277.

〔2〕 张学智编.贺麟选集[M].长春:吉林人民出版社,2005:297.

〔3〕 [英]怀特海.思维方式[M].刘放桐,译.北京:商务印书馆,2006:157.

〔4〕 张泽鸿.宗白华现代艺术学思想研究[M].北京:文化艺术出版社,2015:62.

〔5〕 [英]怀特海.过程与实在[M].周邦宪,译.贵阳:贵州人民出版社,2006:27.

在怀特海看来,形而上学的终极原理便是从分离走向统一,创造出一种不同于分离的"新实有"。那么,这一关于终极概念的范畴所具有的"创造性"特征便有别于亚里士多德关于"第一实体"的范畴观,即虽强调终极存在物的"分离性"和"演化"特征,但它是处于事件交织的世界关系网中,目标是走向联合。由此可见,怀特海的机体哲学观的主要观点便是:整个现实世界就是诸实际实有不断变化和运动着的生成过程,也即任何一个实际实有的过程都要将其他的实际实有包括在自己的组成部分之中,这样一来,世界为何是一个明显的统一体便获得了解释。换言之,"自然之中没有完全孤立隔绝的成分,一切存在都有内在的联系,联结而成一个无所不包的全体,所以不管什么事物,假如它不能在宇宙全体中取得一个地位,它就无法存在"〔1〕。

可以说,怀特海的这一宇宙观是对传统的唯物论、唯心论和二元论的彻底颠覆。实有不但是构成宇宙的最真实性的东西,而且每一实有都是一个有机的过程,都是一个反映全宇宙的"小小的宇宙",它有生成、变化、消灭的过程,从而构成了整个世界的复杂性和新颖性。正像怀特海曾经在与贺麟等人的交谈中所说的,自己的著作"东方意味特别浓厚",蕴有"中国哲学里极其美妙的天道观念"〔2〕。在《过程与实在》中他也曾说道:"机体哲学似乎更接近印度或中国的思想,而不同于西方的思想或欧洲思想。一方使过程称为基本概念;而另一方则使事实称为基本概念。"〔3〕在怀特海看来,西方哲学传统不过是对柏拉图学说的一系列的注释,〔4〕而一个流变世界中的"实际实有"则源于《蒂迈欧篇》:"仅借助于感觉而无理性地被意见所构想的东西,总是处于生存和消亡的过程,永不可能真正地存在。"〔5〕即使是提出生命哲学观的柏格森,在反对"空间化"时,也不过是重复了柏拉图的"永不可能真正地存在"这句话。可见,在怀特海看来,中国形上学在调和心—物这一点上远远比西方哲学做得好。怀特海的这些观点对宗白华来说具有巨大的吸引力。在宗白华看来,怀特海超越叔本华的生命意志论和柏格森的生命创化论的地方就在于他以物理学和数学来研究作为过程和活动的自然界,只有将生命和自然联系起来才能构成

---

〔1〕 张学智编. 贺麟选集[M]. 长春:吉林人民出版社,2005:300.
〔2〕 张学智编. 贺麟选集[M]. 长春:吉林人民出版社,2005:290.
〔3〕 [英]怀特海. 过程与实在[M]. 周邦宪,译. 贵阳:贵州人民出版社,2006:9.
〔4〕 [英]怀特海. 过程与实在(卷1)[M]. 周邦宪,译. 贵阳:贵州人民出版社,2006:54.
〔5〕 [英]怀特海. 过程与实在(卷1)[M]. 周邦宪,译. 贵阳:贵州人民出版社,2006:111.

一完整的有机的宇宙观。

宗白华指出，中国哲学中的"象"既不是西方哲学的几何之形相，也区别于柏拉图的"范型论"，它是"自足的，完形的，无待的，超关系的"[1]，它象征着一个完备的全体，同时它又是"建树标准（范型）之力量，为万物创造之原型（道），亦如指示人们认识它之原理及动力"[2]。因此，"'象'如日。创化万物，明朗万物！"[3]由此可见，宗白华所说的"象"，既包括了作为道之本体的象，亦包括作为指示人生之行动的范型的象。首先，对于象的第一义，即作为道之显现形态的"象"，宗白华说道，"象"乃是中国形上学之道，它具有本体的意义。

老子最早提出"象"的概念，首次见于《老子·四章》，曰"道冲而用之或不盈。渊兮似万物之宗，挫其锐，解其纷，和其光，同其尘，湛兮似或存。吾不知谁之子，象帝之先"[4]。在这段对道之存在状态的描述中，同时出现了关涉哲学的三个关键概念——"道""象""帝"。殷商时期的人们大多信鬼神，王弼注，"帝"，天帝也，河上公注"象帝之先"，即"道自在天帝之前，此言道乃先天地生也。至今在者，以能安静湛然，不劳烦欲使人修身法道"[5]。这一思想显示了老子对神学思想的一种反对，并开始走出神学思维，从存在本身来解释自然现象，认为道是"帝"之前就已存在的"象"，从而取代了"帝"的地位。对于道是如何产生的，我们不知道，也即"不知谁之子"，它不是一个实体，但它又客观地存在着，它是万物存在的本源，创生万物并蓄养万物。老子借用"象"的概念，指出"道"是"无状之状，无物之象"。《老子·二十一章》中，老子指出："道之为物，惟恍惟惚。惚兮恍兮，其中有象；恍兮惚兮，其中有物。"[6]可见，"道"是一种特殊的实体存在，在经验意义上是"无"，在逻辑意义上是"有"，那么，道之象，可以在人的感官直观中呈现为经验形态中的"有"，因而人们能够通过"象"来理解变幻多端的道。

不过，老子强调"象的观照"是全身心对整个自然和人类生命运动的观照，这样的"象"和"道"是融通的，统一于宇宙万物的生命运动中，故又称"道"为

---

[1] 宗白华. 宗白华全集（第1卷）[M]. 合肥：安徽教育出版社，2008：628.
[2] 宗白华. 宗白华全集（第1卷）[M]. 合肥：安徽教育出版社，2008：628.
[3] 宗白华. 宗白华全集（第1卷）[M]. 合肥：安徽教育出版社，2008：628.
[4] 老子. 老子[M]. [汉]河上公注，[三国]王弼注. 上海：上海古籍出版社，2013：9.
[5] 老子. 老子[M]. [汉]河上公注，[三国]王弼注. 上海：上海古籍出版社，2013：9.
[6] 老子. 老子[M]. [汉]河上公注，[三国]王弼注. 上海：上海古籍出版社，2013：44.

"大象",曰"执大象,天下往",从而将象提升为一个形而上的本体范畴。由此可见,在老子这里,就已经显示了象所具有的媒介和本体的双重意义,也就是说,象即是道的显现,又是道本身。

其次,对于象的第二义,即作为人生范型的"象",宗白华是从《周易》中得来的。可以说,《老子》的阐释使"象"成为一个哲学范畴,而《易传》则赋予了"象"更丰富的内涵。《系辞》记录了圣人制作八卦的过程,"仰则观象于天,俯则观法于地,观鸟兽之文与地之宜,近取诸身,远取诸物,于是始作八卦"[1]。一方面,《周易》中的圣人便通过仰观天象、俯察地法、远近诸取,用卦爻符号这种"象"将老子所描述的"惟恍惟惚"的象给具体表现了出来。也就是后人所概括的"观物取象"。"观物"是对万物的观察,但这种"观"不是一般的视觉所观,而是内在之观,以内在心灵的眼与天地万物相感通。"取象"是抽取事物的本质属性,并以卦符形式表现出来,也即对生命特征的比拟与象征。因此,"观物取象"就是圣人观万物取其本质之象,并以符号化的卦象表示出来。

由此,宗白华认为,此"象"更符合亚里士多德的知识论观点。亚氏将人类知识分为感官经验的实用知识、创造发明的实用技术和审美器物的知识、纯智的知识。"象"即是"创造的技术(美术的诗学)之对象"。这是说技术家能够制作器物,以应世用,心必先深明制作器物之原理,也即"以制器者尚其象"。《系辞》曰:"《易》有圣人之道四焉:以言者尚其辞,以动者尚其变,以制器者尚其象,以卜筮者尚其占。"[2]"象"是事物的规律,制器所尚之象也即是指要效法卦象中所表现的事理或道理。由此可知,象既是《周易》之卦的来源,《周易》之卦本身又称为"象",因此从某种程度上来说,《易》就是象,《系辞》曰:"易者,象也。"另一方面,八卦之所以能上通下达,关键便是在于它能以符号象征的形式表意,圣人效法天地,俯仰观察,"反身而诚以得之生命范型",故可以"立象以尽意"。《周易》的象中之意,是指示神意对人意的关怀。《易》云:"圣人以神道设教。"圣人观象于天、观法于地,制作"易象",以昭示天、地、人至动而不乱的生命奥秘。

为了获得"神意",我们就必须求返于自心,使寻求生命获得的趋向与人的主观意向融洽一致,此时的"象"便转化为"意中之象"了。而神意之象也于是

---

[1] 周易[M].郭彧译注.北京:中华书局,2010:304.
[2] 周易[M].郭彧译注.北京:中华书局,2010:297.

转化为以"圣人"为代表的价值取向和行为意象。因此,象不仅可以指示宇宙人生的"中正""中和"之境,还指向人生理想,是"生命的范型",从而显示出圣人对人世的关怀。《周易》哲学的这种特征曾被冯友兰称为"宇宙代数学",他认为,周易不讲具体的天地万物,只讲一些空套子,但任何事物都能被套进去,这种方式就叫作"神无方而易无体"[1]。即任何事物事理之吉凶祸福都能通过卦的象征、暗示、比类的方式显现。宗白华则明确地将此易象之特征概括为中国哲学的一种象征思维,因而,"中国从三代鼎彝到八卦易理,是以象示象,而数在其中,数为立象尽意之数,非构形明理之数也"[2]。宗白华认为,宇宙秩序是由理、中、和三者持其中而实现的。理是由数来表示的,中、和则是由象来表示的。宗白华将象与数作了比较,一是"象"乃万物生成之永恒超绝"范型",而"数"表示万物流转之永恒秩序;二是"象"之构成原理是生生条理,"数"之构成原理是概念的分析与肯定,是对物形的永恒秩序的分析与确定。虽然两者不同,但在《周易》中却可以和谐地统一在一起,这种统一在宗白华看来,便是伦理美学之"法象"与数理界之"理型"的统一。

综上,宗白华指出尽管象与理数皆为先验的,但不似理为抽象的纯理,象乃情绪中之先验的,它"有层次,有等级,完形的,有机的,能尽意地创构"[3]。对此,汪裕雄曾指出,诚如庞朴所言:"在'形而上者谓之道、形而下者谓之器'之外或之间,更有一个'形而中'者,它谓之象。"[4]因为很显然,"道"属形而上,无方无体,却又无所不贯规矩,表现为无限的生命力;象也不是器,为制器者所尚,"器"属于形而下,有形有质,是"道"的生成物,被视为"有"。这一自有悟无的媒介,便是"象"。[5]而根据《易传》的"见乃谓之象,形乃谓之器","在天成象,在地成形",可知形和器是异名同实,而象和形是不等值的。于是,道、象、器便呈现为这样的梯形关系:道无象无形,但可以悬象或垂象;象有象无形,但可以示形;器无象有形,但形中寓象寓道。或者说,象是现而未形的道,器是形而成理的象,道是大而化之的器……象之为物,不在形之上,亦不在形之下。它可以是道或意的具象,也可以是物的抽象。[6]

〔1〕 唐明邦等编.周易纵横录[M].武汉:湖北人民出版社,1986:7.
〔2〕 宗白华.宗白华全集(第1卷)[M].合肥:安徽教育出版社,2008:621.
〔3〕 宗白华.宗白华全集(第1卷)[M].合肥:安徽教育出版社,2008:621.
〔4〕 庞朴.庞朴文集(第4卷)[M].济南:山东大学出版社,2005:232.
〔5〕 汪裕雄,桑农.艺境无涯[M].北京:人民出版社,2013:77.
〔6〕 庞朴.庞朴文集(第4卷)[M].济南:山东大学出版社,2005:232—236.

由此,"象"既出"形而中",处于有无之间,那么它就必然有层次,有等级。从这一观点出发,汪裕雄将宗白华的"象之创构论"概括为三个层级,第一个层级为"观物取象"中的象之意,《系辞》所说:"见乃谓之象。"韩康伯注云:"兆见曰象。"也即此"象"表示为万物生命运动的精微迹象和所鼓荡的生命情态。第二个层级为"立象以尽意"中的"意中之象",乃表虚象。为了"尽意",观物取来的"象",就得求返于自我深心,求得外物生命活动取向与人的主观意向的融洽一致。这种意象,意义丰富,"涵宗教的、道德的、审美的、实用的溶于一象"。第三个层级为象的最高象征"道",老子也称之为"大象"。圣人或人类的最高意向,莫过于冥合大道,达"人与天调"的中和之境。道寂然无体,自身无形无象,但却能经由意象的象征意指作用,逼近它,体验它。三个层级,层层递进,彼此交织、衔接,成一"完形"。

因此,与柏拉图静态的"善的范型"论相区别,中国哲学的"象"是动态的,它的构成原理是"生生条理",从这一点来看,中国的象与怀特海的实际实有所具的内部推动力之"创造性"具有相通之处。根据《周易》提供的模式,整个世界就是由阴阳二德按二元对立之生成原理,互通互感,氤氲而成。人类学研究者叶舒宪教授指出,道与易实际上都是对宇宙间众多周期性自然现象运动的抽象,汉桓谭《新论》中便曾指出:"言圣贤制法作事,皆引天道以为本统,而因附续万类,王政、人事、法度,故宓羲氏谓之'易',老子谓之'道'。"〔1〕也即易道原本实为一物,而两者不同之处在于"易"比"道"更强调阴阳二气的交感合和、变易运化。

"天之生物也有序,物之既形也有秩",世界的序(世界)秩(空间)就是生命之气的刚柔变化,进退流动,而宇宙生命运行的大道,便体现在万物生生的条理中。也即宇宙生命与人的生命,同出一源,两者"感而遂通",万物生命节奏和人的情感节奏可交相感应。于是,"象"便可"由中和之生命,直感直观之力,透入其核心(中),而体会其'完形的,和谐的机构'(和)"〔2〕。也即通过融"宗教的、道德的、审美的、实用的"于一体的象,天道与心性,宇宙论与价值论,便完全打通,形而下的器与形而上的道,也完全打通。

〔1〕 叶舒宪. 老子与神话[M]. 西安:陕西人民出版社,2005:52—53.
〔2〕 宗白华. 宗白华全集(第1卷)[M]. 合肥:安徽教育出版社,2008:627.

三、先验价值论：西方的明物之际与中国的天人之际之比较

由前述可知，从哲学内部出发，在中西比较视域下，宗白华得出中国形上学思想体系乃一生命的体系，建立于中国哲学特殊的时空观根基之上，并由兼具本体与媒介意义的"象"沟通起形上之境与形下之相，因而中国哲学也是一种象征哲学，以此区别于西方的纯粹数理哲学体系与概念哲学世界。后者仅仅是从认识论上描述了世界的本源，它是静态的，封闭的；前者则从价值论上分析了本体与现象界之间的对流，它是动态的，开放的。宗白华指出，以怀特海的机体哲学观来看，"将无价值的可能性（即物质材料）执握而成超体的赋形的价值"[1]这种活动原本是属于本体的活动，但这种本体的活动是任何关于形上学境界的静的要素之分析所省略的，也即西方哲学在分析形上学之要素时，执著于对静态的概念的分析，忽略了这一本体活动本身的创造性和不断生成性。所以，对于无法捉摸的宇宙本原，宗白华既不赞同将其视为一纯粹物质的实体论，也反对将其看作由数理所引申出的抽象的概念论，而是提出一种涵养着生生条理的"象"之哲学本体观，它与马克思主义哲学的"客观实在"论在内涵上具有共通性。正如前文所指出的，宗白华承认存在着比万事万物（自然界和人类社会）自身更真实的存在，"象"与"客观实在"都是对事物本质属性的概括，我们可以通过思维知觉它。同时，这一具有本体属性的象又是一开放的体系，与怀特海的"实际实有"概念在强调事物本身的动态生成性上具着相似性，从而形成了宗白华关于中国哲学的一种"举生生而该条理，举条理即该生生"的宇宙观。因为，在宗白华看来，哲学的目标不仅仅是解释世界，还要改变世界。在发表于1919年7月15日《少年中国》第1卷第1期的《说人生观》一文中，宗白华便曾说道："世俗众生，昏蒙愚暗，心为形役，识为情牵，茫昧以生，朦胧以死，不审生之所从来，死之所自往，人生职任，究竟为何，斯亦已耳。"[2]是以，今日哲学有二：

（一）依诸真实之科学（即有实验证据之学），建立一真实之宇宙观，

<hr/>

[1] 宗白华.宗白华全集(第1卷)[M].合肥:安徽教育出版社,2008:584—585.
[2] 宗白华.宗白华全集(第1卷)[M].合肥:安徽教育出版社,2008:17.

以统一一切学术;

（二）依此真实之宇宙观,建立一真实之人生观,以决定人生行为之标准。[1]

由此可见,建立一科学的宇宙观是建立真实的人生观的前提,而树立正确的人生观是指导我们实际行动的标准。中国哲学的特色便在于主"参天地,赞化育","为天地立心,为生民立命,为万世开太平",而非仅为一小城邦立法。中国哲人倾向于化"利用厚生"之器,为生命意义之象征,以启示生命之高境,那么生命有条理,则器（文化）成立,而生命乃益富有情趣,不似近代人为纯理数之观,漠视生命之表现。正如宗白华所指出的:"中国人的世界是'性德之世界',非'度量'之世界。"[2]由此,宗白华认为,完整的中国形上学思想体系结构既包括"仰观天象、俯察地理"的易传哲学,还应包括蕴含人生观的"心性命道"之孟子哲学。这实际上也即如何对待"天"和"人"的关系,也即人的认识论问题。可以说,中国哲学的基本框架就是围绕这"天人关系"展开的,在现代中国融"中西矛盾"的学理之途上,冯友兰曾指出,"通天人之际"是中国哲学中最本质的内容,同时也是中国哲学中最具特色的部分,但是其却无法使用西方哲学中的概念来进行描述,而只有通过中国的途径"直觉体验"。张岱年也曾说道:"中国古代哲学可以称为'天人之学'。'天人之际'是中国哲学的总问题。"[3]从宗白华所作的"形上学提纲"目录中可以看出,"天人之际"也被认为是中国哲学区别于西方哲学的最根本特征之一,在宗白华看来,所谓天人之际就是由孔孟发挥的心性命道与《周易》所表示的宇宙世界观的和谐统一,也即宇宙观与人生观的统一。

关于人与宇宙的关系,宗白华指出,西洋哲学追求的是"明物之际",中国哲学则倡"天人合一"之说,以求"保合太和,各正性命"之形上境。宗白华认为,这是由于中国与西方的神学观有着根本的区别。在这里,我们不得不承认宗白华眼光的敏锐与独到。恩格斯曾说:"没有希腊文化和罗马帝国所奠定的基础,也就没有现代的欧洲。"[4]古希腊神学是在希腊神话这一母体中孕育发

---

[1] 宗白华.宗白华全集(第1卷)[M].合肥:安徽教育出版社,2008:17.
[2] 宗白华.宗白华全集(第1卷)[M].合肥:安徽教育出版社,2008:589.
[3] 张岱年.文化与哲学[M].北京:中国人民大学出版社,2006:4.
[4] 马克思恩格斯选集(第3卷)[M].北京:人民出版社,2012:561.

展而来的,而后其逐渐成为西方文化演进的思想源泉,直接影响了西方人的精神信仰和价值体系。在希腊神话叙事中,神具有人格化的特点,它们都是人类按照自己的形象创造出来的,因此具有人的伦理道德,存在缺陷,为哲人道德标准所轻视。而且,尽管神的力量非常强大,但是也不能与命运相抗衡。荷马史诗中,许多英雄便是神祇之子,半神半人。在特洛伊战争中,宙斯充满智慧与力量,可是也不敢执拗地违背命运的安排。基于人类的理性,维护世界和宇宙秩序,人、神及世间万物都必须安于自己的命运,挑战命运就是挑战公理与正义。由此,在宗白华看来:

> 希腊哲学家常为小国立法以代神权(故柏拉图哲学于立法归结),测量地形以建立几何学,其理智精神欲摧毁宗教(多种不道德),以"纯理数"代多元的人格化神祇,以逻辑论证指代神们的启示(其神们本太人类化,为哲人道德标准所轻视)。[1]

因而,希腊哲学也就由此开始朝着"纯逻辑""纯数理""纯科学化"的方向越走越远,最终致使"纯理界"、"道德界"与"美界"三者之间的界限一直不能打通。尽管至近代,一些哲学家们试图打开"实践道德之地位"及"信仰之地位",但是仍终不能将三者打通,仍是以逻辑精神控制及网罗生命。[2] 对此,宗白华指出,中国的神不是希腊哲学中所欲克服的人格化、偶像化、迷信化之神,而是与中国哲学中无所不贯的道相贯通,"道"又包括"天道"和"人道"。

首先,在中国文化中,"天"是一个重要的哲学及神学的概念,它常常与"道"一起出现。老子曰:"人法地,地法天,天法道,道法自然。"宗白华认为,此"道"即天即神,它即是指"天地万象变易中不变易之法则"[3]。在儒家哲学那

---

〔1〕宗白华.宗白华全集(第1卷)[M].合肥:安徽教育出版社,2008:585.

〔2〕宗白华.宗白华全集(第1卷)[M].合肥:安徽教育出版社,2008:585—586.宗白华指出,希腊哲学出发于宗教与哲学之对立(苏格拉底死于此)。而趋极端。而哲学遂走上"纯逻辑""纯数理""纯科学化"之路线。而"纯理"界与"道德"界,"美界"的鸿沟始终无法打通。至斯宾诺莎,遂崇此"纯理境"为神。莱布尼茨欲勉强沟通两方。笛卡尔欲以批评及怀疑为方法,以建立理性之根基。休谟破析之,终于毁灭之,打开"信仰""情绪"之地位,然两方始终未能和谐。康德以理性检讨理性,成立批评哲学,亦欲打开实践道德之地位,及信仰之地位,叔本华发现"盲目的生存意志",而无视生命本身具有条理与意义及价值(生生而条理)。黑格尔,使"理性"流动了,发展了,生动了,而仍为欲以逻辑精神控制及网罗生命。

〔3〕宗白华.宗白华全集(第1卷)[M].合肥:安徽教育出版社,2008:645.

里，"天道"观亦受到孔子的重视，曰："天何言哉？四时行焉，百物生焉，天何言哉？"由此，宗白华指出，无论是老庄的"天道"观，还是孔子的"四时行焉，百物生焉"之天道观，都显示了"天"是超感官的实在，作为一种自有其变化规律的自然之道而存在，我们无法直接把握它，但它有物有则，我们可以在现象中悟"天道"，即"观天象而默然识之"。此天道在《礼记》中也称"天理"，它不是人为创造的，而是指事物的本然之理。所以，此"天"不具人格性，乃是造成现象的原因、本质和力量。

宗白华认为，我们还可以从荀子的天道观那里找到关于这一观点的明晰论述，荀子融老庄与孔子的天道观于一身，曰："列星随旋，日月递炤，四时代御，阴阳大化，风雨博施。万物各得其和以生，各得其养以成，不见其事，而见其功，夫是之谓神。皆知其所以成，莫知其无形，夫是之谓天功。唯圣人为不求知天。"宗白华指出，这也是说，在自然之中存在着一种周而复始、恒久不变的运行理法，便"天之亦可，神之亦可，道之亦可"，我们不必执着于探求此"天道"究竟为何物，这是由于荀子主张要"明于天人之分"。在荀子看来，天人职责不同，"天行有常，不为尧存，不为桀亡"，也即天自有其变化之道，不为人的意志所左右，人是无法也不必要去了解的，而君子的基本职责在"人道"，不在"天道"。尽管，人无法把握"天道"，但"阴阳大化"而生的自然万物都有自身的变化规律，荀子主张人应该遵从这一自然规律，并要积极地去适应，去利用自然界所具有的法则。从这个意义上来说，天人又是合一的，如果不明白这个道理，而只是执着地想着要探究天理，那么将会很容易忽略掉义理，最终的结果就是很可能会造成"蔽于天而不知人"的现象。

因此，荀子又提出了"参"，如"天有其时，地有其财，人有其治，夫是之谓能参"，"君子理天地，君子者，天地之参矣"，"专心一志，思索孰察，加日县久，积善而不息，则通于神明，参于天地矣"。总之，天人尽管各有其职分，但从更广的范围来看，天人又是合一的。

其次，"天道"又即"天命"，正如唐君毅所曾指出的那样，"命"在中国哲学中是天和人之间相互关系的重要体现。宗白华也注意到了这一点，他指出，"天命流行，有其常轨，故曰'天道'"，而这天命与人者为"性"也，它是连接天与人的纽带，是天人合一的桥梁。刑昺疏云："夫子之言性与天道不可得而闻也，天之所命，人所受以生，是性也。自然化育，元亨日新，是天道也。"宗白华指出，此言存在两层含义：一就本体言，一就作用言，皆以自然赅摄人事，重人事而顺天道,舍人事则无天道,这乃中国特有精神。《系辞传》云:"一阴一阳之谓道,继之者善也,成之者性也。"天地万物,包括人类,皆是乾坤所生成,皆各有其性,故曰:"成之者,性也",此之谓自然之天的"天功"。但只有加入一定的道德义理,才能成就人之所以为人的"性"。但"人之虽有性,心弗取不出",也即这个由天命所生的性,还得需要"心"来帮助,才能够真正成为"性"。孟子《尽心上》曰:"尽其心者,知其性也。知其性,则知天矣。存其心,养其性,所以事天也。夭寿不贰,修身以俟之,所以立命也。"在这里,孟子将心与性区别开来,指出人之为人缘于四种德性,即"仁""义""礼""智",这些本性的表现就是"四心",也即是孟子所说的"四端":"恻隐之心""羞恶之心""辞让之心""是非之心"。在孟子看来,"尽心""知性"的途径就是"存心""养心",并且使"性"的四端发扬扩充。因此,这个"天",既是"自然之天",又是"义理之天"。这样,道德义理就是人性的自然流露,从而将原本外在于人的道德内化于人性中,也即天道内容更加内化,"知性"就能"知天"。

由此,"天""性""心"在孟子的"心性命道"哲学中被有机地结合起来,为"天人合一"思想奠定了理论依据。至此,孟子构筑了一个完整的"心性命道"之价值学说体系:以"性"为纽带,使天道与人心联系起来,将人对于"天"的探求转化为对于"性"与"道"的追求,最终达到知天、养心,与"天地参"的境界。

由此,宗白华指出,与西洋哲学出发于宗教与哲学之对立相区别,在中国哲学中,"圣人以神道设教",这里所说的"神道"是指通过用心观察天象和地理,由此获得的"妙万物而为言"之"生生宇宙"的原理,是"形上学"的最高原理。因而,与西方哲学中"致知"以为"明物"不同,中国哲学中取"格物致知"说,宗白华指出,前者重在"纯科学"的研究方法,而后者则仍属于"哲学"的研究方法,最终形成截然相反的文化哲学精神。

宗白华指出,《大学》中"格物说"在后世的演变,可以说代表了中国近代哲学思想与方法的发展。正如胡适在《文存》卷二中所曾指出的,"直到宋儒把《礼记》里一千七百五十个字的《大学》提出来,方才算是寻得了中国近代哲学的方法论"[1]。自此以后,围绕"格物"两字的争论一直延续至明代和清代。宗白华在他所作的《论格物》中把自宋儒以来的关于格物的学说分为三个时期:

---

〔1〕 宗白华. 宗白华全集(第1卷)[M]. 合肥:安徽教育出版社,2008:665.

格物说三阶段		代表思想家	《大学》本子	根本概念	末流之转变	时代
第一时期	宇宙本质之格物说	程子 朱子 蔡元定	改定本	格物即穷理	读书即穷理	宋代
第二时期	人生本质之格物说	陆象山、王阳明、王心斋、王龙溪、高攀龙、钱绪山	古本	格物＝尽心、致良知	玄想＝致知＝格物	明代
第三时期	社会本质之格物说	黄梨洲、顾炎武、王船山、吕留良、戴东原、颜元、凌廷堪、程瑶田、孙中山	改定本 古本	格物＝亲手学习; 格物＝习礼	重行不重知＝格物	清代

"格物"论在宋时,由二程与朱子成功演绎出了一种唯理观的形而上学思想。程颢论格物,曰:"凡有一物,必有一理,穷而至之,所谓格物者也。"程颐解格物,曰:"格,至也,谓穷至物理也。"也即凡眼前所见,无不是物,物皆有理,而万理同出一源,由此可以一理而通天下之理。受二程影响,朱子《大学章句》云:"格,至也,物,犹事也;穷推至事物之理,欲其极处无不到也。"又曰:"圣人千言万语,只是教人存天理,灭人欲。"宗白华指出,朱子如此解格物,既非西洋科学之格物穷理的物理学科,又丢掉了孟子尽其心,知其性的工夫,可称为"物学",因而受到陆王和戴东原的攻击。陆象山谓格物者,实际上是格的己心,穷理也即穷己心之理,曰:"明德在我,何必他求?"王阳明将这一观点发挥得更加透彻,他在《答顾东桥书》中说道:"朱子所谓格物云者,在即物而穷其理也。即物穷理是就事事物物上求其所谓定理者也。是以吾心而求理于事事物物之中,析心与理而为二矣。"故他把"物"字限于吾心意念所在的事物,曰:"心外无事,心外无理,故心外无学";"格"字,则为"正"也,曰:"物格而后知至,知至而后意诚,意诚而后心正,心正而后身修。"所以,"吾心之良知,即所谓天理也。致吾心良知之天理于事事物物,则事事物物皆得其理矣"。宗白华指出,王阳明之学对朱子物学,可称为"心学",亦即"生命观之格物说"。从《大学》古本原文出发,宗白华认为,"格物,即尽心,知性也",原文曰:

　　欲诚其意者,先致其知,致知在格物。物格而后知至,知至而后意诚,意诚而后心正,心正而后身修,身修而后家齐,家齐而后国治,国治而后天下平。

在其看来,王阳明致良知之说,将心与理合为一体,显然更深谙孟子之意。宗白华指出,孟子之"是非之心,人皆有之",这是一种价值先验论,也即孟子的心性之学关键是确定了先验的心,格物所求之理不是物理,而是先验的价值标准,那么,此一格物不必外求,也就是反身而诚。因此,宗白华指出,格者,当作"来"字解,格物即来物,通物,这可见于唐李翱《复性书》,云:"敢问致知在格物,何谓也? 曰:物者万物也。格者来也,至也。物至之时,其心昭昭然,明辨焉,而不应於物者,是致知也。是知之至也。知至故意诚,意诚故心正,心正故身修,身修而家齐,家齐而国理,国理而天下平,此所以能参天地者也。"宗白华指出,此乃中国哲学之正宗也,也即中国哲学实际上是一种关于生存本体的知识论,穷物之理应为价值秩序,而非物理世界,只有反身而诚,随意念依着良知去做,才能合心与理为一体也。

宗白华由此指出,了解世界的基本结构属于宇宙论、范畴论,再进一步了解世界的意趣和价值则为本体论和价值论,因而在分析过宇宙的"序秩理数"之后再讲人的"反身而诚"是极有意义的,以天人而论,"序秩理数"表示天道、天命,"反身而诚"则表示德、性。在宗白华看来,此性命之天则即为"保持秉彝之道无他","夫民之秉彝,好是懿德,其驱于好懿之势力而上达也"。《礼》曰:"体不备,君子谓之不成人。"《中庸》曰:"苟不至德,至道不凝焉。"由"中和序秩理数"之境,上升以"成人"之完形,孟子谓之"践形"。践形、完形,复称为成人。故以德凝道,以性定命,然后人心尽而天道显。因此,正如宗白华总结的:

> 中国哲学家承继古先圣王政治道德之遗训,及礼乐文化,故对政治及宗教不取对立的革命的分裂态度(宗教与哲学分裂),而主"述而不作""信而好古"。对古代宗教仪式,礼乐,欲阐发其"意",于其中显示其形上(天地)之境界。于形下之器,体会其形上之道。于"文章"显示"性与天道"。故哲学不欲与宗教艺术(六艺)分道破裂。"仁者乐道,智者利道。"道与人生不离,以整全之人生及人格情趣体"道"。[1]

---

〔1〕 宗白华.宗白华全集(第1卷)[M].合肥:安徽教育出版社,2008:586.

从"生生不易"之宇宙观到"体道"之人生观构成了中国特有的文化哲学精神,正如日本学者福泽谕吉所言,孔孟学说讲的是正心修身的伦常事理,其所分析的都是抽象的仁义道德,亦可称为伦理学。[1] 对于个体而言,它将无法把握的"天道"转化为"不远人"的"人道",赋予了"道"这一中国文化的关键词一个崭新的含义,即"'道'又是一个出发点、一具路标,而不是最后的目的地"[2]。所谓哲人生活无他,即时时默识此绝对之至美而已。对于文化整体而言,这种文化哲学是一种关于德性伦理的界定,而且明确指出了作为人之天性的"求知欲"一定要限定在"智慧学"范畴,同时确切地表明其向前发展的趋势是要洞察生存本质。在我们多姿多彩的世界中存在各式各样的"知识",然而只有最深刻和最高级的知识才会被称为"智慧"。它不归属任何一种认识论范畴,是对人内在精神世界的意会,而非对外在天地万物的驾驭。"真正的智慧是关于伦理问题、关于如何生活得完美的知识。"从这个层面上来说,求知即是求德。[3] 所以"盖道无为而德有为,道体虚而德用实",故曰:"人能弘道,非道弘人","朝闻道,夕死可矣"。

---

[1] [日]福泽谕吉. 文明论概略[M]. 北京编译社,译. 北京:商务印书馆,1997:52.

[2] [美]郝大维,安乐哲. 孔子哲学思微[M]. 蒋弋为,李志林,译. 南京:江苏人民出版社,1996:183.

[3] 徐岱. 审美正义论[M]. 杭州:浙江工商大学出版社,2014:115.

第七章

从"比较哲学"到"比较艺术学"：宗白华美学研究转向及现代艺术学理论之创构

　　哈贝马斯认为，启蒙现代性形成了两个相反的走向：一是使科学、道德和艺术从之前相互混融的状态分离开来，形成了各自完全独立自主的领域，科学求真，道德向善，艺术唯美；同时另一走向就是要求这三个分治的领域又不能走入象牙之塔，脱离社会实际，而必须深入民众，与现实世界相连。前者是一种专门化的走向，后者是一种平民化、大众化的走向。对宗白华来说，他面临着"中国文化的复兴和西方现代性日益暴露的矛盾"这两个客观存在的现实问题。宗白华的美学走向也表现为，一方面为中国文化奠定其形上学品格，肯定中国文化美学精神在世界美学中不可或缺的重要地位，另一方面从中国艺术实践出发，充分开掘中华文化的幽情壮采，通过持之以恒地探究艺术与人生的深刻关联，以及始终如一地关注审美和文化的内在联系，建立了其自己的艺术话语模式，这也是宗白华美学学理现代性的另一重要表现，致力于使艺术融入人生，呼集民众清醒的灵魂。

一、美学之争与西方现代艺术学独立运动：
现代艺术学思想之渊源

　　在西方，美学自诞生之日起，便与"美的艺术"这一观念有着内在的关联。在《大希庇阿斯篇》中，柏拉图以对话的形式首次系统地探讨了"美是什么"的问题，从而将美的本质问题作为一个深刻的美学命题提了出来，由此引发了美学成为一门学科的发展进程。并最终在 18 世纪中叶，这两大生息相关的研究系统——作为学科的美学与作为"美的艺术"的现代艺术体系——几乎同时被确立。19世纪之后,美与艺术的关系被重新思考,特别是先锋艺术的盛行,打破了美与艺术之间的平衡,艺术不再仅仅表现美,尤其是在20世纪初兴起并蓬勃发展的艺术科学论这一思想潮流,使得传统哲学美学的历史地位在很大程度上被颠覆了,而与此同时哲学美学与艺术科学在其各自学科发展方向上的局限性也日益明显地表现出来。

众所周知,美学作为一门独立学科首先诞生于哲学内部,尤其是在风靡于18世纪的欧洲大陆理性主义哲学派别中得到了较大发展,其中以沃尔夫为代表的一些该学派哲人将人的认识分为高级认识和低级认识,而只有通过作为高级认识的理性认识才能获得真正的知识,因而将作为低级认识的感性认识排除在哲学之外。但这一观点遭到该学派另一成员鲍姆嘉通的反对,鲍姆嘉通认为,理性认识和感性认识并不存在高低贵贱的价值差异,两者皆仅为人类认识的不同形态罢了。因此,鲍姆嘉通提出,在哲学内部还应有一门与研究逻辑学相对的,研究感性认识的感性学,并以希腊语词"Aesthetic"为其命名,专门研究"感性认识的完善",由此使得美学从此作为一门独立学科而诞生。他认为在这个知识系统中,最完善的形态就是包括艺术在内的审美,通过艺术来完善人的感性认识。所以,在美学学科的确立之初,美学实际上也是关于诗的哲学、感性学。

承继这一美学传统,康德起先并不相信存在艺术的理性,他在《纯粹理性批判》中曾说道,现在只有德国人在用"Aesthetic"一词表示所谓的鉴赏力批评。而将"美的批评性判断纳入到理性原则之下并将之上升为科学"只是鲍姆嘉通的一种不恰当企望,这种尝试将是徒劳的。[1] 康德最终发生转变是在《判断力批判》中,这时他才把美学视为研究美与艺术的哲学理论,并将美的艺术分为一般的艺术、自由的艺术和"美的艺术"三类,其中审美作为一种反思性的判断力和规定性的判断力一样,都具有先天原则,审美的先天性条件是共通感,而这种人与人之间的可传达的情感必须通过艺术才能实现。尽管康德确立了关于美和艺术的判断知识在哲学体系中的地位,但是对艺术的分析显然并不是康德美学所探讨的主要问题,他曾这样说道,"没有关于美的科学,只有

---

〔1〕 ［德］康德.纯粹理性批判［M］.邓晓芒,译.北京:人民出版社,2004:26.

关于美的评判;也没有美的科学,只有美的艺术"[1],可见康德关于美学研究的重心在于对审美判断问题的关注。

由此,我们可以看到,在鲍姆嘉通和康德那里,美学是关于感性学的科学,而艺术追求美,因此艺术之学即为美学,美学即为艺术哲学的构想已初具雏形。这一哲学美学思想深刻地影响着之后的黑格尔美学。黑格尔在《美学》开篇序论中便首先指出美学的研究对象就是广大的美的领域,并进一步确切地指出这一领域的范围就是艺术,或者也可以说是美的艺术,因此,"艺术哲学"这一名称便是黑格尔为这门科学确定的正当称谓,或者这一名称的更准确称谓也可称为"美的艺术的哲学"[2]。综观全书,艺术在黑格尔美学中居于重要地位,他以"经验观念与理念观点的统一"[3]为其研究方法,将西方艺术划分为象征型艺术、古典型艺术与浪漫型艺术,并且这些艺术类型在历史发展中呈递进关系,而各门艺术根据其自身的内涵界定而言,它们在一些艺术作品中所实现的艺术类型,只是它们自然而然所生出的美的理念展现出来的。宏伟的艺术之宫的建立即为这种美的理念的外在实现。[4]也即黑格尔所说的"美是理念的感性显现",即艺术作为美的理念的物化外显。可以说,黑格尔美学标志着一门艺术哲学的确立,但是他仍不得不根据时代学术主流将其著作命名为"美学"[5],并且在黑格尔的哲学美学中,艺术只是其哲学体系中的一个低级层次,不具有本体性,只是作为最终要进化为宗教、哲学的绝对精神的介质而存在,因而从这一点来看,黑格尔的艺术哲学也并不具备现代艺术体系意义上的学科主体性。

至此,在哲学系统中,艺术与美学两者相辅相成,共同构成了一个无法分割的整体,艺术将美学限定在其体系之内,而美学亦把艺术禁锢在其框架之中。接下来一个多世纪的时间里,美学一直都把艺术看作是其唯一的研究对象,而且在这个时段内美学也都始终是作为艺术的判定标准和权威解释者,并且尤其注重哲学的演绎与推论,艺术仅作为美学家们所建构的哲学体系的支撑性内容而存在,也即在哲学美学研究中,艺术本体属于缺席者。

---

〔1〕 [德]康德.判断力批判(上)[M].宗白华,译.北京:商务印书馆,2016:73.
〔2〕 [德]黑格尔.美学(第1卷)[M].朱光潜,译.北京:商务印书馆,2015:3—4.
〔3〕 [德]黑格尔.美学(第1卷)[M].朱光潜,译.北京:商务印书馆,2015:18—28.
〔4〕 [德]黑格尔.美学(第1卷)[M].朱光潜,译.北京:商务印书馆,2015:114.
〔5〕 [德]黑格尔.美学(第1卷)[M].朱光潜,译.北京:商务印书馆,2015:3.

　　由此，这一德国古典哲学美学的研究理路在后世的一些重要美学家那里得以继续，如鲍桑葵、克罗齐和比厄斯利等的著述大部分都是基于哲学家的美学观展开的，并且很少会触及某个具体的艺术领域，而以艺术及美的实践为基点的美学著述则就更是少之又少。直到 19 世纪末 20 世纪初出现以艺术学取代美学的思潮，美在艺术中开始走向衰落。

　　艺术学脱离美学而成为一门新学科始于 19 世纪下半叶，随着黑格尔哲学的解体，由哲学美学垄断的研究方法在现代艺术观念的冲击下受到严重的冲击和批判。1870 年左右，实验美学的先驱费希纳（G. T. Fechner，1801—1887）发表了演说《实验美学》一文，并在 1876 年出版了《美学导论》，对黑格尔所代表的德国古典美学采用哲学思辨方法建立的"自上而下"的美学体系提出了怀疑，主张由研究抽象的"美本身"转向研究人的"感性经验"和"艺术"，采用科学实证方法以建立"自下而上"的美学体系。在后康德时代，沃林格、费希尔曼、沃尔夫林、费德勒、费舍尔和李格尔等皆是发端于研究"自上而下"的思辨美学，此时的他们对于艺术美大都是采用"主观的、笼统的描述"，然后他们又都逐渐转变到对"艺术要素和知觉心理学的缜密研究"，而对艺术美的描述也转变到对具体艺术作品的风格描述与形式分析，也正是在这一转变过程中，他们日渐完成了对于西方现代艺术学与科学美学的奠基。在艺术实践方面，西方自近代发展而来的"现代艺术"则声称要和过去古典的"美"分道扬镳，这一情况的出现使得重新创立一种新的理论成为了迫切需求。于是，在美学走向科学的趋势下，美的本质问题遭到悬置或拒斥，实验美学、心理学美学、经验美学大行其道，美学的各个部分开始出现分化与重组，艺术学正是在这一大动荡、大分化、大改组的环境下开始了脱离美学的独立运动。这时有一些学者注意到，尽管以往的艺术研究在美学的名义下有着属于其独有的研究对象与研究方法，但它们并不能等同于美学本身所固有的研究对象与研究方法，因而也就由此提出了艺术学学科的独立性问题。

　　李心峰将艺术学的形成过程归纳总结为三个阶段，指出艺术学"是以整个艺术领域为研究对象的一门学问"[1]。德国美术史家和艺术理论家康拉德·费德勒（Konrad Fiedler，1841—1895）被学界公认是"艺术学之父"[2]，他首先

---

〔1〕　李心峰. 艺术学的构想[J]. 文艺研究，1988（1）：6—14.
〔2〕　李心峰说"这一看法得到国际学界的公认"（参见李心峰《国外艺术学：前史、诞生与发展》，载《浙江社会科学》1999 年第 4 期）。

就明确地从理论上对美学与艺术学进行了区分,鲜明地指出"美学的根本问题与艺术的根本问题完全不同"[1]。从对象和范围来看,费德勒认为美学与快感之间存在着息息相关的内在联系,而对于艺术来说,其本质是形象的构成,它主要是对于真理的感性认识,同时遵循普遍性的法则,所以艺术理论的基本研究对象应是艺术固有的规律性,从而划分了艺术学学科的独自对象领域。

接着,另一德国艺术学家、社会学家格罗塞(E. Grosse,1862—1927)在《艺术的起源》(1894)中,则从研究方法的角度第一次提出了"艺术科学"这个术语,主张应跳出正统的艺术史,采取社会学方法,用人类学和民族学观点去描述和解释艺术诸现象,以获得关于艺术本身的性质、艺术的原因及其效果的知识。因为在格罗塞看来,艺术学的根本任务在于寻求艺术诸领域的普遍法则和共同规律,而以"记述"为主的艺术史和以"解释"为主的艺术哲学皆不能对那些现实确实存在的且长期不能得到解决的艺术事实和问题进行合理阐释。[2]李心峰指出这也是艺术学形成的第一阶段。

艺术学形成的第二阶段则是进入 20 世纪以后,由玛克斯·德索和埃米尔·乌提兹(Emil Utitz,1883—1956)所大力倡导的"一般艺术学"运动掀起的高潮阶段,最终给予"艺术学"以学科地位并使其走向世界。作为西方艺术学学科的创始人,德索在其著作《美学与艺术理论》(1906)中提出,一般艺术学应是与美学相平行的一个学科,"艺术创作和艺术起源所形成的一些可供思索的问题,以及艺术的分类及作用等领域,只有在这门学科中才有一席之地"[3],而这些内容通常是美学学科所不涉及的。这样,德索便将艺术学学科所要研究的基本问题确定下来,即艺术学的研究内容包括艺术起源、艺术所处的地位、艺术的基本类型划分、艺术所具有的功能、艺术家创作风格、不同门类艺术的各自性质等。随后,乌提兹又进一步对一般艺术学问题进行了更加深入的探索和发展,进而使一般艺术学作为一门学科的基础得到了极大的强化。在《普通艺术科学的基础》(1914)中,他不像德索那样只简单地将各种研究成果加以聚拢,而是主张围绕某种核心的东西——"艺术本质的研

---

〔1〕 转引自竹内敏雄主编.美学百科词典[M].池学镇,译.哈尔滨:黑龙江人民出版社,1986:68.
〔2〕 [德]格罗塞.艺术的起源[M].蔡慕晖,译.北京:商务印书馆,1984:3—10.
〔3〕 [德]玛克斯·德索.美学与艺术理论[M].兰金仁,译.北京:中国社会科学出版社,1987:作者前言.

究",以一种总体的、统一的理念与方法将整个艺术学体系贯穿起来。因此,他从这一主张出发,指出一般艺术学包括"由艺术的一般事实中产生的所有问题领域",它需要"以美学以及文化哲学、现象学、历史学、心理学、价值论等学科为辅助",[1]从而使艺术学学科的研究内容和研究方法得到了更进一步的丰富并且逐渐日趋完善。德索和乌提兹等人提出的理论获得了广泛影响,通过他们长期不懈的努力,把艺术研究从美学中剥离出来的主张得到了国际学界的支持,这一主张是基于现代艺术作为独立体系的学科需求,具有学科发展的合理性和必要性,并且业已成为影响艺术学学科发展的重要理论资源。

随着西方文化的向外扩张,德国所倡导的艺术学研究也传播到了日本和中国。李心峰将其概括为艺术学形成的第三个阶段,即艺术学学科的国际化。在日本学界,自 1916 年至 20 世纪 30 年代,针对艺术学问题的研究较多,如艺术学的研究对象和方法,美学与一般艺术学、门类艺术学之间的关系等皆是其主要的研究内容,而且随之也产生了其他相关方面的论述,如"艺术学""艺术学序说""艺术学新论"和"艺术史学"等。20 世纪上半叶,日本的艺术学理论著作具有代表性的有黑田鹏信的《艺术学纲要》(1922)和《艺术概论》(1928)、甘粕石介的《艺术学新论》(1935)、高冲阳造的《艺术学》(1941)、大西升的《美学与艺术学史》(1942)等。对于国际上这股科学主义美学思潮和一般艺术学运动,中国现代艺术学研究也在同时期开始萌动,艺术学的学科名称最早出现于 20 世纪 20 年代初,通过日本间接传入中国,可以说日本是近代中国吸收西学的一个非常重要的中介和桥梁。由俞寄凡翻译日本学者黑田鹏信的《艺术学纲要》一书是一部系统性的艺术学专著,为中国艺术学学科的构建奠定了关键的基石,该著作由上海商务印书馆于 1922 年出版,主要内容是分别从艺术学研究的对象、艺术本质、艺术起源、艺术制作及艺术欣赏等多个方面对艺术学进行比较系统的论述。这一译作对于中国的艺术学研究起到了现代启蒙作用,并且由它开始让国人了解到"艺术学"这一新兴学科,它也标志着艺术学作为一种整体性的知识体系被引入中国。

---

〔1〕 李心峰. 国外艺术学:前史、诞生与发展[J]. 浙江社会科学,1999(4):139—146.

二、从一般艺术学走向本土融合：
中国早期现代艺术学研究

在中国，"艺术学"一词最早由蔡元培在《美术的起源》中提出，但也有学者坚持是王国维首次提出"艺术学"概念的看法，他们所凭借的直接依据就是王国维于1904年发表的《孔子之美育主义》一文，王国维在该文中最先以"艺术"的含义来使用"美术"一词。暂将这一起源性的问题争论放置一边，我们可以觉察到，他们之间存在共同点，都是在美学的意义上来使用"艺术"一词的。他们将艺术教育与美育相结合，同时以美学作为艺术教育的理论基础。这是由于，在他们看来，要使中国传统艺术理论转化成现代艺术科学，必须要加强美术教育。在这一时期，北大也成为了美育的策源地，全国各地的高等院校以及艺术专门院校都纷纷仿效北大把美育和艺术教育结合的模式。尤其一批从欧美和日本留学归国的中国学人，为美育思想所吸引，纷纷加入到艺术教育的行列中来，如音乐家萧友梅、丰子恺，戏剧家洪深、赵太侔，画家林风眠、徐悲鸿等，大都是亲自参与编写教材并授课，使得中西艺术直接交汇。

在中国学者的理论文章著述中，"艺术学"一词最早见于滕固于1923年发表的《艺术学上所见的文化起源》一文中，他从学术起源上明确了作为一门学科的艺术学与美学的区别，指出"艺术学（Kunstwissenchaft）已经独立成一种科学了"[1]。从研究范围来看，美学以一切美的对象为主，包括自然美与艺术美；一般艺术学研究则以艺术为主，包括三种形态的专门研究：艺术论、艺术史和艺术哲学。滕固指出，根据格罗塞的观点，艺术论与艺术哲学在本质上是等同的，但是由于艺术哲学的研究范畴要比艺术论的研究范畴广泛，所以艺术论是包含在艺术哲学之中的。由此滕固总结道："艺术学是包括艺术史与艺术哲学而成的；并合历史的事实、哲学的考察，而为科学的研究，所以艺术学才成独立的一种科学。"[2]也就是说，"艺术学"是一门科学的研究，侧重于"史"与"论"结合、哲学与科学综合运用的研究方法。可见，滕固的这一观念和看法也主要来源于德国艺术学思潮的影响，在今天看来，滕固关于一般艺术学的观

---

〔1〕 沈宁编.滕固艺术文集[M].上海：上海人民美术出版社,2003:243.
〔2〕 沈宁编.滕固艺术文集[M].上海：上海人民美术出版社,2003:243—244.

点,仍有其理论价值。

　　20 世纪 20 年代是滕固重点研究艺术学进展的主要时期,虽然这一时期艺术学运动在西方的热度已经开始逐渐降温,但是它的余温传递到东方需要一个过程,所以艺术学在这一时期对于中国美学界的影响才刚刚开始。30 年代,中国学人借鉴西方美学、艺术社会学、艺术人类学、艺术心理学等学科知识著书立说,一时间出现大量艺术学著作,如俞寄凡的《艺术概论》(1922)、林文铮《何谓艺术》(1931)、钱歌川《文艺概论》(1935)、向培良的《艺术通论》(1935)等,内容涉及艺术的本质、起源、形式、鉴赏、功能等各个方面。由此可见,中国艺术学界在二三十年代便已显示出想要创建出属于中国自己的美学与艺术学理论体系的愿望,并且中国艺术学界也在一直不懈地将这一愿望转化到实际行动中,而中国艺术学界的这种历史主动性是非常难能可贵的。

　　值得注意的是,在滕固之后,马采和陈中凡可以说是艺术学中国化探索的两位重要人物。经过长达 12 年(1921—1933)的在日本学习之后,马采对德国和日本的艺术学思想有了深入的研习与多层面的探究。因此,在某种程度上既可以说马采是日本艺术学的直接传人,也可以说是德国艺术学的二度传人。尤其是其于 1941 年前后发表的被称为"艺术学散论"的 6 篇论文——《从美学到一般艺术学》《艺术源流——发生与发展》《艺术的创造者——艺术家》《艺术活动——创作与观照》《艺术学的对象》《艺术美的类型》,对中国现代艺术学的发展具有较大促进作用。从这些一目了然的文章名称来看,与美学相对照,马采将艺术学分为特殊艺术学和一般艺术学两个层级,形成了从特殊艺术学到一般艺术学再到美学的学科互动体系,基本包含了现代艺术学体系中所需注意的问题。

　　与马采相比,陈中凡关于艺术学的论著相对较少,他的贡献是研究分析了中国艺术的科学化方向,而他的这一研究也成为了创建中国形态艺术学的奠基工程。具体来说,陈中凡从三个方面指出了中国现代艺术学的发展道路——建构艺术学的理论模型、推动西方艺术学科的中国化、实现中国传统艺术的科学化。从学科自觉的层面来看,马采、陈中凡可以说是这一时期促进艺术学"本土化"并向"中国风格"转变的核心代表人物。所以从艺术学源头以及艺术学在国内的代表人物和成果两个方面可以看出,中国艺术学的研究发展在 20 世纪上半叶有了一个比较好的起步。

　　由上可知,"艺术科学"之诞生,并为中外学者所接受,源于学者们的一种共识,承认美学不能胜任全部艺术现象的研究,正如英国美学家李斯托威尔所总结的,照当代研究一般艺术科学的最重要的两位大师——乌提兹和德索——来看,"艺术科学"与传统美学的最根本区别在于,"它主要是一门艺术的哲学(Philosophie der Kunst),是关于艺术的价值和性质的科学",它的合法的对象,"是由这一领域中的重大事实和现实所提供的",更重要的是,美学仅限于纯粹的审美,"不能把世界中所表现出来的社会学的、伦理学的、理智的和形而上学的种种特点都囊括在内",这时就需要一种既具有美学概括性、又有个别艺术为其提供原料的新的科学插进来,从而使个别的艺术规律能够获得切实可循的一般原理。[1] 因此,首先作为学科意义上的"艺术学"从学理上来说是参照美学来获得自身的规定性的:第一,在研究方法上,艺术学与美学不同,美学是哲学玄思,艺术学是一门应当讲得清楚的科学;第二,在研究目标上,艺术不只是会追求美,它还"与科学、社会、道德行为、宗教和形而上学"[2]有关。但从美学角度看,如果太过于注重艺术研究的科学性、客观性与描述性,那么就将会造成理论研究的局限性,难以实现对艺术问题的整体认知。德索也曾提出要在艺术科学中"把艺术欣赏和艺术批评从纯粹科学里排斥出去"[3]。同样的,从艺术科学角度看,如果把美学仅仅限定在纯粹审美的主观研究的范畴中,那么这就将会进一步加深美学研究中主观理论和客观理论的差异,而这也将必然会造成理论发展的另一个极端。借用苏联美学家金斯塔科夫的话来说,"美学和艺术学的关系是最重要和最复杂的问题之一"[4]。

　　在中国学界,对艺术学从美学中分离出来持真正赞成态度并作出回应的是宗白华。百年来将艺术学成功传入中国并本土化正是滕固、马采、陈中凡等学者们不懈努力的结果,但是作为中国艺术学创始人的宗白华所作的努力自然也不能忽略。在中国第一个为"艺术学"正名的便是师从德国一般艺术学运动倡导者玛克斯·德索的宗白华。东南大学艺术学系创始人张道一就曾明确地将中国艺术学的源头追溯至宗白华及德索,认为从德索到宗白华,再从宗白华到今天的中国艺术学,可谓一脉相承。[5] 张泽鸿更是断言,若是在国际学

〔1〕 [英]李斯托威尔.近代美学史评述[M].蒋孔阳,译.合肥:安徽教育出版社,2007:105—106.
〔2〕 [英]李斯托威尔.近代美学史评述[M].蒋孔阳,译.合肥:安徽教育出版社,2007:108.
〔3〕 [德]玛克斯·德索.美学与艺术理论[M].兰金仁,译.北京:中国社会科学出版社,1987:5.
〔4〕 [苏]金斯塔科夫.美学史纲[M].樊莘森,等,译.上海:上海译文出版社,1986:3.
〔5〕 张道一.关于中国艺术学的建立问题[J].文艺研究,1997(4):50—54.

界中出现"艺术学研究的中国学派",那么宗白华的贡献无疑是最具奠基性的。[1]

与同时期留学日本,间接受到德国艺术学思潮影响的滕固注重从艺术风格学角度建构"科学的"中国艺术史学不同,宗白华 1921 年在柏林大学学习期间主修美学,并受到德国一般艺术学思潮的直接熏陶,因此注重对艺术美学的探讨。在赴德留学前夕,原刊于 1920 年 3 月 10 日《时事新报·学灯》的《美学与艺术略谈》一文便已显示出宗白华对美学与艺术学问题研究的兴趣。这是宗白华第一次公开谈论美学与艺术的关系问题,也可以说是中国现代学术史上第一篇探讨美学与艺术学关系的重要文献。在这篇文章中,宗白华从现代经验美学的角度界定了美学与艺术的研究范围以及两者的关系,指出现代经验美学与传统哲学美学的研究道路不同,传统哲学美学基本上皆是附属在一个哲学家的哲学系统中,这个系统关于"美"的含义属于形而上学的界定,是由这个哲学家的宇宙观演绎而来。[2]

依据德国美学家梅伊曼(Ernst Meumann,1862—1915)的经验美学学说,美学实际上指以研究人类美感的客观条件和主观分子为起点,以探索自然和艺术品的真美为中心,以建立美的原理为目的,以设定创造艺术的法则为应用。[3] 而艺术是人的一种创造技能,创造出一种具体的客观感觉中的对象,能引起人的精神界的快乐,且有悠久的价值。[4] 也即宗白华在文章开头所概括的,"美学是研究'美'的学问,艺术是创造'美'的技能"[5],两者就譬如生物同生物学的关系。虽然宗白华对美学及艺术所下的定义并无新意,但是它无疑显示了宗白华对现代经验美学转向的正确把握及认识,而且确立了美学研究中的艺术主体地位,分别从艺术的起源、艺术的目的、艺术的创造阐释了艺术的性质,给予艺术价值以极高的肯定,认为艺术并不是一味模仿自然,而是一种自由的创造。因此,宗白华指出艺术家创造艺术品的过程就是一种最高级、最完满的自然创造的过程,[6]这一观点为他后来的艺术学研究奠定了认

---

[1] 张泽鸿."德国经验"与"中国问题":宗白华与现代中国艺术学演进之考察[J].社会科学战线,2013(12):128—137.

[2] 宗白华.宗白华全集(第 1 卷)[M].合肥:安徽教育出版社,2008:188—189.

[3] 宗白华.宗白华全集(第 1 卷)[M].合肥:安徽教育出版社,2008:188.

[4] 宗白华.宗白华全集(第 1 卷)[M].合肥:安徽教育出版社,2008:189.

[5] 宗白华.宗白华全集(第 1 卷)[M].合肥:安徽教育出版社,2008:187.

[6] 宗白华.宗白华全集(第 1 卷)[M].合肥:安徽教育出版社,2008:189—190.

识论和方法论基础,即由研究抽象的"美"转向人的"感性经验"和"艺术",然后再回答美的本质问题,这与他的哲学研究所采取的道路是一致的,也即先认识论再本体论。

宗白华系统接受美学与艺术学训练,则从他 1921 年进入柏林大学开始,在柏林大学直接跟随玛克斯·德索学习,德索是"艺术科学论"的倡导者,在 20 世纪初的西方美学界中名望甚高,正如说是鲍姆嘉通从哲学中解救了美学,则可以说是德索从美学中解救了艺术学。1906 年,德索创办了《美学与一般艺术科学杂志》,这是当时世界上第一份美学期刊,而且后来成为国际美学协会的会刊;1913 年他又组织举办了第一届国际美学大会。德索长期以来都积极活跃在美学界,直到二战期间被纳粹撤销大学教职并被禁止从事学术活动后,他才彻底从美学界消失。[1] 其中对宗白华最直接的影响便是在学科建设方面,于 1925 年回国后的宗白华将艺术学引入大学教育之中,在其所任教的东南大学(1928 年更名为中央大学)同时开设了"美学"和"艺术学"的课程,这也标志着中国高校"艺术学"课程的诞生。《宗白华全集》中所收录的,大约作于该时期(1926—1928)的三部讲演手稿:《美学》《艺术学》《艺术学(讲演)》,总共 6 次提到玛克斯·德索的名字,并多次直接或间接引述了玛克斯·德索的许多观点。我们可以看到,宗白华关于美学与艺术学关系的认知直接来源于以导师为代表的德国艺术科学派的理论,从《美学》讲稿到《艺术学》讲稿再到《艺术学(讲演)》,宗白华的艺术学学科意识趋向清晰化,对艺术理论问题的探究也由模仿、照搬到融汇创新,逐渐形成了关于现代艺术学学科体系的初步构想,从学科和学理层面都为将来的中国艺术学建设准备了前提基础。有学者据此认为,宗白华是德国艺术学思潮的中国传人,可谓中国的"艺术学之父"[2]。

总体来说,首先宗白华对艺术学从美学中独立出来是持赞同态度的。他曾这样说道,艺术学本来是美学的一种,但是由于艺术学的研究方法和内容是美学所不能全数包容的,所以就出现了艺术学独立的运动,最具代表性的人物就是德国学者玛克斯·德索,他指出,艺术学的独立运动是由于"艺术进步随各时代而不同,故必须独立始可,其出发点注重艺术普遍的问题,最后目的是

---

〔1〕 桑农. 宗白华美学与玛克斯·德索之关系[J]. 安徽师范大学学报(人文社会科学版),2000(2): 211—215.

〔2〕 陈文忠,李伟. 作为学科出现的"一般艺术学"如何可能?[J]. 艺术探索,2005(2):59—63+4.

得到一切艺术的科学,故此为普通的,而非特别的"[1]。对于从事这种艺术科学研究的学者,宗白华统称之"文艺科学派"[2],既包括哲学家斯宾格勒,也包括格罗塞、玛克斯·德索、乌提兹这些艺术学家,通过研究文艺史上的风格递变,可以窥见文化的时代精神,并探索到人类心灵的基本倾向性。由此可见,宗白华从艺术科学的诞生、艺术学的研究方法、艺术的特殊性诸层面层层推进肯定了以艺术为研究对象的一般艺术学的独立地位。

其次,从三份讲稿的目录来看,可以说宗白华相对完整地建构了现代艺术学所需研究的基本问题框架。《美学》讲稿中所涉及的个人理论创见较少,它由两大部分组成,"美学"部分和"艺术理论"部分。前者主要分析了美学的研究对象和研究方法,以及审美经验的问题;后者则主要关注了"艺术创造"问题,涉及了艺术创造的理论、原因,以及对艺术创造本身的分析。虽然在艺术与美学的具体对象区分上并不清晰,但是可以看出宗白华对艺术审美感受和艺术创造问题的重视,这两个问题在将来的美学研究中扮演着重要作用。在《艺术学》讲稿中,宗白华的艺术学问题意识逐渐明晰化,在宗白华看来,对艺术"形式"与"内容"的解答是回答"什么是艺术学"所需解决的首要问题。

在《艺术学(讲演)》中,宗白华围绕"艺术为生命的表现"这一主导思想将艺术学研究划分为三个部分:从艺术自身出发的"艺术品之本质"研究、从创造者和接受者出发的"艺术欣赏"之研究以及各门类艺术的特殊性研究。第一部分艺术品的本质,主要包括艺术学命名的由来及其与美学的关系,和围绕艺术品本身所展开的艺术的内容和形式问题;第二部分艺术的欣赏,主要分析了欣赏的意义及其条件,从而发展出艺术品的境层问题;第三部分则是谈各具体门类艺术的特性。这份讲演手稿可以说是宗白华在融汇中西艺术思想基础上关于"一般艺术学"诸问题的最为成熟的理论纲领,对于艺术与美学的关系、艺术的形式化问题、艺术品境层问题、艺术门类的划分等的思考都趋于成熟,基本建构起了艺术学研究理论体系的基本框架:艺术学定义、艺术本质论、艺术构成论、艺术欣赏论、艺术源流论、艺术功能论、艺术类型论、艺术的美感范畴论等等,几乎涵盖了全部现代艺术学研究的最根本的问题。因此,正如张玉能教授所说的,宗白华可以说是中国艺术学的真正确立者。

---

[1] 宗白华.宗白华全集(第1卷)[M].合肥:安徽教育出版社,2008:496.
[2] 宗白华.宗白华全集(第2卷)[M].合肥:安徽教育出版社,2008:186.

简言之,20 世纪上半叶,正如其他新兴学科一样,中国早期艺术学学科的创构也是在引进和借鉴西方学术资源的基础上逐渐形成和确立起来的,它的建立离不开宗白华、滕固、马采、陈中凡等一代代学者们的共同努力。他们在中国传播了艺术学学科概念,通过对西方艺术学模式的本土化转换,来尝试建构中国自己的艺术学话语模式,从而最终形成"中国艺术学",也即"在中国艺术实践基础上,对其特点、历史发展规律以及与相关领域发生关系的研究科学"。〔1〕尽管从学理层面来说,宗白华科学地分析了艺术学与美学的不同研究对象和研究范围,以将其从美学中独立出来,并有意识地分别开设了艺术学和美学两门课程,但是在他的艺术批评实践中,始终没有将两者区分开来。事实上,在进行系统地研究中国艺术之前,宗白华并无成体系的美学论述,相反,他的美学思想体系性建立在中西艺术比较的基础上,是其艺术批评理论的总结。〔2〕对宗白华来说,解决艺术学学科建设的学理问题很重要,但更重要的是要解决所面临的文化危机问题,其早年的经验美学认同和诗性智慧为其接受艺术学理论提供了思想前提,留德之后的宗白华又开拓了中西比较的视野,因此在借鉴西方艺术学思想来解决中国问题时,一改五四时期中国学人普遍"西化"的倾向,注重从文化哲学与宇宙观的视角去发现中西艺术之间的相同点和不同点,一方面利用西方艺术学挖掘中国艺术的价值,另一方面又利用中国文化坐标审视西方文化的得失,不仅推动了艺术学的本土化实践,还逐渐形成了所谓的"宗白华艺术学研究范式"。

三、从"比较哲学"到"比较艺术学":现代艺术学理论体系之建构策略与基本内容

综观 20 世纪中国美学发展史,宗白华的艺术学研究是当之无愧的一座高峰,他是中国美学与艺术学两个学科的重要奠基人和先驱者,近年来更被学界视为极具原创性的现代"中国型美学"与"中国型艺术学"的代表人物。中西比较的视野,多元通达的方法,人文主义者的情怀,对艺术的生命体验,中国文化

---

〔1〕 黄惇. 艺术学研究(第 2 卷)[M]. 南京:南京大学出版社,2008:96.
〔2〕 汤拥华. 宗白华与"中国形上学"的难题[J]. 文艺争鸣,2017(3):114—122.

的理想和立场,这些元素决定了宗白华的美学思想既不同于康德等人的纯粹思辨美学,也不同于黑格尔"自上而下"演绎的"美的艺术哲学",而是自成一体的中国"艺术美学"架构和价值系统。

科林伍德曾把美学家分为"艺术家型美学家"与"哲学家型美学家"两类,但这两类美学研究俨然都易走向孤立,或发展成一般性的艺术理论总结,或导向纯粹哲学的抽象思辨,从而割裂感性世界与理性世界的统一。在宗白华看来,一方面,美学在西方往往是大哲学思想体系中的一部分,属于哲学史的内容,大部分是"哲学家的美学";但是,另一方面,如亚里士多德的诗学和柏拉图的哲学思想又都是从希腊戏剧、史诗、雕塑等艺术中来,因此,"要了解西方美学的特点,也必须从西方艺术背景着眼"[1]。也即美学既需要从艺术实践中总结,又与哲学分不开。

在宗白华看来,中国美学同样是从艺术实践中而来,如南齐谢赫的"六法"理论,就是对中国绘画艺术的总结,回过头来又影响中国绘画艺术的发展。由此,宗白华指出,考察中国美学史的人需要摒弃以往固有的成见,中国的艺术成就与艺术思想都是非常厚重的,我们要从中国这些优秀的艺术资源出发来研究中国美学思想的特点。[2] 这可以帮助我们更好地探索自身的文学艺术遗产,而且也会为将来的美学探讨做出贡献。由此可见,在宗白华看来,从艺术作品和艺术思想中总结美学经验是中国美学的根本特征,同时也是建构现代"中国美学"的重要路径,并且有益于世界美学的未来。从这个意义上来说,宗白华所建构的现代中国美学体系是一种立足于"艺术语境"的美学,它离不开"艺术"这个中心,批评家既要从具体的艺术作品出发,又要提升艺术精神,最终达成对普遍性的审美经验的理论凝结,这就需要在艺术品与艺术史之间寻找一种内在关联,即如何将"艺术批评上升到美学理论",这就是美学的任务。

因而,在被誉为中国艺术学之父的宗白华那里,艺术学既是一门作为学科之群的"艺术学科",更重要的是,它主要是指一门关于艺术的哲学,是关于艺术价值和性质的科学,也就是说宗白华的"艺术美学"兼有哲学思辨与艺术实践的双重品格。正如有的学者所说,正是在德国古典哲学与中国传统艺术思

---

[1]　宗白华.宗白华全集(第3卷)[M].合肥:安徽教育出版社,2008:392.

[2]　宗白华.宗白华全集(第3卷)[M].合肥:安徽教育出版社,2008:393.

想共同映照的基础上,宗白华展开了对中国艺术的独创性探索,构建了"较为系统的中国美学与艺术学理论体系",这也使他成为这个领域的一代宗师。[1]

宗白华的现代艺术学思想是在比较哲学与中西文化比较的前提下发轫的,也就是说世界美学与中西文化是宗白华艺术学的话语阐释与理论建构的根基。如在哲学研究中一样,宗白华在艺术研究中也尤重"中西比较的方法",这一方法论特色在宗白华的学术研究中发挥的作用显而易见,宗白华一贯坚持只有通过与欧洲、印度美学理论的比较,中国美学理论才能显现出其特殊性。[2] 宗白华从中西哲学比较出发,最终确立了他的以"象"为核心的中国形上学体系。

在宗白华看来,"数"的宇宙观分别演化出了中西两大相异的哲学体系:生命的、象征的体系和唯理的、概念的体系。西洋哲学由"构形明理"之数,最终通往"理化的宇宙",理数界与心性界、伦理界、美学界被严格区分。因此,西方理想国的最高代表是"哲学王"。中国哲学中的"数"乃"筮数",蕴藏着超人间的神意与天启,最终通往"神化的宇宙"。中国哲学家主张"述而不作,信而好古",所以他们在探索古代宗教仪式、礼乐时,主要是想通过阐释它的"意"来展现出他们形上(天地)的境界。因而,"本之性情,稽之度数"之音乐为中国哲学的最高象征。"象"最根本的特征就是借助不脱离感性的"数"去言说这个超人间的不可言说的理(神意与天启),而最有效的方式便是通过艺术来完成这一自然之动向。由此,与古希腊哲人轻视艺术家不同,中国古代哲人所追求的理想境界均实现于艺术之中。

作为中国文化范型之"象"对艺术的影响是深广的。宗白华指出,虽然"象"与"数"都是哲学上的先验范畴,但"象"不仅是先验的,还是可经验的,存在于人们的情感体验中。"象"既是法象,"天生烝民,有物有则。民之秉夷,好是懿德",又是天则,是"懿德之完满底实现意境"[3]。艺术以意象创构来体现艺术家主体的意趣与宇宙自然生命的融合,其本身就是一个宛如自然的"生命整体"。宗白华在 1920 年所写的《美学与艺术略谈》中曾说道,艺术家创造艺术品的过程就是一种最高级、最完满的自然创造的过程。[4] 宗白华在他的中

---

[1] 章启群. 百年中国美学史略[M]. 北京:北京大学出版社,2005:133.
[2] 宗白华. 宗白华全集(第3卷)[M]. 合肥:安徽教育出版社,2008:608.
[3] 宗白华. 宗白华全集(第1卷)[M]. 合肥:安徽教育出版社,2008:629.
[4] 宗白华. 宗白华全集(第1卷)[M]. 合肥:安徽教育出版社,2008:189—190.

西哲学比较论纲中,丰富了这一观点,指出"艺术并非模仿自然,乃窥得自然各现象之自在的'完形底趋向',而实现之于'象'中,完成自然之动向"[1]。这样一来,中国哲学之象,就转化为中国审美之象了。简言之,"象"一方面既是中国文化与中国哲学的基本象征物,另一方面又是中国艺术中可表现的对象之物。宗白华指出,这是由于,"象"乃有层次、有等级、完形的、有机的、能尽意的创构,艺术便是满足这一象之层级结构实现的特殊载体。由此可见,"象"在宗白华整体美学思想中发挥着重要作用,从中国哲学中的特殊存在"象"与西洋哲学中的客观存在"数"之比较分析入手,宗白华完成了从比较哲学到比较艺术学的转化。对此,汤拥华指出,宗白华通过"象"这一概念来连接中西哲学的做法,恰如其分地在他的美学逻辑中消弭了中国艺术与西方艺术之间的不对等。也即,"此处的形上学,是一种天然适合制造差等的形上学"。由此,中西艺术不仅有高下之别,而且这种高下是有逻辑上的可说性的。[2]

宗白华首先从哲学本体论出发,将艺术置于宇宙观与人生观的高度来审视。1920 年,宗白华在致郭沫若的信中说道,他要从哲学转入文学了,因为纯粹的名言无法写出"宇宙的真相",只有用艺术才能最好地展现这个真相,并认为真正的哲学其实应该是一首"宇宙诗"。从这里我们可以看到,宗白华此时已将艺术与美学看作实现其人生理想的志业,并将艺术作为其宇宙观、人生观的重要组成部分。他认为德国学者皆具有哲学精神,"治任何学问都专研到最后的形而上学问题",可见留德之后的宗白华受德国古典哲学和艺术学思潮的影响甚深。这一观念显然影响了宗白华的治学理路,他常常将美学和艺术学问题上升到人生、哲理与文化的高度。

哲学中的"本体"(ontology)一词源于希腊文 logos(逻各斯)和 ont(存在),本体论主要关注"什么是存在"的问题。就艺术本体论而言,关注的则是"艺术是一种怎样的存在""艺术如何存在"的问题。宗白华很推崇温克尔曼和唐代张彦远的艺术理念的原因在于他们都极为重视艺术的形上意义,都把艺术看作宇宙中最根本的、最原始的本源。温克尔曼认为最高的美来自上帝,张彦远认为绘画"穷神变,测幽微,发于天然,非繇述作"。不管它是神变也好,造化也好,还是天地也好,上帝也好,他们这种对艺术形上学的思考既是中西艺术传

〔1〕 宗白华.宗白华全集(第 1 卷)[M].合肥:安徽教育出版社,2008:628—629.
〔2〕 汤拥华.宗白华与"中国形上学"的难题[J].文艺争鸣,2017(3):114—122.

统的自然演进,同时也是美学范畴中的事实真理,是"美学家们都要如此肯定的一种假设"[1]。宗白华指出,这是由于艺术是"人类最深心灵与他的环境世界接触相感时的波动",而世界上每个民族的艺术都有"特殊的宇宙观与人生情绪为最深基础"[2]。

所谓"宇宙观"与"人生情绪",又被宗白华称为"艺术心灵",也即李格尔的"艺术意志"论。宗白华借用李格尔的"艺术意志"概念来解释"中国艺术心灵"与"西洋艺术精神"的不同。李格尔认为,人存在一种由特定时代的世界观所规定的意志,那就是希望把所处的世界解释为最符合其内驱力的形式,[3]这种世界观在艺术活动中就表现为艺术意志。所以"艺术意志是超越个体艺术家意志之上的抽象物",它是一个集合性概念,表现出非常多不同的形态,而且根据时代、种族、地域变化而改变,与其他社会意识形态并行出现,但受世界观制约,古埃及、希腊古典时期、拜占庭都有其各自不同的艺术意志。[4]

宗白华指出,西洋文化的主要基础在希腊,希腊民族是艺术与哲学的民族,所以希腊哲学家同样也从艺术家的角度去观察宇宙。而且在希腊文化中,宇宙(cosmos)一词本身就寓意着"和谐、数理、秩序"等。毕达哥拉斯认为纯粹的数的秩序是宇宙的本体,而艺术的基础就是"数的比例",所以艺术的地位很高。尤其是音乐中的音高与弦长成整齐比例的发现令毕达哥拉斯非常感动,认为这就是他所寻找的宇宙的秘密:一面是"数"的永久定律,一面是至美和谐的音乐。因此他给出了这样一个结论——美即数,数即宇宙的中心结构,艺术家是探索宇宙的秘密的。而作为人生哲学者的苏格拉底认为,音乐影响人心的和谐与行为的节奏,其全部并非只有数的比例,同时也包含了人类心灵深处的情调和律动,所以人生伦理问题比宇宙本体问题更重要,也即艺术的内容比形式重要。也就是这里开始,西方美学出现了朝向两个极端的分裂,形式主义和内容主义、人生艺术和唯美艺术的争论一直不绝于耳。

宗白华也赞同形式的和谐与心灵的律动是音乐的一体两面,是不可分开的,就如同大宇宙的秩序定律与生命之流动演进不相违背而同为一体一样。由此,宗白华指出,古希腊人心灵所反映的宇宙有限而宁静,追求的是圆满、和

---

[1] 宗白华.宗白华全集(第2卷)[M].合肥:安徽教育出版社,2008:472.
[2] 宗白华.宗白华全集(第2卷)[M].合肥:安徽教育出版社,2008:43.
[3] [奥]李格尔.罗马晚期的工艺美术[M].陈平,译.长沙:湖南科学技术出版社,2001:213—214.
[4] 陈平.李格尔与艺术科学[M].北京:中国美术出版社,2002:222.

谐、秩序井然的宇宙，所以希腊大艺术家以人体雕像为神的象征。逮至大哲柏拉图提出了"理念"是宇宙的本体，亚里士多德提出宇宙构造的原理是"形式"和"质料"，所有这些观点皆是数学形体的理想图形。可以说，当时几乎所有的希腊哲学家和艺术家都认为"和谐、秩序、比例、平衡"是美的最高标准和理想，"远眺雅典圣殿的柱廊，真如一曲凝住了的音乐"。文艺复兴以来，近代人视宇宙为无限的空间与无限的活动，所以近代西洋文明心灵的符号可以说是"向着无尽的宇宙做无止境的奋勉"，他们的艺术便如"哥特式"的教堂耸入太空，意象无穷。但是他们的宇宙观却始终没有发生改变，依然秉持着主客对立的态度，即人和物，心和境的对立相视，或欲以小己体合于宇宙，或思戡天役物，扩张人类的权力意志。

　　反观中国艺术中的心灵，则既不是以世界为有限的圆满的现实而崇拜模仿，也不是像浮士德那样追逐着无限，而是在一丘一壑、一花一鸟中发现无限，表现无限。它所启示的境界是静的，因为顺着自然法则运行的宇宙是虽动而静的，这是自然最深最后的结构，就像柏拉图的理念，即使天地崩毁，但此山此水的观念是亘古长存的。此种宇宙真际，老庄名之曰"道""自然"和"虚无"，儒家名之为"天"，它是万物的源泉，万动的根本。万物皆从虚空中来，向虚空中去。宇宙因其生命的创造冲动而呈现出大化流行、生生不息的自然之节奏（条理），艺术以其生动活泼、丰富多彩之形式来彰显其内在的生命。因此，宇宙仿佛一个"伟大的艺术品"，艺术品也仿佛一个"有情有相"的小宇宙，它的内部是真理，就同宇宙的内部真理一样。由此，宗白华指出，就艺术本体而言，艺术特点便在于"形式"和"节奏"，它深入"生命节奏的核心"，在实践中感受生命内部最深的动，用自由谐和的形式展现人生最深的意趣，其所表现出来的是一种至动而有条理的生命情调。[1]

　　宗白华指出，在中国文化中，哲学境界和艺术境界是相通的。中国哲学是通过感悟"道"来思考"生命本身"，而"道"是通过生活、礼乐制度来表现的，但更主要的是通过"艺"来表现，"艺"赋予"道"以形象和生命，"道"给予"艺"以深度和灵魂。因此，宗白华认为："只有活跃的具体的生命舞姿、音乐的韵律、艺术的形象，才能使静照中的'道'具象化、肉身化。"[2]《庄子·天地》曰："黄帝

〔1〕　宗白华.宗白华全集(第2卷)[M].合肥:安徽教育出版社,2008:98.
〔2〕　宗白华.宗白华全集(第2卷)[M].合肥:安徽教育出版社,2008:367.

游乎赤水之北,登乎昆仑之丘而南望,还归,遗其玄珠。……乃使象罔,象罔得之。"吕惠卿注释道:"象则非无,罔则非有,不皦不昧,此玄珠之所以得也。"宗白华认为这个注释非常好,并解释说"非无非有"正是艺术形象的象征作用。所以在宗白华看来,"象"为境相,"罔"为虚幻,"艺术家创造虚幻的景象来象征宇宙人生的真际。真理闪耀于艺术形象里,玄珠耀于象罔里"[1]。"一切消逝者,只是一象征","道""真的生命"寓于一切变灭的形象里,因而我们可以在璀璨的艺术幻境中把握到这一易逝的生命。正如歌德所说:"真理如同神性,不能直接识知,只能通过象征、反光、譬喻来观照。"[2]故艺术品所表现的实际非普通实际,乃另一种"实际",即所谓"aesthetic reality"(审美真实)是也。普通日常实际所感觉的对象是一个个与人发生交涉的物体,它刺激着人的欲望之心。而艺术品中所表现的"实际"是一超然自在的有机体,它深刻地显示了真实的必然性。

由此,可以说艺术与哲学是最邻近的,艺术是表现真理的另一个途径,并且为真理披上了美丽的外衣。所以从艺术的本质来说,"艺术是艺术家理想情感的具体化、客观化"[3],其目的并非实用,而是为了纯洁的精神的快乐;其源泉并非理性知识的构造,而是一种极强烈的不可遏制的情绪,然后这种情绪裹挟着艺术家超强的想象力,就可引导他们直觉到普遍理性所不能概括的境界,在瞬间生出诸多复杂的感想情绪,这就构成了一个艺术的基础。所以,宗白华并不认同古希腊艺术"模仿"说的观点,他认为艺术自体是一种自由的创造,而不是简单纯粹地模仿自然,需要通过选取最适合的自然材料并加以理想化、精神化,才能使之成为"人类最高精神的自然的表现"[4]。但是如果想要把感觉的境界看作是真理的启示,那么还需要经过"形式"的组织,不然这感觉将只会成为杂乱无序且无意义的印象。因而艺术品须能超越实用关系之上,自成一形式的境界,对外是独立的统一形式,在内是丰富复杂的生命表现。所以,艺术自有其组织和启示,在人生中自成一世界,可与科学哲学并列。

其次,宗白华在艺术创造论方面延续了他的艺术本体论观点,提出"艺术之创造是艺术家由情绪的全人格中发现超越的真理真境,然后在艺术的神奇

---

[1] 宗白华.宗白华全集(第2卷)[M].合肥:安徽教育出版社,2008:368.
[2] 宗白华.宗白华全集(第2卷)[M].合肥:安徽教育出版社,2008:368.
[3] 宗白华.宗白华全集(第1卷)[M].合肥:安徽教育出版社,2008:189.
[4] 宗白华.宗白华全集(第1卷)[M].合肥:安徽教育出版社,2008:190.

形式中表现这种真实"[1]。宗白华指出,这一观点是自欧洲中世纪圣奥古斯丁、斐奇路斯、温克尔曼等以来近代美学上的共同见解。从希腊最伟大的艺术创造人体雕刻艺术中,柏拉图和亚里士多德都得出模仿是自然的本质这一艺术创造论,但是两者之间也存在巨大的差异,众所周知,柏拉图认为,艺术是描摹这幻影世界的幻影,所以从求真的哲学立场来看,他否定艺术的价值。亚里士多德则有不同意见,他肯定艺术的价值,认为自然现象不是幻影,而是一个个有生命的形体。艺术以最适当的材料和方式,描摹最美的对象。这个过程终归是一形式化的过程,一种造型,因此,艺术的创造是"模仿自然创造的过程",即物质的形式化。

西方文化史上的"创造"(create)概念原本是神学家们用来描述上帝和世界之间的关系的,[2]"创造"原本是只属于上帝才有的能力,上帝不用凭借任何东西就"创造"了世界。而艺术作为一种人工技艺,它是人借用各种现有的材料因素"制作"(make)出来的,而不是凭空"创造"的结果。美学史中后来也用"创造"(create)来指艺术的生产过程,因为人类本身就有一种"创造的天性",艺术的"创造并不意味着抛弃这个世界,而的确在其中生存"。由此,艺术摆脱了神学的色彩而走向人学。艺术不是源于"神启",人类的艺术生产并不是艺术家以"诗性直觉"的方式继续神的创造性劳动,而是艺术家面对宇宙人生的一种自觉的审美建构活动。在《美学》与《艺术学》的讲稿中,宗白华将帕克的《美学原理》列为重要的参考书。[3]帕克提出,"艺术即表现",指出并不是一切表现都是艺术品,艺术要贯注生命、表现生命。他说道:"对任何艺术作品提出最后的要求,都是要它有生命。……有生命的东西就可能是美的。但任何作品只要没有把艺术家的生命贯注进去,或不忠于自己的内在逻辑,就无法将我们的生命吸引到作品里面。"[4]而"一件艺术作品最能创造生命的要素之一就是形象"[5],也即艺术的生命精神必须通过形象(意象)这个基本要素才能完成。另外,帕克认为艺术与"经验"有着密切的联系,它的价值在于抱着

〔1〕 宗白华. 宗白华全集(第2卷)[M]. 合肥:安徽教育出版社,2008:62.
〔2〕 [英]科林伍德. 艺术原理[M]. 王至元,译. 北京:中国社会科学出版社,1985:131.
〔3〕 宗白华. 宗白华全集(第1卷)[M]. 合肥:安徽教育出版社,2008:494.
〔4〕 [美]H. 帕克. 美学原理[M]. 张今,译. 桂林:广西师范大学出版社,2001:64.
〔5〕 [美]H. 帕克. 美学原理[M]. 张今,译. 桂林:广西师范大学出版社,2001:64.

同情的态度在想象中去把握和保存生活。[1] 宗白华也指出,从艺术家之创造到艺术品之本体,再到欣赏者之体验,都是生命精神的意义的"一以贯之",也即生命的精神和意蕴将艺术家、自然和观者紧密联系在一起。[2]

沿着帕克的"艺术即经验的表现"论,宗白华首先对"生命"的具体所指进行了界定。生命的意义非常繁复深沉,就艺术表现生命意蕴的范围来说,宗白华指出,所谓的"生命之内容"在艺术品中主要体现为三个层面:一是生命的经历,二是生命的创造性,三是生命的境界。"生命的经历"在宗白华那里被看作是"时间中的流动变迁",并认为其存在三种类型:遗传的禀赋、过去的经历、当前的经历,艺术家的经历不是我们平常所说的普通经历,而是在某时期经历某事件受到极大刺激后出现的全身为之震动的经历,而艺术家的这种经历就被称作是"生命中之经历"[3]。经历又有两种:因景生情,以情见景。宗白华指出,艺术创造就是将"所经历之事,用一种形式表示之,如文字语言、图画等,皆须借一种材料表现之,将作者心中境界表出,输入他人之心境也"[4]。艺术意象即是"过渡物",具体来说,艺术创作之"首需者"即材料,如语言文字、纸张、油布、木石等,借助这些材料,艺术家将"自己心中之境界"搬入其中,使其成为艺术意象。他以绘画为例说明,作者将立体山水搬入平面画布上,使之成为一个"过渡物",而使观者仍觉其为真山水,艺术的目的是"使材料象征化、形式化以表现其意境,令审美者明了"。由此可以看出,所有的艺术创造都是艺术家通过把无形式的材料改造成有形式的,以此来表现出艺术家心中的意境。[5]

宗白华进一步指出,形式又由表现冲动产生,但因各艺术家的情感经历不同,表现冲动亦存在着明显差异,而且表现冲动人人皆可有,形式化的创造力则非艺术家不能办。从艺术创造动机出发,宗白华将其分为私人动机和非私人动机,在私人动机中又可分为普遍性的动机与个人化的动机。而在艺术创造的过程中,宗白华则认为"情感的冲动"(表现的冲动)与"创造的冲动"(形式的冲动)尤为重要,它们属于私人动机中的普遍性动机一类。"表现的冲动",是指表现一种有情味色彩的内心生活。从某种程度上来说,情感表现的意义

〔1〕 [美]H. 帕克. 美学原理[M]. 张今,译. 桂林:广西师范大学出版社,2001:46.
〔2〕 宗白华. 宗白华全集(第1卷)[M]. 合肥:安徽教育出版社,2008:545.
〔3〕 宗白华. 宗白华全集(第1卷)[M]. 合肥:安徽教育出版社,2008:545.
〔4〕 宗白华. 宗白华全集(第1卷)[M]. 合肥:安徽教育出版社,2008:547.
〔5〕 宗白华. 宗白华全集(第1卷)[M]. 合肥:安徽教育出版社,2008:547.

就是获得"情感之解脱",因为"精神界因冲动而失去平衡,欲求其解脱,或再成平衡状态,惟有感情之表现于外,故欲消除精神世界之不平,惟有表现"〔1〕。在艺术中具有"报告之作用",所谓表现就是"报告个人内心之生活","报告"作用即情感宣泄,它是情感创作的一大原因。但仅仅有此仍不能成为艺术,因为有情感色彩的内心冲动,并非艺术家所独有,而且情感表现不成方式与形体,须经艺术化的处理,使其有节奏、有规则,才能称其为艺术品。所以,艺术创造的完成需要有"创造的动机"。若无此动机,则不能称之为艺术家。在主体的情感正流露时,此时决不可把情感纳入形式,这是由于"形式动机"存在着限制,而"情感表现"是无限制的,两者无法相容。

因此,中西古今艺术史上各种艺术派别都是在"情感表现"与"形式动机"这两者的互相消长中产生的。宗白华借用尼采悲剧理论中的酒神精神和日神精神来说明艺术创造中的这两种对立统一的艺术心理。尼采曾说,酒神(Dionysus)即"陶醉的精神"之意,艺术的情感表现就是酒神精神的作用;而阿波罗(Apollo)为日神(梦神),它代表形式创造的精神,正是在日神精神的作用下,将情感的流溢与"生命的动作"消沉为清幽的梦境。在宗白华看来,艺术创作中的"情感表现"与"形式创造"就如同酒神与日神的相互关系。尼采认为,"艺术家必有醉的精神,当情感流露时,再将此醉神纳于梦神中,使相调和,则成为有价值的艺术"〔2〕。宗白华指出,酒神为艺术的真精神,但其缺点在于无所寄托而"失之陋"。日神为艺术之形态,其缺陷在于"抄写"而"失之板"。从西方艺术史看,各种艺术流派不是偏于酒神的"情感笼罩",就是偏于日神的形式美感。艺术的创造"必俟情景少过,再从容下手,故情感与艺术,同时不能并立",如人在盛怒时不能作诗,艺术创作也必须等待"事"过境迁,方可从容追述。

因此,在宗白华看来,艺术创作中的诗人心灵要在两个极端中来回穿越,一方面要"能醉、能梦",在此过程中,诗人方能暂脱世俗,而坠入变化迷离、奥妙惝恍的宇宙人生的体验境地之中。另一方面要"善醒",即深谙人情物理和世界人生真境实相,散布着由身心体验而获得的智慧。艺术家在茫茫宇宙、渺渺人生中体验到一种无可奈何的情绪、无可言说的沉思、无可解答的疑问,这

〔1〕 宗白华. 宗白华全集(第1卷)[M]. 合肥:安徽教育出版社,2008:458.
〔2〕 宗白华. 宗白华全集(第1卷)[M]. 合肥:安徽教育出版社,2008:460.

是一种欲解脱而不能、"情深思苦"、"愈体愈深"的至境,此种艺术的体验境界已可堪比宗教的体验境界。

从艺术创作心理来看,这种由于体验至深而无法表述的领域,已经无法用清晰的逻辑文本完全传达,因此,艺术家常常使用象征或比兴来"传神写照"。艺术家"凭虚构象,象乃生生不穷",通过对声调、色彩、景物的调和运用,推陈出新,创造出迥异于日常生活的新境界。如唐代诗人戴叔伦所说:"诗家之景,如蓝田日暖,良玉生烟,可望而不可置于眉睫之前也。"[1]这是说"艺术意境"要和主体保持适当距离,在"迷离恍惚"之中构成"独立自足、刊落凡近"的审美意象,这样的意象才能象征那难以言传的"情和境"。因此,在宗白华看来,艺术表现上最高明的手法就是"宁空毋实、宁醉毋醒"。比如希腊雕刻就要求"在圆浑的肉体上留有清瘦而不十分充满的境地",让欣赏者心中油然而生出相思与期待。[2]而中国的艺术家(诗人、画家)最善于体会造化自然的微妙的生机动态,即徐迪功所谓"朦胧萌坼,混沌贞粹"的境界。中国画家发明的水墨法就是想追蹑这"朦胧萌坼"的神化妙境。

1943年,宗白华曾提出艺术创造"三境"说,即写实(自然的抚摩)、传神(生命的传达)、造境(意境的创造)。他说:"古代诗人,窥目造化,体味深刻,传神写照,万象皆春。"而且他非常赞同王船山先生的一段著名评述,并认为这段评述道出了中国艺术写实精神的真谛:"君子之心,有与天地同情者,有与禽鱼草木同情者,有与女子小人同情者,有与道同情者——悉得其情,而皆有以裁用之,大以体天地之心,微以备禽鱼草木之几。"中国的写实是"张目人间,逍遥物外,含毫独运,迥发天倪",而不是用来揭示人间丑恶、抒写心灵黑暗。中国艺术家们所要实现的终极目标,就是希望他们可以达到这样一种境界——即"动天地泣鬼神,参造化之权,研象外之趣"。

因此,中国艺术中的写实、传神、造境是贯串在一起的,不需要区理理想主义、写实主义、形式主义。[3]宗白华强调,对于万物自然的欣赏热爱是艺术的基础,而且这种欣赏热爱要深入爱万物自然的灵魂,不能只停留在对于自然万物的形象上的爱,而万物自然的灵魂就真实地体现在其线条、色调、体积之中。

---

〔1〕 戴叔伦此语出自司空图《与极浦书》,见张少康. 司空图及其诗论研究[M]. 北京:学苑出版社,2005:61.
〔2〕 宗白华. 宗白华全集(第2卷)[M]. 合肥:安徽教育出版社,2008:408.
〔3〕 宗白华. 宗白华全集(第2卷)[M]. 合肥:安徽教育出版社,2008:323.

写实可谓是艺术创作的最基本能力,特别是近代人对于西方绘画的写实能力尤为惊叹,并且错误地认为我国艺术缺乏写实兴趣。中国绘画也是极重写实的,只是古人以为艺术的最高任务在能再造真实,创新生命。宗白华阐释道,写实只是绘画艺术的起点,通过写实(传神)传达生命与人格的神味、窥探宇宙人生之秘(创造意境),才是艺术创造的完整历程,而"造境"是其"最后"与"最高"的使命。最终使心灵和宇宙净化、深化,使人在超脱的境界中感受到宇宙的深境。

就艺术欣赏来看,宗白华指出,艺术品在传达艺术家个性、意境的同时也给予欣赏者一种生命、境界,也即艺术家与欣赏者占有同等重要的地位。[1]因此,宗白华强调,艺术欣赏应是一项积极的工作,而非消极地领受,"乃创造意境,以符合作者心中的意境"[2],所以欣赏者须以能了解作者的意境为欣赏的根本条件。艺术经验(art experience)与审美经验(aesthetic experience)是西方艺术学与美学理论中有密切关联的两个重要概念[3],西方美学史上关于审美经验的阐述非常丰富,彼此之间的差异很大。[4]从美学角度来看,大多数美学家将艺术经验等同于审美经验;[5]从艺术学视角看,这两个概念在不同的语境中有本质差别。西方美学史上关于艺术经验(包括审美经验)的自律性理论可概括为三大主题:即无利害理论(disinterested theory)、静观理论(contemplation theory)和距离理论(distance theory)。[6]而在艺术学语境中,"艺术经验"有三个维度:艺术家的"创作经验"、艺术作品的"潜在经验"、艺术的"欣赏经验"。就艺术经验的三个所指与"审美"有关的部分可称为"审美经验"。但是审美经验的外延比艺术经验要广,前者还涉及自然与生活的审美经验,并不仅仅局限于艺术。

---

〔1〕 宗白华.宗白华全集(第1卷)[M].合肥:安徽教育出版社,2008:549.
〔2〕 宗白华.宗白华全集(第1卷)[M].合肥:安徽教育出版社,2008:551.
〔3〕 关于艺术经验与审美经验的关系,在李普曼编的《当代美学》第三卷"经验何时具有审美性"以及彭锋的论文中有相关阐述。见[美]李普曼.当代美学[M].邓鹏,译.北京:光明日报出版社,1986:279—285;彭锋.回归——当代美学的11个问题[M].北京:北京大学出版社,2009:66—96.
〔4〕 美国当代美学家卡罗尔(Carroll)曾指出审美经验的四个概念:传统的说明、实用主义的说明、讽喻性的说明以及缩略性的说明。见[美]诺埃尔·卡罗尔.超越美学[M].李媛媛,译.北京:商务印书馆,2006:68—97.
〔5〕 朱狄.当代西方艺术哲学[M].武汉:武汉大学出版社,2007:283—285.
〔6〕 李建盛.艺术学关键词[M].北京:北京师范大学出版社,2007:160.

在这里我们将艺术经验限定在艺术欣赏维度来考察,从这个视角出发,宗白华艺术思想中的艺术经验与审美经验是合一的,而在宗白华的论述中,艺术经验的所指即是指艺术欣赏中的经验条件,欣赏者的心中所涵藏的意境范围愈宽,愈能了解各大作者之境界,则欣赏程度愈高。与西方文化重视以"逻各斯"为核心的认识论形成鲜明对比,中国文化强调的是一种"无言"的体验境界,比如,儒家的"书不尽言,言不尽意"、佛家的"舍筏登岸,得月忘指"、道家的"得鱼忘筌,得意忘言"。这是由于在中国哲学系统中形成了一种言不尽意、意精言粗,认为语言无法完全实现对真理性存在的认识,我们只能够借助"象"来感受最高生命本体的"道",也就是"立象以尽意""境生于象外",所以在中国哲学中尤重以直觉体验与宏观领悟的方法来认识真理,即超越语言而直接切入意义的内核。这表明中国审美的认识以"体验"为主,重视内在超越心灵的直觉与妙悟,摒弃外在思辨与分析,以直感来把握艺术品中所创造的境界。由此,宗白华将这一重"内在体悟"的审美认识(艺术经验)概括为三个理论层次:静观、同情、妙悟。

宗白华指出,所谓审美,亦即人生对于世界的一种态度,它是一种绝无"占有的、利害计算的、研究的、解剖的"[1]的态度,唯有如此才可审美。"静照"(contemplation)就是"以功利的寂静胸怀,凝神直观,历览万物,感受万物"。宗白华指出,"静照"是一切艺术与审美活动的起点,其思想来源是中国哲学的虚境理论。老子所言:"涤除玄览,澄怀味象""致虚极,守静笃,万物并作,吾以观复",皆是在虚境观照意象中体悟生命之道。因此,宗白华指出,静照的前提首先是除去一切主观关系,以客观的、无利害关系的态度研究审美对象。宗白华具体阐述道:"艺术心灵的诞生,在人生忘我的一刹那,即美学上所谓'静照'。静照的起点在于空诸一切,心无挂碍,和世务暂时绝缘。这时一点觉心,静观万象,万象如在境中,光明莹洁,各得其所,呈现着它们各自充实的、内在的、自由的生命,所谓'万物静观皆自得'。"[2]在这里,"忘我"即对日常自我的疏离,形成一个"审美的我",自我与对象浑然一体,从而获得了一个物化的生命存在,进而在静照中契合自然的节奏,获得审美的物化境界。由此可见,静照展现的既是灿烂的感性,更是生命的光辉;所体验到的皆是真实的世界,而

---

〔1〕 宗白华. 宗白华全集(第1卷)[M]. 合肥:安徽教育出版社,2008:437.
〔2〕 宗白华. 宗白华全集(第2卷)[M]. 合肥:安徽教育出版社,2008:345.

非一个个孤立的形象。

在"静照"的审美心理基础上，"同情"是它的进一步展开。艺术乃一有机物，由无机合为有机，以符号来表现其内部之精神，其背后另有境界，另有事物表现。此即所谓"象征论"也。然吾人身体亦为有机也，与艺术品并无大异，因此对艺术品常赋予一种同感也。但是，艺术经验与美感作为一种主观情感"各有其实际"，绝不能强以为"同"，往往要靠直觉来"自决"。既然如此，物我之间的"同情"如何可能？ 在 1921 年发表的《艺术生活——艺术生活与同情》一文中，宗白华作出了具体阐述。宗白华认为，同情本是维系社会最重要的工具，不可缺少，艺术的目的则是"融社会的感觉情绪于一致"，谋求"社会同情心的发展与巩固"，因为艺术的起源本就是由于人类社会同情心向大宇宙自然的拓展，[1]而且由于普遍自然也如同我们的心理一样，在其中存在生命、精神、情绪、感觉、意志，这就使我们这种对于人类社会的同情，还可以延伸到普遍的自然中。[2]

我们把整个宇宙看作是一个"大同情的社会组织"，日月星辰，草木虫鱼，飞禽走兽，包括人类本身，都是一个"同情社会中间的眷属"。在这样纯洁而高尚的"美术世界"中，必能发生极高的美感。而诗人、艺术家在这个境界中必然要发生艺术冲动和深厚的同情，从而将这个世界再"实现一遍"。因此，宗白华的作为审美方式的"同情"说包含着三层意蕴：一是天人"同感"；二是群己"同感"；三是人生与艺术的"同感"。可见，宗白华的"同情"理论仍然是建立在宇宙生命本体论的基础上。由于生命哲学与泛神论构成宗白华美学艺术学思想的基石，他的"同情说"是建基在自我与世界万物的根本统一上，以整个心灵体悟整个世界，将整个自我生命与人生万物相融通。这种"同情"的人生态度与艺术体验超越了利普斯等人对审美体验的心理主义解释。由此我们可以看出，"同情"不仅是审美心理的深入，也体现了宇宙间生命的关联性。与"静照"不同的是，它从物化的审美精神进入象征的生命境界，最重要的是它的"同感性"为审美的最终完成确立了关键的一步。

宗白华曾说，诗是产生于诗人对一花一草一禽一虫的深切的同情，由同情引发体会，进而获得感悟。诗人在这个过程中充盈着汩汩深情和惺惺妙悟，诞

---

〔1〕 宗白华.宗白华全集(第 1 卷)[M].合肥:安徽教育出版社,2008:318.
〔2〕 宗白华.宗白华全集(第 1 卷)[M].合肥:安徽教育出版社,2008:319.

生出默默的深思。[1]可见,在同情之后,是"妙悟"的产生。妙悟是艺术经验的终极,是艺术境界的呈现阶段。宗白华认为,西方思想侧重使用逻辑推理、数学演绎、物理考察探索宇宙的规律以获取"科学权力"的奥秘;中国哲人则擅用"默而识之"的方式"本能地找到宇宙旋律的秘密"。"本能"有两种方式:一是观照宇宙的感性直观方式,二是完全不同于西方逻辑推理的"体悟"方式。宗白华借用中国哲学与艺术理论的术语如"默而识之""默照""了悟""现量"等表达"妙悟"的体验方式。宗白华认为,一切伟大的艺术都是"在感官直觉的现量境中领悟人生和宇宙的真境,再借感觉界的对象表现这种真实"。"现量"出自古印度因明学的术语,后成为佛教禅宗思维的概念,也是法相宗表示心、境关系的概念。王夫之在诗学领域曾将引入了的"现量"一词,用于描述审美体验和诗意象思维的基本性质。他指出,"现"有现在(不缘过去作影)、现成(一触即觉,不假思量计较)、显现真实(彼之体性本自如此,显现无疑,不参虚妄)三种含义。[2]也即现量包括感性存在、直接证悟、显现真实三层意义。王夫之用现量来规定审美体验活动,他认为审美体验是当下的感性对象,是瞬间的直觉,摒弃理性与逻辑分析,取心灵妙悟之途径,最终展现一个真实的审美境界,呈现一个本然的世界。明画家李日华曾说道,妙悟是"照极自呈",是要"悟物之天"。也即指,妙悟不是一般的艺术直觉,它超出一般的直觉体验,达到一种智慧的观照,达到心灵与对象世界的契合,一切自在呈现,妙悟的境界是不为尘蔽、"湖海溪沼之天具在"的本然世界。从这个意义上来说,妙悟具有现象学"本质直观"的意蕴。如现象学家杜夫海纳所说:"审美经验在它是纯粹的一瞬间,完成现象学的还原。……对主体而言,唯一仍然存在的世界并非围绕对象或在形相后面的世界,而是……属于审美对象的世界。"[3]可见,在艺术审美活动中,宗白华也借助"现量"来表现"妙悟体验对审美世界的还原",主体与对象当下契合,瞬间圆成,妙悟与境界在生命的体验中达到真实的同一,显示主体与对象的存在深度,因为"审美对象的深度就是它具有的、显示自己为对象同时又作为一个世界的源泉使自身主体化的这种属性"[4]。而主体通过审美体验(妙悟)进入的正是这个深度的"世界"。宗白华认为艺术的最高境界是

〔1〕 宗白华.宗白华全集(第2卷)[M].合肥:安徽教育出版社,2008:303.
〔2〕 叶朗.中国美学史大纲[M].上海:上海人民出版社,1985:462.
〔3〕 [法]杜夫海纳.美学与哲学[M].王至元,译.北京:中国社会科学出版社,1985:53—54.
〔4〕 [法]杜夫海纳.审美经验现象学[M].韩树站,译.北京:文化艺术出版社,1992:454.

"妙悟的境界"，这正是"境界即在妙悟中"思想的直接反映。这种审美体验的独特方式及妙悟的境界，成为宗白华艺术学最有启示价值的部分。

最后，与艺术本体论相呼应，宗白华提出艺术的价值论问题。在帕克看来，艺术价值可以分为艺术自身的"固有价值"（内价值）与从艺术经验中衍生的有益的价值（外价值），并指出艺术价值的主体是其自身的内价值，也即"在艺术经验中直接实现的价值"[1]。从宗白华对艺术价值的阐述来看，他的艺术价值论是从艺术本身的固有价值出发，进而上升至艺术的形上学境界。宗白华指出，在近代实验心理学方法论的笼罩下，美学的中心事务主要聚焦在对美感过程的刻画，以及对艺术创造和艺术欣赏的心理分析，而哲学家及艺术批评家研究的重心一直都是对艺术品本身价值的评判，艺术对于人生与文化的地位与影响，艺术意义的探讨与阐发，艺术理想的设立等问题。[2] 宗白华认为，这些问题又可集中于"分析和研究艺术的价值结构"这个主体问题上。宗白华认为，与学术、道德、政治等求真、求善、同为实现人生之一种方式的艺术，固然追求美，但却不止于美。也即艺术不只是具有美的价值，且富有对人生的意义、深入心灵的影响。因此，与艺术经验论的三个层次相对应，宗白华从艺术结构出发，认为艺术是由三种"价值"组成：一为形式的价值，从主观体验上说，就是指在艺术静观中所感受到的形式的"美的价值"。二为抽象的价值，从主观体验上说，它是审美主体在艺术中所感受到的"生命的价值"，即"生命意趣的丰富与扩大"；从客观上讲，则体现为"真的价值"。三为启示的价值，这是一种来自心灵深处的感动，启示宇宙人生之最深的意义与境界。它是指审美主体在妙悟中所感受到的"心灵的价值"，而不仅仅是一般的生命的刺激。[3]

在宗白华看来，首先"美术中的形式，如数量比例、音律节奏、形线排列、色彩搭配，皆为抽象的点、线、面、体或声的交织结构"[4]，其作用是集中深入地反映现实的形象与心情诸感，使人在形式的谐和律动中感发无尽的意趣和幽深的思想。具体来说，它可分为消极作用、积极作用与最深的作用三项。从消极作用来看，形式的最重要的消极作用是"间隔化"，它是美的对象的起点，如雕像的石座，剧台的帷幕，图画的框等，以使艺术形象成为一个独立的整体，自

---

〔1〕　［美］H.帕克.美学原理［M］.张今，译.桂林：广西师范大学出版社，2001：25.
〔2〕　宗白华.宗白华全集（第2卷）［M］.合肥：安徽教育出版社，2008：69.
〔3〕　宗白华.宗白华全集（第2卷）［M］.合肥：安徽教育出版社，2008：69—70.
〔4〕　宗白华.宗白华全集（第2卷）［M］.合肥：安徽教育出版社，2008：70.

构一世界。从积极作用来看,形式的积极作用主要表现在它的构图上,即组织、集合、配置,使一篇孤境自成一内在自足的境界,不求于外而成一意义丰满的小宇宙。如希腊大建筑家以简单朴质的线条构造的雅典庙堂,具有一种"高远圣美的意境"。从其最深的作用来看,形式不仅能把空灵化为实相而导引人迈进美的世界,而且还更能启发人"由美入真"而深入生命节奏的核心。这一形式作用也只有最抽象的艺术形式才能达到,如钟鼎彝器的形态花纹、中国书法、中国戏面谱、舞蹈姿态等,它们体现了人类无法用语言表达的心灵姿势和生命律动。因而在宗白华看来,"形式"是艺术之所以成为艺术的基础条件,它脱离"科学、哲学、道德、宗教之外而独立自成一文化的结构,在实现美的价值的同时也展现了生命的情调和意味"[1],我们可借此重获生命的核心,重新找到"失去了的和谐,埋没了的节奏",方得真自由,真解脱,真正的生命。人类生活于其中的大千世界仪态万方,宇宙绮丽诡谲,生命境界无穷,所以艺术的"主要事业"就是通过形式表现宇宙人生世相,"以描摹物象达造化之情"。

其二,艺术的抽象(象征)价值。宗白华认为,文学、雕刻、绘画皆是通过刻画人物情态形象来表现遥深的意境。如莎士比亚的剧本表现着文艺复兴时的人物情感;希腊的雕刻保存着希腊的人生姿态。"一朵花中窥见大国,一粒沙中表象世界。"所以艺术的描摹绝非只是机械摄影那样简单,而是通过象征方式来揭示人生情景的普遍性。艺术家也皆是用象征手段来刻画人生万物,而欣赏者则是在艺术的形象中感悟"人生的意义"。

艺术之中除了蕴含着"美",也包纳了"真",这"真"并非是指科学真理,而是指人心的"定律"以及自然物象最深的"结构"。在宗白华看来,艺术之中"真"的显现,可以令欣赏者"周历多层人生境界,扩大心襟",将全部人生意味都反射到他们自己心里,并最终达到与人类心灵相契合的境界,这就是艺术所要达到的最高价值,即艺术的启示价值。明末清初大画家恽南田曾描述过一幅画景:"谛视斯境,一草一树,一丘一壑,皆洁庵灵想所独辟,总非人间所有。其意象在六合之表,荣落在四时之外。"这段画跋,可谓道尽了中国艺术所启示的最深境界。在宗白华看来,"荣落在四时之外"即说明了真实是超越时间的。艺术借助幻象的象征力以启示着宇宙人生最深的真实,表现着人类的直观心

---

[1] 宗白华. 宗白华全集(第 2 卷)[M]. 合肥:安徽教育出版社,2008:71.

灵和情绪意境,而美则是其"赠品"。"意象在六合之表"即说明了艺术的境相本是幻的,即"灵想所独辟,总非人间所有",然而它同时又可以引导人们去探索发现更高一层的真实。古人说:"超以象外,得其环中。"通过利用幻境来展现最深的真境,然后即可通过幻境进入真实,这种"真"既非普通语言文字表达的真,也非科学公式表达的真,而是艺术的"象征力"启示的真。

综上所述,宗白华在中西比较视野下,以门类贯通的方法,立足于艺术本体的阐释学立场,遵循从艺术文本到理论系统的建构之路,并在这一过程中,回溯艺术创作和艺术欣赏的"源初视界",将一般艺术学理论上升到形而上的境界,从而实现了一般艺术学作为门类艺术理论与美的哲学的桥梁作用,这主要表现在:一以美和艺术的实践为主体,跳出哲学美学的思维方式。在宗白华看来,美学理论需要从实践中来,尤其中国美学必须回归艺术语境,从艺术本体出发,阐发艺术精神,提升艺术境界,这是中国美学的基础品格,即中国现代美学应从具体的艺术作品与艺术批评中提炼出来,立足于"艺术语境",它离不开艺术这个中心。二强调艺术理论的哲学化,突破艺术科学的局限。以美和艺术作为美学史体系的主体,并不意味着对哲学道路的偏离和废弃。作为哲学家的宗白华认为,美学家需要深入透视各种艺术现象,运用自己独特的批评话语去展现艺术本体的结构与蕴含,体验艺术的精神和生命的意趣,由此创造出"本真"的艺术美学思想。

由此,宗白华自身所具有的诗性气质及其文化理想、哲学观念和美学思想的共同影响,特别是他的哲学、美学思想,对他的艺术学研究产生了重要的规范性影响,如艺术本质论、艺术创造论、艺术价值论,都是其美学观念的一种投射。而且他经常在人生、哲理和文化的高度上思考艺术问题,进行形上学的探索,这使得他的美学和艺术理论具有"艺术哲学"倾向。宗白华的身份也不断地在艺术家、哲学家与美学家之间来回变换,因为他的目标是要将来做一个小小的"文化批评家"。由此可见,宗白华在文化语境中来思考艺术与美,这使他的美学不仅有别于哲学语境中的古典美学,而且与心理学语境中的近代美学也是有区别的,它属于中国文化美学系统。

需要指出的是,在20世纪30年代至40年代,宗白华的艺术观念还具有浓厚的古典美学色彩,认为艺术与"美"在本质上是相同的,艺术即在表现"美"的理想。宗白华认为,自然中存在着一种活力,它是一切生命和"美"的源泉,能推动无机界以入于有机界,从有机界以入于最高的生命、理性、情绪、感觉。[1] 所以,"创造真实的世界、表现生命精神之美"便是艺术的功能之所在。它不仅是作为一面映射现实世界的镜子,也是一个独立自足的形象创造,凭着韵律、节奏、形式、色彩的和谐自成一个有情有象、圆满、自足、内部一切皆为必然性的小宇宙,所以它是美的。这一观念在现代艺术"反对美""罢黜美"[2]的语境中遭遇到了解说困境。所以,到了 70 年代至 80 年代,宗白华在对西方现代主义绘画作出重新认知后,其艺术批评标准也出现了由"美"向"真"[3]的转化。

---

〔1〕 宗白华.宗白华全集(第 1 卷)[M].合肥:安徽教育出版社,2008:310.

〔2〕 丹托认为,被古典艺术悬为理想的"美"已在 20 世纪 60 年代以来的艺术及其理论中几乎消失不见,"它也不可能在任何东西都有可能成为艺术品的情况下从属于艺术的任何定义,特别是不是每一件东西都是美的"。见[美]阿瑟・C.丹托.美的滥用——美学与艺术的概念[M].王春辰,译.南京:江苏人民出版社,2007:9.

〔3〕 林同华:《哲人永恒"散步"常新》,见宗白华全集(第 4 卷)[M].合肥:安徽教育出版社,2008:788—791.

第八章
"时间的空间化艺术哲学"：中西比较视域下的宗白华中国艺术哲学思想

纷繁复杂的当代西方学术充斥着各种"转向"："现象学转向""语言学转向""后殖民转向""后现代转向"等等，而这些转向又可以统统被冠之为"文化转向"。总之，各种断言传统终结、艺术终结、哲学终结和标榜变革、转向的声音，此消彼长，相互呼应。在上述诸多变革和转向思潮中，作为对现代主义的反叛，后现代主义试图恢复那些被现存的各种社会理论、文化理论和认识论所排斥的东西，"空间"就是其中一员，于是后现代主义理论思潮将目光转向对现代性理论所赋予的时间和历史的优先性进行批判，极力倡导空间意识和空间思维的优越性。而后哲学、叙事学、地理学、社会学等领域皆转向对"空间"的研究，人们将之称为"空间转向"。换言之，"空间转向"表明探究各个领域问题的思维方式由以往重"时间"维度转向"空间"维度。"空间"也由此成为一个集人文学科与自然学科于一体的研究范畴，在当代学术界形成一种自觉的社会哲学和社会科学研究范式。与之相应，诸如哲学空间、叙事空间、社会空间、地理空间等不同领域的空间研究问题也相继出现。

然而，对于空间的关注并非在当代才出现，在古希腊与中国古代的哲学思想中，就已出现对"空间"感悟与体验的重视。柏拉图早在《蒂迈欧篇》中便就宇宙论中的"时间"与"空间"进行阐述，他将"空间"视为一个包罗众生的"容器"，万事万物存在的"处所"，不可摧毁。亚里士多德接受了柏拉图的空间观，认为万事万物离开空间将不能存在，而空间却可以独自存在，不依赖外物。但是，亚里士多德又说道，若空间是物质，它处在哪里？若万物都有其位，方位的方位又在哪里?[1] 显然,两位思想家都不约而同地将"空间"作为其哲学思考的对象。今天的后现代空间转向针对的正是柏拉图以降的这一理性主义空间传统。当代对空间理论最有贡献的三位思想家之一、法国批评家福柯提出:"我们必须批判几个世代以来对空间的低估。……时间被认为是富饶的、多产的、有生命的、辩证的;而空间则被当成死寂的、固着的、非辩证的、僵滞的。"[2]在 1984 年发表的《不用空间的正文与下文》中,他甚至断言:"我们时代的焦虑与空间有着根本关系,比之与时间的关联更深。"[3]并宣告当今时代已经进入空间纪元,从而将空间问题从一般地理学研究和社会学研究上升到哲学论的高度,并向前追溯空间被低估的原因,他认为这可能源于西方现代生命哲学思潮对时间的重视,或者更早。这为当代文化批评思潮反思现代性提供了新的理论视角。

恩格斯说,"一切存在的基本形式是空间和时间"[4]。也即如柏拉图所说的万事万物都是在一定的时空中存在的。不过,以恩格斯的"辩证唯物论"的观点来看,它不是指静止的万物存在于静止的空间中,而是说空间与时间是包括生命在内的物质运动的基本属性与存在方式,是认知、探讨世界本质的两个最基础性的存在。只是由于长久以来的世界历史性的发展导致人们惯于沿着时间的绵延思考问题。事实上,人类在空间中体验着宇宙自然、社会历史、文化艺术,并由此产生空间意识,而空间意识却不同于一般的空间感觉,它是一种基于特定时代、特定民族的文化空间意识。换言之,每一时代、每一民族都有自己特定的空间哲学,因而形成特定的空间体验与空间表现形式,直接影响着各个民族自身美学观念的形成与艺术创作的表达方式。这是由于,伴随着人类社会的发展和重大社会历史的转型,生存空间的转换也必然带来新的艺术体验和艺术创作形态的改变,例如前现代空间意识孕育了古典艺术的意境风格,现代空间艺术则生发出现代主义的艺术表现形式,后现代空间意识则滋生出后现代艺术的谱系,展示了不同空间意识对艺术创作风格的整体性影响。

20 世纪 30 年代至 40 年代的宗白华美学成熟期的艺术研究正是从"空间"

〔1〕 [古希腊]亚里士多德. 物理学[M]. 张竹明,译. 北京:商务印书馆,1982:93.
〔2〕 Michel Foucault, Power/Knowledge:Select Interviews and Other Writings 1972—1977, translated by Colin Gordon. New York:Pantheon, 1980, p.70.
〔3〕 Michel Foucault, "Texts/Contexts of Other Space", Diacritics, 1986, 16(1)(Springs), p.23.
〔4〕 恩格斯. 反杜林论[M]. 吴黎平,译. 北京:人民出版社,1963:52.

这一研究范畴出发,发掘中西不同文化传统背后的不同空间意识观念。宗白华曾指出,由于每个民族的宇宙观不同,产生的空间意识和空间感悟方式也存在明显的差异,并且这种空间意识会影响整个政治、哲学、文化和社会生活,产生不同的文化美学思想。在宗白华看来,中国古代的时空观念问题,非但不曾轻视空间,而且还透露出"空间方位情结",隐含着时间空间化的根源。时间的空间化意识直接影响了中国古代的思维方式与艺术创作,在内在精神上表现为追求天人合一的虚空境界,在形式上呈现为"时空合一"的整体性,由此形成了与西方线性时间观不同的文学艺术传统。宗白华的《中国美学史中重要问题的初步探索》讲稿可以说是对其前半生中国美学研究的一个系统性总结。在该文中,他着重研究了中国艺术学的一系列重要范畴:"清水芙蓉"的审美理想、气韵生动、以大观小、虚实相生、空间的美感等。而通过综观宗白华关于艺术研究的文章来看,我们可以发现,这些诸多范畴实际上全部贯穿于宗白华的"时间化的空间艺术哲学"思想体系之中,他试图以"空间"来打通音乐、戏曲、诗歌、园林建筑、绘画、书法等诸多艺术门类的界限,从而实现了一般艺术学作为门类艺术理论与美的哲学的桥梁作用。

一、中西艺术空间意识之差异:"目极无穷,
驰情入幻"与"无往不复,反身而诚"

宗白华在 1919 年 5 月发表于北京《晨报》副刊《哲学丛谈》的《康德空间唯心说》中曾说道,关于空间时间的研究,向来是哲学中的难题,也一直存在着两种对立的观点,即唯物和唯心两派各执一端说。宗白华认为:"宇宙诸象,不能离空时以现。而空时自相,竟不可觉。"[1]也即万事万物不能离开时间和空间而存在,而对于空间自身来说,我们不可知。但这一时空观在 20 世纪 30 年代发生改变。宗白华在 1935 年所作的《中西画法所表现的空间意识》中,指出原来照康德哲学的时空观来看,以为人类的空间意识是"不可思议之怪物",它是直觉性的先验格式,用以罗列万象,整顿乾坤。但是,在这篇文章中,宗白华指出我们心理上的空间意识可以通过视觉、触觉、动觉等获得,如视觉艺术中的

雕刻给人圆浑立体可摩挲的空间感,油画给人光影在深邃空间中闪烁的空间感,并指出这主要源于我们感官经验的媒介。在三四十年代所写的诸多文章中,如《论中西画法的渊源与基础》(1934)、《中西画法中所表现的空间意识》(1936)、《中国诗画中所表现的空间意识》(1949)、《中国古代时空意识的特点》(1949)等,宗白华均是从"空间"出发,以"空间"为中心词,对中国绘画、诗歌、音乐、舞蹈、园林、建筑、书法等艺术门类中所表现出来的空间意识进行整体通观的研究。在宗白华看来,"空间意识"也正是中西艺术的根本差异之所在,他认为,以心灵俯仰的眼睛来看宇宙空间万象,可以发现,中国绘画、诗歌和舞蹈等艺术中呈现的空间意识,既有别于埃及直线甬道式的空间感型,也有别于希腊立体有轮廓的雕塑式空间感型,同时也有别于近代欧洲伦勃朗绘画中所表现的那种追求渺茫无际的空间感型,而是基于中国哲学自身的"俯仰自得"的节奏化了的空间感。可见,以"空间"作为打通各门类艺术的媒介,宗白华不仅发现了中西哲学宇宙观存在分歧的根本原因,还由此为中国艺术哲学体系的构建找寻到了中国艺术的一般规律。

首先,宗白华指出,中西艺术在空间情绪的表达上存在明显的不同。宗白华关于一般艺术学理论的架构虽然直接来源于玛克斯·德索的启发,但是在进一步阐释中国艺术的特殊性时,另外两位西方学者的著作显然对其产生了重要影响。一位是斯宾格勒,另一位是菲歇尔(Otto Fischer)。由前所述可知,斯宾格勒的文化比较形态学理论为宗白华提供了两个重要观念:一是文化有机论,即每一种文化都是一个有机体,都经历从生长到衰落的过程,由"文化"趋于"文明",文明是文化的有机逻辑的结果、完成和终结阶段。在前面宗白华美学思想的现代性建构中,我们已经明晰这一文化有机论对宗白华早期的文化研究,建设中国的新文化观念的重要影响。二是文化多元观,斯宾格勒认为,正是每一文化空间意识不同,从而产生了不同的文化体系,并由此得出"空间形式"实际上是各民族文化的基本精神载体。这一文化的空间象征论则在宗白华艺术哲学思想的研究中被多次引用。宗白华曾在《艺术学》讲稿中重新介绍了斯宾格勒的看法,希腊空间是安逸的,美满的,静默的;而欧洲空间是无尽头的,宏大的,渺茫的,它们的态度有很大不同。欧洲近世建筑大多耸立而孤峭,而文艺复兴时的建筑大多立体而安适,由此同样也可以看出它们之间的区别。[1] 在 1949 年所作的《中国诗画中所表现的空间意识》中,宗白华再次重申了斯氏在其著作《西方的没落》中的"文化的基本象征物"的观点:"每一种独立文化都有其基本象征物,具体表象其基本精神。如希腊的'立体',埃及的'路',近代欧洲文化的'无尽的空间'。"[2]宗白华由此解说道,这三种基本象征物都取之于空间境界,可以从它们各自的艺术代表形式看出,希腊是指圆浑立体的雕像,埃及是指金字塔里的甬道,近代以伦勃朗的风景画为代表,它们是我们领悟这三种文化最深灵魂之媒介。

对此,宗白华指出,这主要是由它们的"艺术意志"[3]决定的,中国画家并不是不懂透视法,而是其"艺术意志"使其不愿在画面上表现透视法。六朝画家宗炳在《画山水序》里就曾提出"张绢素以远映"的透视法,但是中国山水画始终没有采用这种表现方式。宗白华认为,此种情况主要是由于"中国人的宇宙观是'一阴一阳之谓道',道是虚灵的,是出没太虚自成文理的节奏与和谐。画家依据这意识构造其空间境界,所以与西方依据科学精神的空间表现自然不同"[4]也即中国画家的"艺术意志"表现为不愿从固定的角度只摄取一角的视野,而是"流动着飘瞥上下四方,一目千里,把握全境阴阳开阖、高下起伏的节奏"[5]。《淮南子·天文训》中说:"道始于虚霩,虚霩生宇宙,宇宙生气,气有涯垠。"[6]宗白华指出,中国画的表现对象就是这种与"宇宙虚廓合而为一的生生之气",对于这生气弥漫的空间和生命,中国人不欲与其抗衡,而是纵身大化,与物推移。因此,中国画家的目标是解放"目有所极故所见不周"的狭隘视野与实景,所以放弃"张绢素以远映"的透视法,同时试图"以一管之笔,拟太虚之体"[7]。由此可见,中国诗人、画家倾向于以一种心灵的眼睛来看空间万象,以一种"俯仰自得"的审美心态来欣赏宇宙,以纵浪大化,游心太玄。宗白华指出,中国诗论、画论中常用的盘桓、周旋、徘徊、流连等这些字眼正是对《易经》中"无往不复的天地之际"这一中国哲学思想的注脚。西洋绘画是在一个静止的平面上幻化出一个锥形的透视空间,由近至远,层层推出,以达目极难

---

[1] 宗白华. 宗白华全集(第 1 卷)[M]. 合肥:安徽教育出版社,2008:523.
[2] 宗白华. 宗白华全集(第 2 卷)[M]. 合肥:安徽教育出版社,2008:420.
[3] 宗白华. 宗白华全集(第 2 卷)[M]. 合肥:安徽教育出版社,2008:422.
[4] 宗白华. 宗白华全集(第 2 卷)[M]. 合肥:安徽教育出版社,2008:440.
[5] 宗白华. 宗白华全集(第 2 卷)[M]. 合肥:安徽教育出版社,2008:422.
[6] 宗白华. 宗白华全集(第 2 卷)[M]. 合肥:安徽教育出版社,2008:147—148.
[7] 宗白华. 宗白华全集(第 2 卷)[M]. 合肥:安徽教育出版社,2008:147.

穷的远天,令人心往不返,驰情入幻。反之,中国诗歌和中国绘画中所表现出来的山水意境是追求"反身而诚","万物皆备于我",而非心往不返,目极无穷。正如王安石诗云:"一水护田将绿绕,两山排闼送青来。"[1]由远至近,描写了从盘桓、流连、绸缪之情至回返自心的空间感觉。这正是中西艺术在"空间意识"表达上的根本差异。

其次,宗白华认为,中国艺术中所表现的这种"无往不复"的空间意识是充满着"音乐性"的"节奏化的空间"。唐代王维的"徒然万象多,澹尔太虚缅",以及韦应物的"万物自生听,太空恒寂寥",皆体现了中国艺术中所表现的空间是一种节奏化了的空间感型。这是由于,中国诗人和中国画家们所追求的艺术境界是一个充满音乐情趣的宇宙(时空合一体),也即"既追求有建筑意味的空间'宇',也追求有音乐意味的时间节奏'宙'"。[2]所以,中国的艺术空间不是死的物理的空间间架,而是最活泼的生命源泉,一切物象的纷纭节奏都从里面流出来。宗白华的这一观点则来自另一德国艺术学家菲歇尔。宗白华在1934年发表的《论中西画法的渊源与基础》的标题下专门作注说:"德国学者菲歇尔博士著的《中国汉代绘画艺术》极有价值。拙文颇得暗示与兴感,特介绍于国人。"[3]菲歇尔通过对十多幅汉代绘画的研究,指出汉画的真正主题不是描绘具体物象,而是捕捉和呈现这些物象内在本质与真实生命的运动与节奏。宗白华指出,菲歇尔的这一观点可以从中国哲学中找到它的文化根源。在中国古代的农业文明中,人们从作为其世界的农舍中获得空间概念,从"日出而作,日入而息"中得到时间概念,时空不能分割,合奏成了人们的宇宙观并安顿着他们的生活,因而他们的生活是从容的、有节奏的。这种时空意识在秦汉哲学思想中发展为一种春夏秋冬配合着东西南北的时间方位意识。我们的宇宙是由"时间的节奏(一岁,即四时十二个月二十四节)率领着空间方位(东南西北等)构成。因此我们的空间感随着时间感而节奏化、音乐化!"[4]《易·系辞》里曾总结道:"是故阖户谓之坤,辟户谓之乾,一阖一辟谓之变,往来不穷谓之通,见乃谓之象,形乃谓之器,制而用之谓之法,利用出入,民咸用之谓之

〔1〕 宗白华. 宗白华全集(第2卷)[M]. 合肥:安徽教育出版社,2008:148.
〔2〕 宗白华. 宗白华全集(第2卷)[M]. 合肥:安徽教育出版社,2008:431.
〔3〕 宗白华. 宗白华全集(第2卷)[M]. 合肥:安徽教育出版社,2008:98.
〔4〕 宗白华. 宗白华全集(第2卷)[M]. 合肥:安徽教育出版社,2008:431.

神。"[1]这段话总结的阖辟、阴阳、乾坤、象器、天地、变通，不但将宇宙观与生产实践打成一片，也将空间的开阖与时间的节奏打成一片，运动效果与规律打成一片。

就中国文化中的时间意识来说，中国的时间意识是由下向上升腾的一条线，"寓万物萌生之义"（刘师培语），而不是由上往下垂的一条线。"时"字在古代上面是"之"，下面是"日"，就是"日出上升"的形象。这也表象着中国意识里"时"的创造性。古代中国人能深深感到时间的这种创造性的节奏和成果，并把它推高到世界上能贯串形上（道）形下（器）的原理。也就是说"时"具有创造性，创生万物，那么，"时"与"位"之间的关系是怎样的呢？宗白华指出，这可从《周易》中找到两者的联系。乾卦象曰："大哉乾元，万物资始，乃统天，云行雨施，品物流形，大明终始，六位时成，时乘六龙以御天。"[2]在这里，"乾"是指世界中一切存在的原动力，世界万物由乾资始；"大明终始，六位时成"则是说在刚健不息、绵延创造的时间里，立脚的所在便形成了"位"，也即是与乾相对的"坤"与"地"。由此则可以看出，作为空间的"位"在"时"的创进历程中形成，且"位"并非静止不变，它随"时"的创进而变化，"时乘六龙以御天"就是说时间骑着六爻统治着世界，卦象中的"六爻"就是指六个活动的阶段，这六段活动历程千变万化就像六条飞龙一样，因而每一活动的立脚地就是它的"位"。宗白华由此认为，《周易》可以说是中国哲学思想的集大成之作，它为我们提供了中国人时间化的空间意识的直接根据，由时间率领的空间节奏化了、生命化了，它与希腊哲学中的时空分裂观有着本质的区别，它构成了中国艺术的表现基础和特色。所以，中国画家擅长以流动的节奏、阴阳明暗来表达空间感，这实际上就是把"时间"的"动"引入了空间表现，在这个"时—空统一体"里，"时"和"动"反而居于领导地位，因而成就了节奏化、音乐化了的"时空合一体"。

由此，从斯宾格勒的"文化象征"论与菲歇尔的"永动"的生命本体论反观中国艺术的文化哲学基础，宗白华为中国艺术寻找到了它的基本象征物"时间化的空间意识"。在宗白华看来，中国人和西洋人同爱这无尽的空间，但是西洋人对这无穷空间是一种追寻的、控制的、冒险的、探索的态度，因而表现在艺术中便是"目极无穷，驰情入幻"，也即西洋画家擅立于一固定地点来透视深

---

[1]　宗白华.宗白华全集(第2卷)[M].合肥:安徽教育出版社,2008:476.
[2]　宗白华.宗白华全集(第2卷)[M].合肥:安徽教育出版社,2008:477.

空,但是由于追求无限,无法回归自心,最终无所依傍,视线失落于无穷的空间尽头。中国人对这无尽的空间采取的则是一种"俯仰往还,远近取与"的观照法,它以一种心灵的眼睛和囊括一切的态度观照上下远近,即所谓的"赋家之心,包括宇宙",对自然深处的追求则是"高山仰止,景行行止,虽不能至,而心向往之"[1],这既是中国诗人和画家的观照法,也是中国哲人的观照法。宗白华认为,我们宇宙本质上是虚灵的时空合一体,呈现出一阴一阳、一虚一实的生命节奏,流动着生动气韵。"体尽无穷而游无朕"即中国哲人、诗人、画家对这世界的态度,"体尽无穷"指跟随宇宙的动而证入生命的无穷节奏,"而游无朕"即是在中国画底层的空白里表达那本体的"道"。"道"是出没太虚自成文理的节奏与和谐,中国画家顺着此种宇宙观所建构的空间境界与西洋画家遵循传统科学精神表达的空间则有着非常明显的差异。那么,宗白华指出,中国哲人强调我们向往无穷的心还须有所安顿,所以诗人和画家们最终将视线拉回自我,即"反身而诚"。因而,中国艺术中的空间境界乃表现为一种于有限中见到无限,又于无限中回归有限,成一回旋的节奏化了的空间感型。

二、中西艺术空间创构之差异:"主观透视,由近至远"与"移远就近,由近知远"

宗白华认为,人类在生活中所体验的境界与意义,有用科学与哲学的逻辑形式表现出来的,有以道德与宗教的形式在人的实践或人格心灵中表现出来的,当然还有那以自由谐和的形式,直探宇宙万象生命节奏的核心,来表达人生最深意趣的展现方式,这就是"美"与"美术"。在艺术表现方法上,中西艺术大异其趣。擅于在幻现立体空间的画境中描出圆雕式的物体是自埃及、希腊以来的西洋艺术风格所呈现出来的鲜明特点。所以西洋艺术尤其注重光影、解剖学和透视法凹凸的渲染,从而创造出一幅可走进、可观摩的画境。宗白华认为,这主要渊源于古埃及和古希腊的雕刻艺术与建筑空间。希腊民族是艺术与哲学的民族,哲学家毕达哥拉斯将宇宙的基本结构视为数量比例中的音乐式的和谐,亚里士多德将形式和质料视为宇宙构造的原理,柏拉图的"宇宙

---

[1]　宗白华.宗白华全集(第2卷)[M].合肥:安徽教育出版社,2008:437.

本体理念"也是一种合于数学形体的理想图形。因而,希腊人发明几何学和科学不仅是把握自然的现实,也是重视宇宙形象里的数理和谐,于是理想的艺术创作就是在摹仿自然的实相中同时表达出和谐、秩序、比例、整齐的形式美。

经中古时代到文艺复兴时代的艺术运动则远承希腊的立场而更渗入近代崇拜自然、陶醉现实的精神,这时的艺术以求真与求美为目的。所谓真,就是强调描绘自然的实相,刻意写实。所谓美,就在求真之外则求美,"真理披着美丽的外衣,寄'自然模仿'于'和谐形式'之中,是当时艺术家一致的企图"[1]。至此,"模仿自然"与"和谐的形式"也成为西方传统艺术的中心观念。在艺术空间的创构上,自觉追求艺术与科学的一致,透视学与解剖学成为文艺复兴时期画家们的必修,乔托、波提切利、季朗达亚、贝鲁吉诺、拉斐尔皆恪守着正面对立的表现方法,画中透视的视点与视线集合于画面正中,以求展现合理真实的空间与写实的人体风骨。因此,文艺复兴的画家虽热爱并陶醉于自然的色相,但是他们却自始至终以一种对立的抗争的眼光正视世界,终不能与自然冥合为一。不过,文艺复兴时期的绘画表现虽然暗示着物与我的紧张与分裂,偏于科学的理智态度,但还是在一定程度上保有希腊风格的静穆和生命力的充实与均衡。而在两个世纪的时间里,透视法的技术也日渐从探索趋于完善。到了17、18世纪,巴洛克风格更是炫艳诡谲,视线驰骋于画面,向着空间的深度与长度延伸。因此,宗白华说道,西洋透视法在平面上画出逼真的空间构造,但是通过这种方法所构造的景相就像是镜中影、水中月一样亦幻亦真,同时辅以炫耀的色彩,使得这种过于"真"的假象经常会令人体验到一种更恐怖的空幻,这也就导致了西洋写实艺术表现出诡谲艳奇的唯美主义。至于近代的印象主义、表现主义、立体主义、未来派更是光怪陆离、难以追踪,但它们的核心皆是彷徨追寻。

对于西洋透视法在绘画表现中的不足,宗白华指出,早在清时期便有学人注意到了。清代画家邹一桂曾无意中道出了这一中西画法之间的差别,"西人善勾股法,故其绘画于阴阳远近,不差锱铢,所画人物、屋树,皆有日影。所用色与笔,与中华绝异。布影由阔而狭,以三角量之。画宫室于墙壁,令人几欲走进"[2]。宗白华认为,邹一桂这一看法可以说分别从几何学透视法、光影的

---

[1] 宗白华. 宗白华全集(第2卷)[M]. 合肥:安徽教育出版社,2008:107.
[2] 宗白华. 宗白华全集(第2卷)[M]. 合肥:安徽教育出版社,2008:141.

透视法和空气的透视法三个方面揭露了西洋绘画中透视法的缺陷,因为我们在视觉空间上并不完全符合几何学透视,我们主观视觉的明暗,也并不完全符合客观物理的敏感程度,而且人与物的中间并不是绝对的空虚,这中间还存在着空气的流动。但是邹一桂认为西洋画笔法全无,虽工亦匠,在宗白华看来,这自然是一种成见。对于中国画来说,宗白华认为,南朝画家宗炳与王微对透视法的阐释以及中国空间意识特点的揭示,可以说透露了这一画法的千古秘蕴。两人不仅是中国山水画理论的建设者,在某种程度上甚至可以说自他们始就已经决定了中国绘画艺术在世界绘画史上的特殊路线。宗炳在《画山水序》中说,"今张绡素以远映,则崑阆之形可围于方寸之内,竖划三寸,当千仞之高,横墨数尺,体百里之迥"〔1〕,"去之稍阔,则其见弥小"〔2〕。宗白华指出,在这里"张绡素以远映"即指透视法。但是中国山水画中并没有采用这种方法,原因正如王微在《叙画》中的解释,"古人之作画也,非以案城域,辨方州,标镇阜,划浸流,本乎形者融灵,而变动者心也。止灵亡见,故所托不动,目有所极,故所见不周。于是乎以一管之笔,拟太虚之体,以判躯之状,画寸眸之明"〔3〕。由此,我们可以看出中国画家在根本上是反对艺术写实和实用的,在他们看来,绘画实际上是以不动的形象来显现那灵动的。所以,绘画所面对的不只是自然的实景,只画出那一角的视野,绘画的真正对象和境界应是那无穷的空间和充塞这空间的生命(道)。由此可见,宗白华指出,在中国画家们看来,西洋透视法仅仅是一种绘画技巧,不能称为真正的绘画艺术,所以"不入画品"。真正能"成画"的绘画,也即能够入画品的画,不是采取西洋那种主观透视,由近至远,与自然相对立的视觉立场,而应采用沈括所说的"以大观小"之法。

六朝齐谢赫在《古画品录》序中,曾根据前人画家艺术实践将中国绘画之法总结为"六法",并成为后来指导中国绘画的重要思想原理。其中对于艺术空间中诸要素的整体组织及布置,即"六法"中的"经营位置"之说,并非依据透视原理,而是采取"以大观小"之法,从整体节奏来决定各个部分,也即"折高折远自有妙理"的观照法。"以大观小之法"是宋代博学家沈括提出的,他在《梦溪笔谈》中曾讥评宋初画家李成以透视法"仰画飞檐",指出画家画山水不是站在平地上从一个固定地点仰首看山,他主张应以俯仰往还的心灵之眼尽收全

---

〔1〕 宗白华. 宗白华全集(第2卷)[M]. 合肥:安徽教育出版社,2008:147.
〔2〕 宗白华. 宗白华全集(第2卷)[M]. 合肥:安徽教育出版社,2008:147.
〔3〕 宗白华. 宗白华全集(第2卷)[M]. 合肥:安徽教育出版社,2008:147.

景于眼底,将整个自然吸纳于自我之中,此种表现方法即是所谓的"以大观小之法"。这是由于,宗白华说道,把全部景界组成一幅气韵生动、有节奏、和谐的艺术画面而不是机械地照相,画中各部分的组织、空间的构造受画中全部节奏及表情支配,并非仅仅是服从科学上算学的透视法原理,而是"其间折高折远,自有妙理"。宗白华指出,这就是宗炳所说的"目所绸缪",刘勰所讲的"目既往还",也即画家站在高处,眼睛飘瞥四方,一目千里。

宗白华由此说道,与西洋透视法依据几何学测算构造一个三进向的空间的幻境不同,中国画家持"三远"之说。宋代画家郭熙在《林泉高致·山水训》中说:"山有三远:自山下而仰山巅,谓之高远。自山前而窥山后,谓之深远。自近山而望远山,谓之平远。高远之色清明,深远之色重晦,平远之色有明有晦。高远之势突兀,深远之意重叠,平远之意冲融而缥缥缈缈。其人物之在三远也,高远者明了,深远者细碎,平远者冲澹。明了者不短,细碎者不长,冲澹者不大。此三远也。"[1]那么,在对一片山景纵观、仰观、俯观过程中,我们的视线不是固定的,所立的位置也不是固定的,而是随着所绘之景进行流动与转折。由高远转向深远,由深远转向近景,再横向于平远,而构成一节奏化的行动。郭熙又说:"正面溪山林木,盘折委曲,铺设其景而来,不厌其详,所以足人目之近寻也。傍边平远,峤岭重叠,钩连缥缈而去,不厌其远,所以极人目之旷望也。"[2]可见,他对于整体全景中的各个部分一视同仁,处处流连观照,用俯仰往还的视线抚摩自然、聆听自然、眷恋自然。正如苏东坡有诗云:"赖有高楼能聚远,一时收拾与闲人。"宗炳也说道:"目所绸缪,身所盘桓。"这真可谓道尽中国诗人、画家对空间的吐纳与表现。宗白华总结道,与西洋绘画根据算学与几何学,立于固定地点、从一固定角度把握的"一远"大相径庭,中国的"三远法",依据的是动力学——"推"。这可以从清代画论家华琳那里找到具体的表述。华琳认为,中国画中的"远"不是通过堆叠穿凿的几何学的透视法算出的,而是以"似似离合"的方法由动的节奏引起的跃入空间的感觉。"直观之如决流之推波,睨视之如行云之推月。全以波动力引起吾人游于一个'静而与阴同德,动而与阳同波'(庄子语)的宇宙。"[3]空间同实物连成一片波流,如决流之推波,行云之推月。空间不再作为布置景物的虚空间架,而是自身也参与到全

---

〔1〕 宗白华.宗白华全集(第2卷)[M].合肥:安徽教育出版社,2008:432.
〔2〕 宗白华.宗白华全集(第2卷)[M].合肥:安徽教育出版社,2008:432.
〔3〕 宗白华.宗白华全集(第2卷)[M].合肥:安徽教育出版社,2008:434.

幅节奏,受全幅音乐支配。于是,一种诗意的、音乐的、节奏化了的艺术空间油然而生,有如鸟之拍翼,鱼之泳水,在一开一阖的节奏中自然完成。万物之形在空间中的位置和关系正如沈括所说的"折高折远自有妙理",而非遵循几何三角的透视法的规定。

宗白华称这种空间创构方法乃"移远就近,由近知远",它不是西洋精神的追求无穷,而是饮吸无穷于自我之中。这是中国宇宙观的特色。孔子曰:"谁能出不由户,何莫由斯道也?"[1]庄子曰:"瞻彼阕者,虚室生白。"[2]老子曰:"不出户,知天下。不窥牖,见天道。"[3]正是中国人对这无穷空间的特异态度,阻碍了中国画家去发明透视法。宗白华认为,明末清初周亮工的《读画录》中载庄淡庵题凌又惠画的一首诗,最能够说明中国诗画中表现的这一空间创造意识:

> 性僻羞为设色工,聊将枯木写寒空。/洒然落落成三径,不断青青聚一丛。/入意萧条看欲雪,道心寂历悟性风。/低徊留得无边在,又见归鸦夕照中。[4]

宗白华说道,中国人是"留得无边在",以低徊之,玩味之,点化成音乐,而非向无穷空间作无限制的追求。所以,一片夕照之景中要有乌鸦。"枕上见千里,窗中窥万室"(王维诗),神游太虚,超鸿蒙,以观万物之浩浩流衍。然而我们却又从"众鸟欣有托,吾亦爱吾庐"(陶渊明诗),从世界万物回到自身,回到我们的"宇"。宗白华指出,这才是沈括所说的"以大观小"之深意。

因而,在宗白华看来,"以大观小"不仅是中国艺术的一个空间构图之法,也是一个人生与宇宙合一的审美学。为此他试图通过"以大观小"这一中国艺术学空间构造理论建构起现代人认识世界、创造世界的路径与方法。我们从既高且远的心灵之眼"以大观小",俯仰宇宙,所得画境正如明朝沈颢在《画麈》中所说:"称性之作,直操造化。盖缘山河大地,品类群生,皆自性现。其间卷

〔1〕 老子. 老子[M]. [汉]河上公注,[三国]王弼,注. 上海:上海古籍出版社,2013:112.
〔2〕 庄周. 庄子译注[M]. [晋]郭象,注,北京:首都经济贸易大学出版社,2006:34.
〔3〕 孔子. 论语[M]. 张燕婴,译注,北京:中华书局,2007:78.
〔4〕 宗白华. 宗白华全集(第2卷)[M]. 合肥:安徽教育出版社,2008:440.

舒取舍,如太虚片云,寒塘雁迹而已。"〔1〕宗白华指出,从古希腊以来的西洋艺术始终贯穿着主客对立的态度,或想要以小己之体合于宇宙,或思截万物,扩充人类权力意志,所以西洋画中的透视法貌似客观实为主观,尽管近代绘画的趋势和潮流是描绘幽远壮阔的自然风光,但是其所观察到的却依然只是具体的有限境界,而中国画的透视法是提神太虚,即使是表达近景的一树一石也全部是虚灵的、表象的,是从世外鸟瞰的立场观照整个律动的大自然。画家在空间中所处的位置随时间的流动徘徊移动,游目四周,集合所得的多方视点而可谱成一幅超象虚灵的诗情画境。宗白华认为,这是一种全面的客观的观照法,它们的形象位置不是依照主观的透视法,乃本乎音乐,如片云卷舒,自有妙理。

三、中西艺术空间境层之差异:西洋艺术之
"四阶段论"与中国艺术空间之"三境层论"

　　"空间"与"时间"一样都是哲学中最基本的范畴,"时间"作为现代性的重要标志早就为哲学家、美学家们所注意。如前所述,关于现代性内涵的考察,在黑格尔的哲学话语中,时间的不断敞开性预示着未来已经开始的美好信念,而在柏格森的生命哲学思想中,时间意味着一种绵延、创造的活力。"空间"范畴则直至20世纪后半叶的后现代批评思潮中,才为人们所注意。在法国现象学家莫里斯·梅洛-庞蒂(Maurice Merleau-Ponty)那里,他强调了"生活空间"的观念,指出我们对世界的感知与我们的身体意识都和我们在世界中的意图密不可分。法国社会学家亨利·列斐伏尔(Henri Lefebre)提出"社会空间"的概念,并将其分为物理空间(自然)、心理空间(空间的话语建构)和社会空间(体验的、生活的空间)。德国心理学家阿恩海姆(Rudolf Arnheim)在《艺术与视知觉》中,从人的感知角度出发将空间划分为物理空间(客观空间)、知觉空间(眼睛所看到的"物理空间")和艺术空间(艺术品中所呈现的空间)。中国学者杨春时曾对现代性空间有专门系列性的论述,并对空间转向的缘由进行过详细的研究。他以存在主义哲学作为研究空间的方法论,从人的生存维度出发,指出空间既不是空洞的容器,也不是实体性的东西,而是存在,即我与时间

---

〔1〕　宗白华.宗白华全集(第2卷)[M].合肥:安徽教育出版社,2008:435.

之间的关系结构,它通过想象和直觉将我与世界打通。然而空间现代性的发生,导致了人与世界的对立,使人的生存困境凸显出来,因而这一现象使现代西方哲学、社会学转向了空间理论。杨春时认为,审美空间将有助于消除人与世界的对立,由此,他从艺术出发,将艺术活动中的空间形态分为"基础性的现实(感性)空间"和"超越性的自由审美空间"[1]。在中国清代也有关于艺术空间的具体划分,我们不妨在这里也将其引来作一对比,以对艺术空间的内容有一个基本的界定。清画家郑燮曾在其《郑板桥集江馆清秋》中,将"竹"划分为四种形态:

竹　　　　　　　　　　　　　　(客观空间)

眼中之竹　　　　　　　　　　　(知觉空间)

胸中之竹　　　　　　　　　　　(心理空间)

手中之竹　　　　　　　　　　　(艺术作品的呈现空间)

由此可见,作为生长在自然中的"竹"是客观空间,也即物理空间;"眼中之竹",相当于知觉空间,即对客观"物理空间"的加工和改造;"胸中之竹"是艺术家的心理空间,是对视觉空间的二度加工;"手中之竹"是艺术品本身最终呈现的审美空间,是在客观空间和视觉空间基础之上的三度加工。宗白华以艺术家的心灵所能看到的宇宙范围,将普通图画空间划分为内空间和大空间。内空间,亦可谓近空间,它乃有限的、立体的,重实用,专门用于描写一封闭的空间,人物在空间中;大空间,亦即室外空间,亦可谓之远空间,乃无界限的,无尽的,如山水画。或者纯描山水本身的客观的山水画,或者将山水画看成一种面貌,人格化的山水画。由此,我们对艺术空间便有了一个较明晰的认识,与艺术空间密切相关的空间有两种,一是客观空间,它是真实存在的物理空间;二是哲学空间。这是由于,不同的宇宙观会产生不同的空间意识,而不同的空间意识会表现在政治、宗教、艺术等领域,并由此产生不同的文化。所以,我们可以得出,艺术空间包括创作空间、艺术品呈现空间、接受空间,它介于客观空间与哲学空间之间。宗白华所强调的艺术境界论,便是基于空间所创构的不同

---

[1]　杨春时.现代性空间与审美乌托邦[J].南京大学学报(哲学,人文科学,社会科学版),2011(1):145—152.

境层,也即艺术创作者运用相关艺术手段,通过加工物理空间,表现知觉空间,进而创作出一幅境界层深的象征空间。

宗白华在《艺术学(讲演)》中,从艺术表现中的主客关系出发,指出一般的艺术所观世界之境层可分为四种:①印象主义层,谓世界为极端主观,同时又可谓极端客观,因绝不加入主观理智以修改也,所以艺术品中所表现的世界为最初触于眼帘的印象,其表现不求细密清晰,色彩境局俱模糊。②写实主义层,此即照普通所谓实际的眼光观察,此种艺术表现极求精细清晰,可谓偏于客观的。③理想主义层,此种世界观照法,在艺术中占重要位置,即视世界为一客观的精神生命之表现,充实着一种神秘的情调,如希腊的雕刻,中国的山水画,皆属此类。④表现主义层,此派系完全主观表情,反对对实际形体的描写,目的在于引起他人特殊的生命情绪,与上述三层的最主要区别便在于完全表现情而反对景。[1] 而这一分类是以西方艺术体系为参照所作的划分,宗白华认为,中国艺术中并没有此种写实主义、理想主义、形式主义之类的严格区分。这是由于,中国艺术的表现对象乃宇宙全体,诗人、画家等通过赏玩宇宙万象的色相、秩序与节奏,化实景为虚境,创形象为象征,以此来窥见人类自我最深的心灵,使其具体化、肉身化。

因此,与西方可根据不同历史时期艺术风格的演变所划分的艺术境界层次不同,中国艺术注重造境,一切艺术不外是写实、传神、造境为一体,它们在中国艺术史上也同样是一脉相通的,所以大可不须像西洋艺术一样分出写实主义、形式主义、理想主义。宗白华指出,关于中国艺术这一特殊的空间造境过程,可以借用明代画家李日华的观点来理解。他认为,通常绘画包括三个层次:第一个层次为"身之所容",也即身边近景。如非邃密、旷朗的水边林下。第二个层次为"目之所瞩",也即无尽空间之远景;如泉落云生,帆移鸟去的奇胜或渺迷之处。第三个层次为"有意有所忽处",也即有限中见取无限,传神写生之境。如写一树一石,必有草草点染取态处;写长景必有意到笔不到,为神气所吞处。这个层次就是通过借助有限来表达无限,使得所有形象皆为象征境界,这在佛法相宗里面就是所谓的极迥色与极略色。于是,绘画就成了最高的禅境表现。[2] 这也就是说,中国艺术中所营造的空间境界不是一个个单层

---

[1] 宗白华.宗白华全集(第1卷)[M].合肥:安徽教育出版社,2008:550.
[2] 宗白华.宗白华全集(第1卷)[M].合肥:安徽教育出版社,2008:330.

平面的自然再现,本身即是一个境界层深的空间创构过程,它包括三个层次,"从直观感相的描写,活跃生命的传达,到最高灵境的启示"[1]。换言之,从表现客观物理世界的写实空间,到传达生命的表现空间,再到窥探宇宙人生之奥秘的象征空间,它们层层递进,彼此衔接,这是一个由浅入深的动态过程。

　　首先,宗白华指出,"直观感相的描写",得之于"静观寂照"。此时,艺术家心外无物,空诸一切,暂时与世务绝缘,以一点觉心,静观万象,从息息生灭、变转不停的万物情态,捕捉和欣赏它们各自充实的、内在的、自由的生命。此时,若将这直观感相形诸笔墨,所显现的即"为写生的空间境界"。宗白华指出,近代人对于西方绘画的写实能力非常惊叹,并且偏颇地认为中国艺术缺乏写实兴趣,这一看法是大错特错的。我们可以从史籍中找到佐证。《韩非子》上记载:"客有为齐王画者,齐王问曰:'画孰最难者?'曰:'犬马最难。''孰最易者?'曰:'鬼魅最易。'"[2]从韩非子这句话,可以想见先秦的绘画,认为写实是难能可贵的。如其他画家吴道子画钟馗、曹不兴画屏风,都可见出中国画家是有写实的兴趣、技巧与观察力的。只不过,中国艺术中的写实完全不同于西方的印象主义和写实主义。在形式上,印象主义追求视觉、自然表象的真实,中国写实的要旨在于,不仅描写自然外物的形象,而且还要从它们的形象中凸显它们的灵魂。在表现内容上,也不同于西方的写实主义,中国的写实不是用来揭示人间的丑恶和心灵的黑暗,而是"张目人间,逍遥物外,含毫独运,迥发天倪"。也即最后实现形式与内容合一,参造化之权研象外之趣,以感动天地使众神哭泣,这是中国艺术家的最终目的。宗白华指出,这就是中国艺术中写实精神与西方印象主义、写实主义不同之处。但是,单凭我们的感官印象,是无法把握瞬息万变的生命活动的,因此,这需要艺术家唯有以虚境空明的心胸、清明合理的意志,才能于"静照"中将纷繁复杂的印象化为有序的景观,将陆离斑驳的物象化为整全的意象。

　　但是,宗白华指出,任何东西,不论其为木或为石,从审美的观点来看,都有生命与精神的表现,当写实极盛时,必然走向另一个阶段寻求解脱。每一伟大的时代、伟大的文化,都想要在实用之外传达生命的情调、表达一时代精神的最高节奏。这也是在一般的写实空间之上要创造一个传达活跃生命的表现

---

〔1〕　宗白华. 宗白华全集(第2卷)[M]. 合肥:安徽教育出版社,2008:362.
〔2〕　宗白华. 宗白华全集(第2卷)[M]. 合肥:安徽教育出版社,2008:324.

空间，即所谓的"传神"境界。吾人能在其中借此重返那"失去了的和谐、埋没了的节奏"，以重新获得生命的核心。传神不能板滞，必须生动自然，方为杰作，它端赖于将"静照"所得之意象，归返于艺术家自我深心，使外物生命节奏与艺术家心灵节奏交相感应，景（意象）与情（心灵节奏）交融互渗，万物生命情态与艺术家内在生命体验结合为一体，于是构成"传神"之境。宗白华提出意境创构必须"求返自己深心"，确乎捉住了中国美学的特异处。中国哲学重体验与感悟，如孔孟哲学讲究"求诸己""反身而诚"，老庄哲学讲求"反观内视"，禅宗哲学讲求"直指人心"，都强调最终要归返自心，对宇宙人生作深沉反思，以悟天道、达道。照康德哲学来看，客观空间作为"外部经验"的感性直观形式而存在，是万事万物存在的处所，强调主体的身体性，内在时间则是人的感性直观的"内部经验"形式，强调主体的精神性，前者得自耳目，后者得自内在的体验。正如杜甫诗云："乾坤万里眼，时序百年心。"万里空间可验之于目，而百年时序却只能体之以心。但是与西方哲人重视时间的优先性不同，中国哲人更强调外部经验与内部经验，即造化与心源的合一。这是因为，中国哲人的宇宙观本就是"时空合一体"，即以为整个宇宙是大化流行的时空合一体，万物生命运动都呈现为音乐般的节奏，所以在美学上，"静照"就离不开体验，对外物的观赏必然要归返自心。对时间的体验，就是对生命的体验。观赏归返自心，也就是情景的交融互渗。艺术家就在意象的归返自心的过程中，将自己的生命体验透入意象。此时的意象，便不只可以描摹出外物的生命姿态，而且能够同时传达艺术家对生命的感悟。前者只是写实，后者方可谓传神，直指生命的表现空间。

　　宗白华认为，艺术的里面不只是表现美，且饱含着"真"，须富有对人生意义、深入心灵的启示价值。但是，宗白华说道，真理和神性一样，是永远不肯让我们直接获知的，因此，我们只能通过在象征里面来观照它。所以，中国艺术所欲创造的最高空间境层乃是一种"象征空间"，它启示着宇宙人生的最深和最高的灵境，前两种空间境层，均是以此为最终归宿。宗白华又指出，这种"真"不是普通语言文字所描述的逻辑真实，也不是凭数学公式就能表达的科学真实，而是通过艺术的"象征力"所能启示的审美真实，诉之于人类的直观心灵与情绪意境，具有超时间性，所以"荣落在四时之外"。由于这灵境是从艺术家最深的"心源"流出，并从与"造化"接触时突然的领悟中产生的，所以艺术家要拿特创的"秩序、网幕"来把握住那真理的闪光。宗白华指出，在庄子《天地》

篇中有一段寓言说明了只有"象罔"才能得到真"玄珠"。"象"作景象义,"罔"作虚幻义,那么真理的玄珠闪耀于虚幻的景象之中,也就是说艺术家通过创造秩序的网幕,将线、点、光、色等组成有机谐和的形式,来使人获得最高的宇宙人生的实际。这正是艺术形象的象征作用。

然而,人类这种最高精神创造活动的前提是需要先自我解放,得一最自由、最充沛的状态,即真力弥满,万象在旁,超脱自在。而这最充沛的自我,需要空间,供他活动。需要注意的是,在这里所谓的空间并非具体的客观空间,而是可供创造的空间。于是,宗白华指出,"舞"可以说是中国一切艺术境界的典型,"天地是舞,是诗(诗者天地之心),是音乐(大乐与天地同和)"〔1〕。中国画家不愿像西洋画家一样让物的底层黑影填充物体的"面",而是直接在这一"空白的天地"之间挥毫云墨,用各式皴文表象出"舞的空间"。同时,又借助书法中的草情篆意来描绘心灵所直接领悟到的物态天趣。自由挥洒的笔墨,凭借线纹勾勒的生命节奏和色彩的韵律,开径自行,游刃有余,将虚无的灵境空间化为实在的肉身化、可感化。宗白华指出,这是中国艺术一切造境所要达到的最后目的,唯道集虚,即于虚空中流荡出生命之气,神明里透露出鸿蒙之光,最终达至心灵与意象"两境相入"的华严境界。禅是动中的极静,也是静中的极动,寂而常照,照而常寂,动静不二,直探生命的本源。宗白华认为,倪云林的绝句最能写出此境:兰生幽谷中,倒影还自照。无人作妍媛,春风发微笑。〔2〕而中西精神之间的差别可以从西方的"水仙照影"和中国的"兰影自照"两个事例中略见一斑。希腊神话中的水仙之神对着湖水欣赏自己的容颜,心生爱慕,不能自已,由于过于迷恋自己的绰约风姿而不得,最终相思成疾导致香消玉殒。而中国的兰花虽然独自生长在幽谷之中,每天也只能自顾自地欣赏自己的倒影,尽管有空寂之感,然而它满足于有春风相伴,一呼一吸都与宇宙息息相关,悠然自足,自得其乐。可见,中国艺术空间的象征境层,是一种在宇宙深处体认到自己心灵深处的哲学境界与艺术境界,既使人的心灵和宇宙净化,又使人在超脱的胸襟中体味到宇宙真际。

由此,宗白华总结道,中国艺术空间的建立不只是简单地自然再现单个平面,它实际上应是境界层深的三进向空间。在第一写实空间层,情胜也;第二

---

〔1〕 宗白华.宗白华全集(第 2 卷)[M].合肥:安徽教育出版社,2008:369.
〔2〕 宗白华.宗白华全集(第 2 卷)[M].合肥:安徽教育出版社,2008:372.

传达生命的表现空间层，气胜也；第三启示宇宙、人生真际的象征空间层，格胜也。那么，若以此为参照，从境界论来理解艺术史，西洋艺术里面的印象主义、写实主义相当于第一境层，浪漫主义、古典主义相当于第二境层，象征主义、表现主义、后印象派则相当于第三境层。若具体到中国艺术史，宗白华指出，也可以划分为三种不同风格，并且它们对应着中国艺术的三个空间境层：第一是以三代钟鼎和玉器为代表的中国艺术中礼教、伦理内容的表现，钟鼎和玉器图案的发展演变为具有道德意义的汉代壁画等，偏重写实层次，形成了以儒家精神为代表的礼乐文化艺术；第二是以唐宋以来的山水花鸟画为代表，这种"自然主义"受老庄哲学影响，注重活跃生命的传神的表达，形成了以道家精神为核心的自然山水艺术；第三是指形成于六朝到晚唐宋初时期的宗教艺术，它以敦煌壁画为代表，注重在飞腾的动象中表现它的音乐性，走向妙悟的境界，形成了以佛学精神为代表的佛教艺术。宗白华认为以敦煌艺术为代表的佛教艺术足以代表中国艺术热情高涨、生命旺盛的青春精神，它与西方追求动态的近代艺术有着相似之处，足以成为重建中国现代文化与艺术的一个重要参照。

综上，受斯宾格勒的"文化比较形态学"观念影响和老师玛克斯·德索"艺术属于文化"观念的影响，宗白华善于从宇宙观的立场出发来看待中西艺术的不同。在对西方现代艺术学理论进行本土话语转换的基础上，宗白华充分注意到了中西艺术背后的哲学基础思想的根本差异，因此在借鉴吸收西方艺术学思想的基础上，立足于中国艺术的实际，发掘出了"象""境界""空间"和"生命"等作为建构中国艺术哲学思想体系的关键词，从而在中西互照中锤炼出中国传统艺术理论的现代诠释话语。尽管在 20 世纪早期中国学界就已出现建构现代艺术学学科意识的自觉，但真正形成比较艺术学系统理论体系的宗白华自然应被视为开拓者和建设者。宗白华擅长以概念、范畴为视角切入对中西艺术哲学观异同的比较与分析，将体现中国诸艺术门类共同规律的核心概念，如具有空间感性直观的"舞""节奏"和"音乐"等，作为中国艺术学的中心课题来研究，从而形成了现代"中国艺术学"的独特话语范式；在中国传统艺术理论研究中，主要集中于从本体论和认识论的角度对艺术本质、艺术创造意志、艺术空间造境、艺术接受等阐幽探赜，寻找中国艺术与中国文化的内在关联。宗白华认为，艺术与学术、道德、政治同为实现人生价值与文化价值的一部分，因此，艺术之最后与最深的价值就在于"由美入真"，深入生命节奏的核心。宗白华的艺术哲学思想也正是建立在生命哲学基础之上的。

结语

现代性到中华性的同一性：中国美学的出路与宗白华美学思想的启示

　　如前所述，当代中国学界正视中国"自性"以及与"他性"的西方文化之间的关系发生在 20 世纪 90 年代，其中具有代表性的是以张法为代表的中国学者所提出的"中华性"观点。他们以 19 世纪 40 年代为界，将自古以来的关于中国文化言说的话语类型分为两大知识型：古典性和现代性。所谓中华性，指的是一种新的知识型，尽管它强调自身是对古典性和现代性这两种知识型所包含的合理性内容的双重继承与超越，但是，这种提法还是很容易使人误解，易陷入非此即彼的立场选择中。对此，张法在发表于 2002 年的一篇文章《中华性：中国现代性历程的文化解释》中，再次重申了中华性与现代性的关系，认为若仅仅是将两者指称为个性与共性、特殊与普遍、相对与绝对的辩证法的话，那么只是增加了一个词语而已。他由此提出，中国的现代性从来就是以中华性为核心建构起来的，也即将现代中国百年历史视作一个中华性的发生与发展过程。所以，汤拥华指出，这一中华性实际上是"中国对于以西方为中心的现代进程的抵抗，不是地方文化对普世文化的抵抗，而是一个'天下'对另一个'天下'的抵抗"[1]。因而，中华性这一思想在本质上意味着中国与西方的平等，两者同为世界中的一部分。不管是否承认，中华性都是现实存在着的，它意味着必须走自己的路。

　　中国的现代性进程不同于西方的现代性要求，前者表现为重构自身中心意识与大国意识的现代化努力，后者表现出试图脱离传统，重新确证自身存在的基础与价值体系，然而在西方现代性日益暴露出其自身弊端时，他们也显示

---

〔1〕 汤拥华.评当下思想界有关"中国现代性"的三种思路[J].浙江社会科学,2006(3):139—145.

出向传统或东方寻求解决方案的努力。所以,我们并不能简单地将中华性与仅仅强调民族国家的主体意识完全等同,它强调世界上各种文化之间是"一对一"的关系。正是这种文化中心意识,使得中国近代以来的知识分子们,无论近代中国如何积贫积弱,都确信中国文化对人类的贡献。由此可见,现代性是人类社会发展的必然要求,只是在这一过程中,中国社会的现代性即表现为重建自身文化中心性的过程。依此来看,中国的现代性与中华性问题实际上是同一的。

一、美学的发现与突围:"中国美学"
与"世界美学"概念的提出

　　无论是在西方美学史家的书写中,还是在中国美学家的研究中,自 19 世纪末 20 世纪初以来的一个多世纪中,"中国美学"经历了一个从无到有的合法性确认过程。在中西方知识分子的互动过程中,也推动了美学在中国的落地生根,突破了西方话语对中国美学的消解,并催生了一个多样性的"世界美学"观念。"中国美学"由此得以出场,并展开其历史建构。

　　英国美学家鲍桑葵在 1892 年出版的《美学史》前言中写道:"许多读者也许会抱怨本书几乎没有直接提到东方艺术,不论是古代世界的东方艺术,还是近代中国和日本的东方艺术。……如果有哪位高手能够按照美学理论对这种艺术加以研究,那对近代的思辨一定会有可喜的帮助。"[1]由此可见,在鲍桑葵那里,包括中国艺术在内的东方艺术被排除在美学史之外的主要原因,即在于中国艺术及审美意识被认为不具有思辨性。不过,最早将中国美学排除在美学范围之外的并非始于鲍桑葵,而是黑格尔。黑格尔在《美学》中,以同样的理由将中国艺术拒斥在美学史之外。黑格尔认为,从外在形式来看,中国艺术不具明确的形式,而且丑陋不堪,从内容来看,则缺乏绝对内容和绝对思想。总之,无法到达所谓的内含绝对理念的美的定义。黑格尔在《历史哲学讲演录》中,再次强调了这一看法,由于中国审美意识不符合思辨美学的一般性特征,并且中国艺术中的审美缺乏对绝对美的自觉性表达,因而中国美学也就不

---

〔1〕　[英]鲍桑葵.美学史[M].张今,译.北京:商务印书馆,1985:2—3.

能纳入人类艺术史的连续性发展中来。鲍桑葵也认为,"把一切与欧洲意识的连续性发展没有关系的材料排除在外,看来也是自然的"[1]。由此可见,在西方中心主义的美学史叙述中,"中国美学"这一说法是不成立的。这也导致了后来的西方学者在美学史叙写中甚至无视中国美学存在的直接依据,他们都理所当然地将西方美学史普遍假设为唯一的美学史。

与西方美学以思辨性作为评判美学的依据这一情形相似,在 20 世纪上半叶的一些中国学者那里,此种观点也很常见,即美学向来为中国所未有。如徐大纯在 1915 年《东方杂志》发表的《述美学》中所言,他以为吾人对美学名词很少有能说得清的,这是一门全新的、陌生的科学。1927 年潘菽在批评陈望道的新著《美学概论》时说道,美学在中国是"一种空谷的足音"[2]。到了 20 世纪30 年代,朱自清也曾说道,自"美育代宗教"提出十多年来,几乎没有一本关于美学的著作。然而,与这些观点截然相反的是这一时期中国学界实际上已经出版了十多部关于美学基本原理概论的著作。如吕澂的《美学概论》(1923)和《美学浅说》(1931)、陈望道的《美学概论》(1927)、李石岑的《美育之原理》(1925)、徐庆誉的《美的哲学》(1928)、朱光潜的《谈美》(1931)等。那么,为什么当时的学人还认为中国尚未有美学呢?这反映出 20 世纪前期的中国知识分子对美学的认识实际上与西方学者对美学的评价标准是一致的,即美学是一种思辨性哲学科学,而这种哲学思辨性的科学思维在当时的中国学人那里还是相对匮乏的。如萧公弼所言"甚矣哉!我国人之心粗气浮,识陋行秽,此正孟子所谓行之而不著焉,习矣而不察焉,终身由之而不知道者是也"[3],也即中国有美但还未构成一门专门性的系统性的论述中国美学自身的科学知识。可是,一旦中国学者开始注意这一问题,中国的美学就会真正作为一门学科出现,这主要表现为中国传统美学思想的发现及其现代化。在以朱光潜、宗白华、蔡仪为代表的中国第二代美学家中,宗白华美学思想中的中国性是在学界达成普遍共识的。

宗白华在 1921 年 1 月发表于《时事新报·学灯》的《自德寄见书》中将1920 年 7 月刚到德国两月有余所见到的欧洲文化情况作了详细的介绍:德国战后学界忽而大振,时下最兴盛的两个研究领域是相对论和文化批评,与此相

〔1〕 [英]鲍桑葵.美学史[M].张今,译.北京:商务印书馆,1985:2.
〔2〕 潘菽.美学概论的批评[J].北新,1927(2):459—468.
〔3〕 萧公弼.美学[J].寸心,1927(1):1—7.

应,最风行的两部著作都是谈论欧洲文化破产和夸赞东方文化的优美,一是斯宾格勒的《西方的没落》,二是凯泽林的《哲学家的日记》。因此,20世纪20年代的德国学界出现了汉学热,仅仅一个月就出版了四五部介绍中国文化的书,包括中国艺术、绘画、小说、古诗词,此外还翻译了《庄子》和《列子》,仅《老子》译本就有五六种。宗白华指出,这正好与中国国内现在的倾向西方的文化运动相呼应,真可谓一种"东西对流"了。宗白华在这种"东西对流"趋势中,声称自己反而变得愈加"顽固"了,尽管仍是极尊重崇拜西洋思想家的学术和艺术家们的伟大作品,但再不敢藐视中国文化了,并主张中国文化在以后的发展中应极力发挥自己的个性,因为单靠模仿是没有创造性和生命性的。这个观念对其以后的美学研究可谓是夯实了最根本性的思想根基。在1932年所作的《介绍两本关于中国画学的书并论中国的绘画》中,宗白华明确提出了"中国美学"和"世界美学"的概念及其关系问题,充分显示了宗白华学术视野的广阔性与敏锐性。他说道:"西洋的美学理论始终与西洋的艺术相表里,他们的美学以他们的艺术为基础……而中国艺术的中心——绘画——则给予中国画学以'气韵生动''笔墨''虚实''阴阳明暗'等问题。"[1]宗白华的这一文化观无疑在无形之中回答了中西方学者对中国美学存在的合法性的质疑:一方面否定了以西方话语为中心的美学史叙说中将中国美学排除在外的观点,在宗白华看来,中西方美学以各自的艺术为基础,因而中国美学自有其特性,同时也并不否定西方美学的特性;另一方面,面对中国学者对中国有美无学的质疑,宗白华接下来所从事的就是这样一份工作——对中国传统美学进行现代转换,使其成为一门系统性的科学性知识体系。然而,促使宗白华提出"中国美学"自有其存在价值的自信主要源于宗白华所具有的"世界美学"视野,这是他立志建立中国美学体系的先决前提。宗白华说道:

　　将来的世界美学自不当拘于一时一地的艺术表现,而综合全世界古今的艺术理想,融合贯通,求美学上最普遍的原理而不轻忽各个性的特殊风格……各个美术有它特殊的宇宙观与人生情绪为最深基础。中国的艺术与美学理论也自有它伟大独立的精神意义。所以中国画学对将来的世

---

[1]　宗白华.宗白华全集(第1卷)[M].合肥:安徽教育出版社,2008:43.

界美学自有它特殊重要的贡献。[1]

如此,"世界美学"概念的提出,既打破了一贯的西方美学独树一帜的普遍观念,又开创了"中国美学"与"世界美学"的关系问题。它们的提出证明了中国美学存在的合法性,以及中国美学与西方美学的互补问题,双方都不能被取缔,它们都是构成世界美学的重要组成部分。由此,那种认为中国没有美学的看法被质疑,中国美学不仅存在,而且在西方现代性弊端日益暴露出危机时,中国美学独特的存在价值越发耀眼。这一独特价值也正如法国汉学家、音乐学家路易·勒卢瓦在大约同时期的 20 世纪 20 年代末所指出的,他在中国文化和中国哲学中,体验到了"一块澄澈、圣洁的处女地的愉悦,以及一种发现了那种洞察宇宙万物的思想的喜悦"[2]。那么,这种令他无比愉悦的洞察到的宇宙万物的秘密是什么呢? 勒卢瓦说道,它体现为"在主体与对象、外部世界和良知之间,是一种互相印证的关系,不论是中国诗人、还是艺术家、伦理学家,都不曾偏执一端"[3]。显然,勒卢瓦洞察了中国哲人的宇宙观,即注重主客体,我与世界的交往性、对话性、主体间性的西方式的后学思维,它严格区别于西方现代哲学中的主体性思维模式,反对将世界和自然看作被征服的对象。因此,勒卢瓦认为,中国哲学使得中国诗歌或绘画葆有一种极高的水准,恰到好处。

那么若沿着这一思考路径,接下来的工作便是集中于中国美学原理系统化的研究,将纵向的阶段研究与横向的分门别类研究总合起来。宗白华也正是从这一思想出发,在中西比较的视野中见出中国艺术中所表现出的美学思想。如他在 20 世纪 30 年代以后,相继发表的一系列美学研究文章,如《哲学与艺术》(1933)、《略谈艺术的"价值结构"》(1934)、《论中西画法的渊源与基础》(1934)、《中西画法所表现的空间意识》(1936)、《论〈世说新语〉和晋人的美》(1941)、《中国艺术意境之诞生》(1943)、《略论文艺与象征》(1947)、《中国诗画中所表现的空间意识》(1949)等。不过,最能表现宗白华要建立真正的中

[1]   宗白华.宗白华全集(第 2 卷)[M].合肥:安徽教育出版社,2008:43.

[2]   Dietrich Tschanz. "Where East and West Meet: Chinese Revolutionaries, French Orientalists, and Intercultural Theater in 1910s Paris."Taiwan Journal of East Asian Studies 4. 1(2007) : 89 - 108.

[3]   Ibid,105.

国美学思想体系的事件便是他的"著史"愿望，但这一目标最终并没有实现。根据林同华的记载，"由于参加者出现了意见分歧，没有按照宗先生的重视艺术实践的精神见解和汤先生关于佛教的美学思想的研究方法去尝试，终于使《中国美学史》的编写，未能如朱先生撰写《西方美学史》那样顺利问世"[1]。在这里，林同华所说的参加者意见分歧，第一个指的是在编史和搜集资料的优先性方面出现的分歧。据主要参加者回忆，当时教研室决定先搞资料，再写史，而宗白华主张先写出画论史、文论史、诗论史等，再作总合。1962 年，宗白华在写给刘纲纪的回信中写道："中国美学史当以现在各个方面正在编写的美术史、文学批评史为根基，总合性的工作尚在未来。现在只能做些专题性的初步探索而已。"[2]第二个分歧可能是在编写美学史的指导思想方面出现的分歧，是依据政治方针，按照马克思主义美学原则编排，还是从实际出发，采用理论联系实际的科学研究方法。总之，如何叙述"中国美学"，编排"中国美学史"，诸位美学家们之间的不同主张、现实政治因素、资料准备不足等多种原因，最终导致了《中国美学史》未能完成。尽管同时代的哲学家、美学家、艺术家们，如丰子恺、邓以蛰、方东美等，也出版了一些专门讨论具体艺术门类的著作，但直到 20 世纪 80 年代，中国美学的系统性叙述问题还一直没有完成，而且宗白华所强调的要发挥中国美学对将来世界美学的"特殊重要"价值也似乎没有实现。

　　这是由于，在 20 世纪 30 年代末，中国美学内部一直存在着的两种美学潮流——以西方为参照的美学研究方法和以马克思主义哲学为指导的美学研究方法——之间的平衡被打破，并且后者逐渐占据主导地位，美学也由此成为纯概念化的知识原理，失去了它的批判性，对"传统的发现"也暂时停歇。这主要表现为 1937 年以梁实秋和朱光潜为代表的关于美学在内容还是形式的讨论。梁实秋在上海《东方杂志》新年号上发表的文章《文学的美》中，指出将美学原理运用于文学批评"绝对是一大误解"，并批评了西方以柏格森为代表的观念论美学，强调文学的美重在道德价值，而非形式美。而在一个月后，朱光潜则在 1937 年 2 月 22 日《北平晨报》上发表了《与梁实秋先生论"文学的美"》的公开信，他反对梁实秋将"文学的美"仅视为形式美，而且反对其将文学的形式与

---

〔1〕　宗白华. 宗白华全集(第 4 卷)[M]. 合肥:安徽教育出版社,2008:775.
〔2〕　宗白华. 宗白华全集(第 3 卷)[M]. 合肥:安徽教育出版社,2008:397—398.

内容进行美与道德的二元对立划分,认为这是一种狭窄的美学观念。朱光潜借用康德的名言"世间有两件事物你愈关照愈觉其伟大幽美,一是天上的繁星,一是我们心里的道德律"[1],指出美的内涵极广,不仅包含内在的道德性,也应包含客观世界的外在形象,即艺术图画的意境美。随后,两人的这一争论,引起了马克思主义美学家们的注意,周扬肯定了梁实秋关于文学与人生之间关系的强调,但他认为梁实秋并没有对以朱光潜为代表的旧美学观念作出批判。因为,在他看来,西方现代美学便是一种"主观化,形式化,神秘化"的旧美学,人们应沿着唯物论的线索建立一种基于现实的历史的运动和斗争之上的"新美学"。周扬的这一"新美学"构想,在20世纪40年代由蔡仪完成。蔡仪在《新美学》开篇中就写道:旧美学已完全暴露了它的矛盾,而自己的新美学是以新的方法建立新的体系。这新的方法就是以"美在客观事物"与"美在典型"为美学观树立的"客观派"的美学大旗,于是,蔡仪也被称为"中国现代第一个依据自己的思考去表述自己的有系统的美学思想的学者"[2]。

新中国成立后,包括美学在内的各个学科领域的知识都须经过马克思主义基本原理的改造与整合,实现社会意识形态的马克思主义中国化。在五六十年代发生在美学领域的典型事件便是那场"美学大讨论"。这主要起始于新中国成立初期对主张"美在主客观合一"的朱光潜唯心论美学思想的斗争,于是在50年代末引发了这场关于美的本质的大讨论。因诸美学家的观点不一,催生了中国现代美学史上著名的四大派:以吕荧和高尔泰为代表的主观派美学,以蔡仪为代表的客观派美学,以朱光潜为代表的主客统一派美学和以李泽厚为代表的实践派美学主张。这场大讨论虽然由朱光潜的自我批判引发,但吕荧、高尔泰主张的唯心论的美的本质论观念自然受到批判,持美在客观论的蔡仪,主张美是离开主体性存在的物质属性,也受到庸俗唯物论和客观唯心论的批判,只有强调美是一种社会实践、社会价值的实践论观点,被认为既坚持了美的客观性,又通过"社会""实践"和"价值"巧妙地包容了主观性,并且可以从马克思著作中找到理论证据的实践派,由此占据着政治正确的制高点。自此,实践派美学发展起来,成为了20世纪末中国美学发展的主流形态。

然而进入20世纪90年代以后,实践派美学逐渐成为各种非实践美学思

〔1〕 朱光潜.朱光潜全集(第8卷)〔M〕.合肥:安徽教育出版社,2008,323.
〔2〕 杜书瀛.美学家蔡仪学术小传〔J〕.美与时代(下),2011(12):5—9.

想批评及解构的众矢之的。实践美学虽然取得了一些有价值的理论成果及追求主客二元和解的努力，但由于仍是从主客二分的认识论框架中分析美，并将人的审美活动等同于实践活动，也因此忽视了人的生命存在和美本身的形上性，于是，"实践美学"一统天下的格局出现了松动，在美学内部出现了变革的要求。在这一变革要求中，现象学美学占有重要地位。正如有的学者所指出的那样，"虽然从20世纪80年代以来，当代西方美学思想思潮被大量介绍到中国，但真正被很好地给予解读并运用到中国当代美学理论实践中的并不多，现象学美学可以说是一个例外"[1]。彭锋在其著作《引进与变异——西方美学在中国》(2006)中也曾提到这一特殊现象，并指出中国新时期美学之所以将目光投向现象学美学，而现象学美学能够促进中国新时期美学发展的原因正在于：一是现象学美学本身的主导思想和方法便是要求"面向事物本身"、直面存在、感性直观等，这些范畴都有助于破除西方传统的主客二分和本质主义的思维方式；二是中国传统美学与现象学美学之间存在着某种契合，正如勒卢瓦所指出的，中国哲学的思维方式与西方近代哲学中的主体性思维不同，它不占有自然和世界，而是强调双方主体间的交流与对话。这一点越来越成为中国美学界的共识，如现象学美学所强调的审美的原发性与构成性、重视审美的感性直观和生命体验与中国传统哲学美学思想有许多相通之处，因此也深感共鸣。所以，借鉴和参照现象学美学的方法，不仅有助于中国传统美学思想的研究，还有助于克服中国现代美学发展中的主客二分倾向。这对于中国美学的发展来说，未必不是一种有效的中西互释方式。

二、从生命美学到现象学美学：中国美学的
出路与宗白华美学思想的启示

叶朗在《从朱光潜"接着讲"——纪念朱光潜、宗白华诞辰一百周年》中指出，中国当代美学应从朱光潜"接着讲"，这并不是说朱光潜美学比宗白华美学更现代，而是由于朱光潜的美学研究反映了西方美学的现代发展趋势，即从"主客二分"的美学思维模式走向"天人合一"的体验式美学特征。但是，叶朗

─────────

〔1〕　毛宣国.现象学美学的接受与中国新时期美学基本理论的建构[J].学术月刊，2012(2)：95—105.

指出,朱光潜美学最终并没有完成从古典到现代的转折,这可以从他后期对"美"下的定义看出,即"美是客观方面某些事物、性质和形状适合主观方面意识形态,可以交融在一起而成为一个完整形象的那种特质"〔1〕。由此可见,"主客二分"仍是朱光潜美学中最本源的关系,"他没有从古典哲学的视野彻底转移到以人生存于世界之中并与世界相融合这样一种现代哲学的'天人合一'的视野"〔2〕。20 世纪五六十年代的那场美学大讨论所产生的美学四大派别,也仍是基于认识论前提,将哲学领域中的唯物论与唯心论的斗争简单地搬到美学领域中来,他们都没有超越朱光潜的美学,因为他们没有真正克服朱光潜美学中的二元对立思维模式。而宗白华美学本身就立足于中国古代的这种"天人合一"式的生命哲学思维基础之上,这也可以从他对美下的定义中看出,宗白华说道,"美与美术的源泉是人类最深心灵与他的环境相触相感时的波动"〔3〕。由此可见,在叶朗看来,宗白华的美学形态虽然是传统式的,但他所欲表达的思想内容显然是与西方现代美学相通的。所以,叶朗认为,中国美学需接着朱光潜讲下去,突破主客二分的美学局限,才能把中国美学学科建设继续推向前进。如何突破这一局限,便如有的学者所说,我们已经在主客二分的迷雾中延误了一百年,"现在我们必须迷途知返,接着胡塞尔、海德格尔讲,接着庄子、禅宗讲,不如此,我们就无法走出美学的误区"〔4〕。

　　宗白华与所有同时代的中国美学家一样,也经常从西方学者那里借鉴并汲取在他看来最能为我所用的东西。然后,在汲取之后,不同的诠释会产生不同的"效果历史"。不同于王国维和蔡元培从康德和叔本华那里拿来自律性美学,在 20 世纪初,他除了拿来康德的先验认识论、叔本华的伦理美学之外,还从柏格森那里拿来生命哲学,在 20 年代,他主要带回了德国文化哲学思想和现代艺术学思想,自 1925 年留学归来后,正如他在欧洲学习时所说的,回国后先拿一二十年研究中国的艺术和文化,因而在 30 年代,他主要专心研究中国的哲学思想,此后便开始中西方思想的比较研究,努力建构中国画论、诗论、建筑等各具体门类的美学思想,并试图找到将这些艺术门类美学思想总合起来

〔1〕　朱光潜. 朱光潜全集(第 5 卷)[M]. 合肥:安徽教育出版社,1989:80.
〔2〕　叶朗. 从朱光潜"接着讲"——纪念朱光潜、宗白华诞辰一百周年[J]. 北京大学学报,1997(5):69—78+158.
〔3〕　宗白华. 宗白华全集(第 2 卷)[M]. 合肥:安徽教育出版社,2008:43.
〔4〕　潘知常. 生命美学论纲:在阐释中理解当代生命美学[M]. 郑州:郑州大学出版社,2002:43.

的一些概念、范畴。在 20 世纪 40 年代他还汲取了海德格尔的存在主义哲学思想，以及现代派艺术思想。据林同华记载，宗白华在 20 世纪 20 年代就已经开始研究现代艺术，对马蒂斯、毕加索、康定斯基、蒙德里安等现代派艺术家都有精心的研究。《宗白华全集》收录的译文中，还有 20 世纪 70 年代末翻译并出版的一部宝贵的《欧洲现代画派画论选》，译文中详述了现代艺术产生的背景及美学重心的转移，涉及的艺术派别包括印象主义、后印象主义、未来派、立体主义、超现实主义等等，宗白华尤其对塞尚和马蒂斯的美学思想深感契合。塞尚的绘画是被他常常挂在那简陋而富有书香味的书斋里的，而对于马蒂斯的绘画，他自述道，曾在三四十年代就说过，以马蒂斯为代表的这些现代派画家厌倦了对自然表象的刻画，他们以天真原始的心灵来探求那自然生命的核心，因而宗白华认为，这些现代派艺术是很有价值的。刘小枫在宗白华逝世一周年后所写的《湖畔漫步的美学老人——忆宗白华师》中，也证明了宗白华对西方现代美学，尤其是存在主义美学与现象学美学也极为了解。"宗先生的书架上陈放着海德格尔的著作《存在与时间》以及狄尔泰的著作，版本均为二三十年代。这使我颇感吃惊。"[1]刘小枫指出，就我国 20 世纪上半叶的学术情形来看，对西方文化的方法、范畴和价值尺规的借用，实际上并没有进入现代形态，虽有引进欧洲大陆的最新学术成果，但深入细致了解的并不多，至于宗教哲学则仍在耽误。而宗白华 20 世纪 40 年代就曾在南京大学讲过一点海德格尔，他认为海德格尔与中国人的思想很近，重视实践人生，重视生活体验，这很符合中国人的口味。而且在 70 年代时，宗白华还翻译了关于海德格尔的一些资料。由此可见，宗白华从西方"拿来"的东西是非常有选择性的，在他看来都是最富有现代性的、最新、最好的东西，这就是关涉生命、关涉人生的学问。在其整个美学思想发展中，西方的生命哲学美学始终贯穿其中。由于生命的存在、人生的意义始终伴随着人类历史的发展，是需要人们不断去追问的东西，因而，与那些随着时间的流逝而被遗忘和否定的美学家相比，宗白华随着时代变迁反而不断被人们再发现、再肯定。

在西方，与其他美学流派相比，生命哲学美学是一个外延更加广泛的学派，这是由于，凡是关涉人的存在与生命价值的学问都可以被囊括在生命哲学美学流派之中。它以"直观""体验""感悟"等非理性方式来把握世界的本真存

---

[1]　刘小枫. 湖畔漫步的美学老人：忆念宗白华师[J]. 读书，1988(1)：113—120.

在,而不是如西方一直以来的唯理主义哲学那样,以理性逻辑来探究宇宙世界的本原。因此,如若从西方生命哲学思潮的源头算起,可以说包括康德、席勒、叔本华、尼采、狄尔泰、柏格森、海德格尔、梅洛-庞蒂等在内的哲学家都属于生命哲学美学派别。宗白华所接受的也正是这些哲学家的美学思想。宗白华曾将西方近代哲学的发展描述为:"笛卡尔,欲以批评及怀疑为方法,以建立理性之根基。休谟破析之,终于毁灭之,打开'信仰''情绪'之地位。然两方终未能和谐。康德以理性检讨理性,成立批评哲学,亦欲打开实践道德之地位,及信仰之地位,叔本华发现'盲目的生存意志',而无视生命本身具条理与意义及价值(生生而条理)。黑格尔,使'理性'流动了,发展了,生动了。而仍为欲以逻辑精神控制及网罗生命。"[1]可以说,宗白华从康德这个现代美学的开创者检讨西方哲学和美学是非常深刻的。如前文中已经指出的,西方哲学经历了从古典哲学的本体论研究转向近代哲学的认识论研究,这一方面使得西方自古希腊以来的唯理哲学传统得到了加强,另一方面,自笛卡尔提出"我思故我在"之后,经黑格尔的主体性哲学原则的建立,主体性遂成为近代西方哲学的轴心,主客二分的对立也随之产生。也正是在这一时期,发展至顶峰的古典理性主义哲学开始遭到各种非理性主义思潮的挑战,其中以叔本华、尼采为代表的生命哲学美学最为明显。它的源头可以追溯到德国古典主义哲学时期的康德,他最先对理性进行质疑,并发现了人的感性能力。康德的批判哲学将现象界与本体界区分开来,认为人的理智能力只能认识现象界,关于本体界,我们不可知,那么我们又是以何种方式来把握本体世界的呢? 康德继而发现了人的感性能力,也即通过审美直观,经由感性体认开始,进而达到观念认知。接着,席勒发展了康德的这一思想,提出以形式化的游戏冲动来统率人的感性冲动与理性冲动。由此,席勒的"游戏说"与康德的"审美直观"将人的感性能力安放在了哲学的殿堂之中。正是沿着康德与席勒的这条道路,生命哲学美学才开始在一个全新的领域逐渐萌芽壮大起来。这就是以叔本华、尼采为代表的西方狭义的生命哲学美学派别。叔本华则上承康德哲学,进一步将存在视为作为意志与表象的世界,认为只有生命才能体验到世界的本质。但是,宗白华指出,叔本华虽然发现了人的生存意志,但他忽视了生命本身的条理性与自身价值。黑格尔的辩证法虽然使得理性流动了,但在宗白华看来,他仍是欲以

---

〔1〕 宗白华.宗白华全集(第1卷)[M].合肥:安徽教育出版社,2008:585—586.

逻辑精神控制及网罗生命，无法从根本上将纯理界、道德界、美学界三者真正贯通起来，实现生命的整体观照。由此，我们可以发现，宗白华检讨自康德以来的西方近代哲学发展的原因在于，他要找寻一种在他看来富有感性的、生生不息的、创造性的东西，这就是关涉人的生命的学问。

正如前面已经讲过的，宗白华早期主要出于一种创造"少年中国"的需要，在 1919 年 11 月发表的《谈柏格森"创化论"杂感》中，他明确说道："柏格森的创化论中深含着一种伟大入世的精神，创造进化的意志。最适宜做我们中国青年的宇宙观。"[1]这也是宗白华首次提到柏格森的生命哲学观，他认为，柏格森对创化的、绵延的生命的主张，有助于鼓吹一种积极向上的人生观。如果说宗白华早期对生命的关注还仅仅是出于现实的需要，源于他的一种本能的诗人气质的话，那么在游历欧洲之后，他不仅明确提出了关于宇宙本质的"活力生命"观，还注意到了艺术创造与生命动象之间的关系。这可见于 1921 年发表的《看了罗丹雕刻以后》这篇文章中。宗白华自述道，他在看完罗丹雕刻以后，关于艺术的直觉反而变得更加深沉了。在他看来，"大自然中有一种不可思议的活力，推动无机界以入于有机界，从有机界以至于最高的生命、理性、情绪、感觉。这个活力是一切生命的源泉，也是一切'美'的源泉"[2]。也即运动是一切自然生命的存在本体，它是一切现象界的终极状态。然而，更重要的是，宗白华提出了"动象"这一概念，在前面我们已经论述过，"象"作为形而上与形而下之间的重要媒介而存在。因此，在宗白华看来，要把握住生命的本体，需要将生命的动象表现出来。这也就是说，离开了表现生命形态的"动象"，我们便无法进入自然生命的核心，客观实际的本真状态也无法得到真实的呈现。宗白华进一步指出，动象"积微成著，瞬息变化，不可捉摸"[3]，它既不是客观存在的事物，也不是人的主观建构的对象，而是在"瞬息变化"中作为人的感受对象和经验对象存在着的。从这个意义上来说，我们可以发现宗白华之所以反复强调运动是生命的存在状态，并主张大自然中有一种不可思议的精神，其原因就在于他认为自然生命的实现，离不开人的经验活动，简言之，自然生命的实现同时也必定依赖人的生命经验，只有经过人的主体性作用，才能引导人真正把握并进入生命本质的最深心灵。

---

〔1〕　宗白华.宗白华全集(第 1 卷)[M].合肥：安徽教育出版社,2008：79.

〔2〕　宗白华.宗白华全集(第 1 卷)[M].合肥：安徽教育出版社,2008：310.

〔3〕　宗白华.宗白华全集(第 1 卷)[M].合肥：安徽教育出版社,2008：312.

由此,宗白华指出,这种"动象"是艺术最后、最深的目的,艺术若要表现自然之真,只有表现出这一动象,才能真正地同自然生命运动的表现联系在一起。这可以从宗白华对歌德创造的艺术理论阐述中看到。在 1932 年发表的《歌德之人生启示》中,宗白华指出,艺术创造的过程实际上就是一个个生命的动与造物之动相触相感时的交响曲,而歌德就是以整个生命的情绪来体验浸沉于理性精神之下的永恒活跃的生命本体。所以,在艺术创作中,歌德极力打破心与境的对立。"他不去描绘一个景,而景物历落飘摇,浮沉隐显在他的词句中间。他不愿直说他的情意,而他的情意缠绵,宛转流露于音韵节奏的起落里面。他激昂时,文字境界节律音调无不激越兴起;他低徊留恋时,他的歌辞如泣如诉,如怨如慕,令人一往情深,不能自已。"[1]由此可见,宗白华认为,歌德的艺术品创造不仅将宇宙本真的动与个人生命的探索联系在一起,而且还指出了歌德对这一生命之动象的积极发现。那么到这里,我们可以看到,艺术创造与生命本体论的逻辑关系在宗白华美学思想中得以清晰表达:一方面,客观宇宙实际在本质上就是一个"真"的存在,审美创造的真实性就立足于这一生命本体基础之上;与此相应,另一方面,艺术的最终目的便表现为把握宇宙真际,启示真理。这也正是前文中所说的艺术三种价值中的最高价值,即"启示的价值"。宗白华指出,艺术创造必须充满内在"真力",在审美直观中发现宇宙、社会和人类生活的核心精神,"一切艺术虽是趋向音乐,止于至美,然而它最深最后的基础仍是在'真'与'诚'"[2]。这也是艺术超越自然表象而实现自身真理性生命启示的要义所在。也正是在这个意义上,宗白华强调"艺术家创造一个艺术品的过程,就是一段自然创造的过程。并且是一种最高级的、最完满的自然创造的过程"[3]。由此可见,宗白华对于艺术与生命的研究,从一开始就是在审美创造的高度引入了真实性的要求,并将这一"真实性"的前提安置在本体真实的基础之上,企图将艺术引入形而上的价值高度,也由此为艺术创造和艺术欣赏奠定了本体论基础。

固然,从柏格森的生命创化论、罗丹的雕塑、歌德的人生启示中,宗白华获得了生命美学思想的启迪,但他要从这种启示中看到自己的"面孔"。所以,从自然生命的动象引向艺术创造的真实之境,还只是宗白华美学思想的第一步,

〔1〕 宗白华.宗白华全集(第 2 卷)[M].合肥:安徽教育出版社,2008:16—17.
〔2〕 宗白华.宗白华全集(第 2 卷)[M].合肥:安徽教育出版社,2008:112.
〔3〕 宗白华.宗白华全集(第 1 卷)[M].合肥:安徽教育出版社,2008:189—190.

他并不餍足于此，同本体生命真实内在一体的是他对这一本体真实的具体理解，即对内在于世界之真的活跃生命精神的研究。宗白华在中国文化中发现了这种生命精神。直接的文化交往会改变人们对现代和传统的认知。宗白华在德国亲身感受了东西方文化的"对流"，得以"借外人的镜子照自己的面孔"，从而发现了中国文化中的"宇宙旋律"和"生命节奏"。在 20 世纪 30 年代以后，宗白华开始转向对中国生命哲学思想的研究和探索。在西方，柏格森的生命哲学观尽管强调绵延性、创造性，但它是无条理的，最终会引人导向企求无限的欲望之中，失去了生命的和谐。因此，宗白华说道，中国人在这天地往来的四时节奏中，"感到宇宙全体是大生命的流行，其本身就是节奏与和谐，人类社会生活里的礼和乐，是反射着天地的节奏与和谐，一切的艺术境界都扎根于此"[1]。宗白华不仅在中国文化中发现了一种"最高度的把握生命，和最深度的体验生命的精神境界"[2]，同时还深刻地领会到了由这一生命本身进入世界最深根源的证悟，而一切艺术创造无非是对这一存在本身的"真实性"的特殊把握。由此，对于宗白华来说，所谓艺术的最深目的在于"真"与"诚"的最终用意即表现在这里。总而言之，艺术审美创造的真实性，一方面根源于运动着的生命的本体真实，另一方面指示着只有表现了这一内在生命的动象，艺术才能获得自身存在和发展的根基。

从中西生命哲学背景出发，在审美创造的高度，自觉引导艺术最终走向自身的真实之境，可以说是宗白华对中国传统文化精神的伟大发现。这一对生命存在本身的真实性追求，在西方直到后印象主义画派那里才得到表现。宗白华指出，这一诱导远离现象世界追求纯粹艺术真实性的"关节点"，可以从后印象派画家塞尚的绘画美学思想中看到。林同华说道："宗先生生前爱好塞尚的作品，更喜爱以真情实感，去体验他的绘画美学观。"[3]宗白华指出，塞尚的作品，使得包括西方人自身在内的大多数人都感到惊奇，有些人甚至表现出惊慌失措的情绪，其实塞尚只是通过某种超感觉的印象，表达出自然和人生的最深层意义罢了。海德格尔曾在《艺术作品的本源》后记中写道："西方艺术的本质的历史相应于真理之本质的转换。"[4]也即西方艺术史演变的本质与真理

---

〔1〕　宗白华.宗白华全集(第 2 卷)[M].合肥:安徽教育出版社,2008:413.
〔2〕　宗白华.宗白华全集(第 2 卷)[M].合肥:安徽教育出版社,2008:411.
〔3〕　宗白华.宗白华全集(第 4 卷)[M].合肥:安徽教育出版社,2008:788.
〔4〕　[德]海德格尔.林中路[M].孙周兴,译.上海:上海译文出版社,2008:60.

演变的本质不谋而合。塞尚所面临的艺术真实观,其背后正是自柏拉图以来的西方哲学传统,以为那作为本体存在的最高理念才是不变的真实,对于它我们永远不可知,现象界所见到的世界表象则属于假相。由此,艺术创造中"何为真"的问题也成为西方艺术传统中的一个基本命题,自古希腊哲学家柏拉图提出的"模仿说",文艺复兴到印象主义以前的写实性绘画的每一阶段都显示出西方传统绘画求真的伟大历程。自印象派开始追逐光影的视觉真实以来,摆在他们面前的便不再是一个已被理解的世界,而是需要艺术家自身对世界进行解说,仅仅通过他的艺术手段来寻找世界的秩序、意义与完整性,来指示那存在于世界内的意义,并使它能够被显现出来或使人猜测到,从而克服我与自然、内心与世界的距离。

　　而发展至后印象派画家塞尚那里,他已经不满足于单纯的视觉真实,而是要努力探寻自然存在本身的真实,也由此将人的主体意识首次带入视觉直观之中,追求在主客合一中重新构建"存在的真实",以实现理性与直觉的统一。塞尚的绘画美学是一种追求存在根源的艺术形而上学观,它的背后以西方现象学美学为理论支撑。我们知道,西方近代美学由于受制于主客二分的思维模式,因此一般倾向于从认识论来看待人的审美经验问题。与之不同的是,现象学美学的主体间性思维,不再把对象视作客体而存在,而是与人一样,乃充满生机的另一主体性存在。人与对象之间不再是一种认识论关系,而是一种本体论意义上的可以相互交流的两个主体性存在,那么,主客之间、身心之间的对立便被取消了。正如梅洛-庞蒂所说的:"我通过我的身体进入到那些事物中间去,它们也像肉体化的主体一样与我共同存在。"[1]在这里,我们需要注意的是,梅洛-庞蒂所说的肉体是指身心合一的人。与此同时,这里将所谓的对象视为一准主体,并不是说它具有人的意识及反思能力,而是将它看作一个有自身生命的存在物。这与以往通过主体来赋予对象以生命的认识论不同,它是指当我们与客观存在的对象处于一种本源性的交流状态的时候,对象自身就自动拥有了生命,作为自身的主体而存在。梅洛-庞蒂曾以塞尚绘画为对象揭示了这种关系的相互作用机制,这主要表现为,当塞尚在进行艺术创作的时候,无论是描写景物,还是刻画圣维克多山,他都没有将自身与所要表现

---

〔1〕 Merleau-Ponty. Phenomenology of Perception, trans. by Collin Smith, London Routledge & Degan Paul,1962:185.

的对象区别开来，也没有人为地将身与心、思想与感觉置于一种对立状态，而是以一种本真状态回到了这种原初经验之中。画家被对象包围着，并且画家与对象处于一种互相凝视之中。梅洛-庞蒂进而指出，正如塞尚自己所说的，"是风景在我身上思考，我是它的意识"[1]。

　　由此可见，在学界普遍认同的宗白华生命哲学思想中包含着以柏格森为代表的生命哲学和以《周易》为代表的中国生命哲学以外，还表现出对现代美学，也即存在主义哲学和现象学美学思想的接受。它显示了宗白华生命哲学美学思想的最终完形。通过现象学思维方式，宗白华最终将人的现代性问题与学术话语的中华性问题联系在了一起，既突破了西方近代美学中的二元对立思维模式，又实现了中国美学话语的现代更新。我们可以肯定地说，宗白华美学不仅仅是一种古典形态的美学，它实际上融合了自康德以来的德国古典哲学思想和现代存在主义—现象学美学思想，并将它们与中国古典美学有机地结合在一起，从而建构了一种寻求生命境界的美学形态。这种美学既是现代的，也是中国的。宗白华美学之所以采取散步的方法，也许正源于此，正如塞尚不停地用他手中的画笔无限接近那不可言说的宇宙生命本体一样，宗白华用自由自在的散步，以感性直观的方式，切实参与到生命的创造过程中去，或许才能更好地把握那活生生的生命本体。

三、小结

　　在宗白华这里，中国与西方之间的差异并不仅仅是人种与国别的差异，而且是具有不同文化特性的两种实体类别的差异，因为文化是中西差异的主要根源。宗白华既不同于美学家王国维后期转向对西方哲学的强烈抵触来探寻中国文化的出路，也不同于文化批评家鲁迅对传统的抗拒来探求中国现代社会的出路问题，而是以其诗人气质的敏感，在切实的体验与感受中，在包容与接纳中西文化的异质性中为中国文化的出路探寻到方向，并最终完成了对中国美学的现代话语建构。

　　在宗白华那里，"中华性"与"现代性"不再是一对非此即彼、不可调和的矛

---

〔1〕　[法]梅洛-庞蒂. 眼与心[M]. 刘韵涵，译. 北京：中国社会科学出版社，1993：51.

盾体,而是互为存在的。一方面,宗白华坚持认为将来的世界美学必定是各美其美,美美与共,不拘于一时一地的艺术表现,乃综合古今中外东西方美学思想,同时又能突出每一文化固有的精神气质;另一方面现代文化并不仅仅指西方文化,换言之,西方文化并不是现代文化的代名词,文化现代性中应有中国文化的存在。尽管西方近代文化为我们带来一种新的生命情绪,但以技术理性占主导的西方却用它来征服自然和落后的民族,以厮杀之声暴露人性的丑恶。宗白华对这种以主体性哲学为特色的西方近代精神是持否定态度的,在他看来,这种技术理性的单向度发展最终会使人类退回到原始的野蛮状态。宗白华美学的最终目标是要建立一个和谐的全人类的生命状态,使人类全体具有一种中国美学的"旋律美",使全世界的生命都能得以提升,这便是中国的艺术心灵,也即中华美学精神的展现。这充分体现了宗白华对中华文化、中国美学的自信。他认为在这未来世界的文化花园里,继之者当是优美可爱的"中国精神",并强调"我们并不希求拿我们的精神征服世界,我们盼望世界上各型的文化人生能各尽其美,而止于其至善,这恐怕也是真正的中国精神"[1]。

---

〔1〕 宗白华.宗白华全集(第 2 卷)[M].合肥:安徽教育出版社,2008:242.

主要参考文献

中文著作

[1] 陈文忠.美学领域中的中国学人[M].合肥:安徽教育出版社,2001.

[2] 陈平.李格尔与艺术科学[M].杭州:中国美术学院出版社,2002.

[3] 邓晓芒.康德哲学讲演录[M].桂林:广西师范大学出版社,2005.

[4] 董首一等著.跨文化比较视野下:中国当代艺术的"失语"及重建[M].成都:四川大学出版社,2014.

[5] 顾毓琇.顾毓琇全集(第8卷)[M].沈阳:辽宁教育出版社,2000.

[6] 高力克.五四的思想世界[M].上海:学林出版社,2003.

[7] 高建平,王柯平编.美学与文化·东方与西方[M].合肥:安徽教育出版社,2006.

[8] 郭熙.林泉高致[M].郑州:中州古籍出版社,2012.

[9] 胡适.胡适留学日记[M].台北:台北商务印书馆,1959.

[10] 胡适.中国文艺复兴:胡适演讲集(一)[M].北京:北京大学出版社,2013.

[11] 贺麟.贺麟选集[M].长春:吉林人民出版社,2005.

[12] 胡继华.宗白华:文化幽怀与审美象征[M].北京:文津出版社,2005.

[13] 胡继华.中国文化精神的审美维度:宗白华美学思想简论[M].北京:北京大学出版社,2009.

[14] 黄惇.艺术学研究(第2卷)[M].南京:南京大学出版社,2008.

[15] 胡经之.文艺美学及文化美学[M].上海:复旦大学出版社,2016.

[16] 江溶,朱良志编选.西洋景[M].北京:北京大学出版社,2013.

[17] 李泽厚.批判哲学的批判——康德述评[M].北京:人民出版社,1979.

[18] 林同华.宗白华美学思想研究[M].沈阳:辽宁人民出版社,1987.

[19] 梁启超.清代学术概论[M].北京:东方出版社,1996.

[20] 刘小枫.这一代人的怕和爱[M].北京:生活·读书·新知三联书店,1996.

[21] 刘小枫.现代社会理论绪论:现代性与现代中国[M].上海:上海三联书店,1998.

[22] 刘小枫.诗化哲学[M].上海:华东师范大学出版社,2007.

[23] 李欧梵.徘徊在现代和后现代之间[M].上海:上海三联书店,2000.

[24] 李欧梵.未完成的现代性[M].北京:北京大学出版社,2005.

[25] 李世涛,主编.知识分子立场:激进与保守之间的动荡[M].长春:时代文艺出版

社,2000.

[26] 李世涛,主编. 知识分子立场:民族主义与转型期中国的命运[M]. 长春:时代文艺出版社,2000.

[27] 李世涛,主编. 知识分子立场:自由主义与中国思想界的文化[M]. 长春:时代文艺出版社,2002.

[28] 李欧梵. 现代性的追求[M]. 北京:生活・读书・新知三联书店,2000.

[29] 李泽厚. 中国现代思想史论[M]. 天津:天津社会科学院出版社,2003.

[30] 罗志田. 激变时代的文化与政治[M]. 北京:北京大学出版社,2006.

[31] 李建盛. 艺术学关键词[M]. 北京:北京师范大学出版社,2007.

[32] 李泽厚. 中国近代思想史论[M]. 北京:生活・读书・新知三联书店,2008.

[33] 李昌舒. 意境的哲学基础[M]. 北京:社会科学文献出版社,2008.

[34] 陆杰荣. 形而上学研究的几个问题[M]. 北京:中国社会科学出版社,2012.

[35] 老子. 老子[M]. [汉]河上公注,[三国]王弼注. 上海:上海古籍出版社,2013.

[36] 李长之. 迎中国的文艺复兴[M]. 北京:商务印书馆,2013.

[37] 刘萱. 自由生命的创化——宗白华美学思想研究[M]. 沈阳:辽宁人民出版社,2013.

[38] 李泽厚. 美的历程[M]. 北京:生活・读书・新知三联书店,2014.

[39] 马驰. 马克思主义美学传播史[M]. 桂林:漓江出版社,2001.

[40] 马驰. 艰难的革命:马克思主义美学在中国[M]. 北京:首都师范大学出版社,2006.

[41] 龚鹏程. 美学在台湾的发展[M]. 嘉义县大林镇:南华管理学院,1998.

[42] 欧阳文风. 现代性视野下的宗白华诗学研究[M]. 成都:电子科技大学出版社,2014.

[43] 潘知常. 生命美学论稿:在阐释中理解当代生命美学[M]. 郑州:郑州大学出版社,2002.

[44] 庞朴. 庞朴文集(第4卷)[M]. 济南:山东大学出版社,2005.

[45] 彭富春. 哲学美学导论[M]. 北京:人民出版社,2005.

[46] 彭锋. 回归——当代美学的11个问题[M]. 北京:北京大学出版社,2009.

[47] 沈宁编. 滕固艺术文集[M]. 上海:上海人民美术出版社,2003.

[48] 沈语冰. 透支的想象:现代性哲学引论[M]. 上海:学林出版社,2003.

[49] 史作柽. 塞尚艺术的哲学随想[M]. 北京:北京大学出版社,2005.

[50] 沈语冰. 20世纪艺术批评[M]. 杭州:中国美术学院出版社,2009.

[51] 时宏宇. 宗白华与中国当代艺术学的建设[M]. 济南:山东人民出版社,2014.

[52] 田汉. 田汉文集[M]. 北京:中国戏剧出版社,1983.

[53] 汤拥华. 西方现象学美学局限研究[M]. 哈尔滨:黑龙江人民出版社,2005.

[54] 滕守尧,主编. 美学(第2卷)[M]. 南京:南京出版社,2008.

[55] 田智祥. 宗白华的精神人格与美学之路[M]. 天津:南开大学出版社,2010.

[56] 汤拥华. 宗白华与"中国美学"的困境:一个反思性的考察[M]. 北京:北京大学出版社,2010.

[57] 王岳川,尚水,编. 后现代主义文化与美学[M]. 北京:北京大学出版社,1992.

[58] 王德胜. 宗白华评传[M]. 北京:商务印书馆,2001.

[59] 汪裕雄,桑农. 艺境无涯:宗白华美学思想臆解[M]. 合肥:安徽教育出版社,2002.

[60] 王进进. 宗白华美学思想述评[M]. 郑州:郑州大学出版社,2006.

[61] 王德胜. 散步美学:宗白华美学思想新探[M]. 台北:台湾商务印书馆,2007.

[62] 王岳川. 当代西方最新文论教程[M]. 上海:复旦大学出版社,2008.

[63] 王云亮. 话语的转型——以宗白华的中国画理论为解析案例[M]. 北京:文化艺术出版社,2008.

[64] 王怀平. 美学散步:宗白华美学研究方法与风格新探[M]. 合肥:合肥工业大学出版社,2009.

[65] 王德胜. 宗白华美学思想研究[M]. 北京:商务印书馆,2012.

[66] 夏铸九,编译. 空间的文化形式与社会理论读本[M]. 台北:明文书局,1989.

[67] 夏中义. 王国维:世纪苦魂[M]. 北京:北京大学出版社,2006.

[68] 夏中义. 朱光潜美学十辩[M]. 北京:商务印书馆,2011.

[69] 徐复观. 中国艺术精神[M]. 北京:商务印书馆,2010.

[70] 许纪霖. 当代中国的启蒙与反启蒙[M]. 北京:社会科学文献出版社,2011.

[71] 萧湛. 双峰并峙二水分流:朱光潜宗白华美学比较研究[M]. 北京:中国社会科学出版社,2011.

[72] 徐岱. 审美正义论[M]. 杭州:浙江工商大学出版社,2014.

[73] 叶朗,主编. 美学的双峰:朱光潜,宗白华美学与中国现代美学[M]. 合肥:安徽教育出版社,1999.

[74] 姚淦铭. 王国维文集[M]. 北京:中国文史出版社,1997.

[75] 余虹. 革命·审美·解构:20世纪中国文学理论的现代性与后现代性[M]. 桂林:广西师范大学出版社,2001.

[76] 阎国忠. 美学建构中的尝试与问题[M]. 合肥:安徽教育出版社,2001.

[77] 叶舒宪. 老子与神话[M]. 西安:陕西人民出版社,2005.

[78] 叶隽. 另一种西学[M]. 北京:北京大学出版社,2005.

[79] 萧湛. 生命·心灵·艺境:论宗白华生命美学之体系[M]. 上海:上海三联书店,2006.

[80] 云慧霞. 宗白华文艺美学思想研究[M]. 北京:中国社会科学出版社,2009.

[81] 云慧霞. 宗白华评传[M]. 合肥:黄山书社,2016.

[82] 余英时. 中国文化的重建[M]. 北京:中信出版社,2011.

[83] 宗白华,田汉,郭沫若. 三叶集[M]. 上海:亚东图书馆,1920.

[84] 宗白华. 歌德研究[M]. 上海:中华书局,1940.

[85] 宗白华. 美学散步[M]. 上海:上海人民出版社,1981.

[86] 宗白华. 美学散步[M]. 台北:洪范书店,1981.

[87] 宗白华. 西方美术名著选译[M]. 合肥:安徽教育出版社,2006.

[88] 宗白华. 美学与意境[M]. 合肥:安徽教育出版社,2006.

[89] 宗白华. 宗白华全集(1—4卷)[M]. 合肥:安徽教育出版社,2008.

[90] 朱志荣. 中国艺术哲学[M]. 上海:华东师范大学出版社,2012.

[91] 邹士方. 宗白华评传[M]. 北京:西苑出版社,2013.

[92] 朱立元. 后现代主义文学理论思潮论稿[M]. 上海:上海人民出版社,2015.

[93] 张泽鸿. 宗白华现代艺术学思想研究[M]. 北京:文化艺术出版社,2015.

[94] 张政文. 德意志审美现代性话语研究[M]. 北京:中国社会科学出版社,2015.

[95] 张允侯,等. 五四时期的社团(1)[M]. 北京:生活·读书·新知三联书店,1979.

［96］周阳山,主编.中国文化的危机与展望:文化传统的重建［M］.台北:时报文化出版事业有限公司,1982.

［97］邹士方,王德胜.朱光潜宗白华论［M］.香港:香港新闻出版社,1987.

［98］朱光潜.朱光潜全集(第8卷)［M］.合肥:安徽教育出版社,1993.

［99］张辉.审美现代性批判［M］.北京:北京大学出版社,1999.

［100］邹华.20世纪中国美学研究［M］.上海:复旦大学出版社,2003.

［101］周宪.审美现代性批判［M］.北京:商务印书馆,2005.

［102］章启群.百年中国美学史略［M］.北京:北京大学出版社,2005.

［103］张岱年.中国哲学大纲［M］.南京:江苏教育出版社,2005.

［104］张岱年.文化与哲学［M］.北京:中国人民大学出版社,2006.

［105］朱狄.当代西方艺术哲学［M］.武汉:武汉大学出版社,2007.

［106］张法.美学的中国话语［M］.北京:北京师范大学出版社,2008.

外国著作

［1］［德］黑格尔.哲学史讲演录(第3卷)［M］.贺麟,王太庆,译.北京:商务印书馆,1959.

［2］［德］黑格尔.精神现象学(上、下)［M］.贺麟,王玖兴,译.北京:商务印书馆,1979.

［3］［德］格罗塞.艺术的起源［M］.蔡慕晖,译.北京:商务印书馆,1984.

［4］［德］沃林格.抽象与移情［M］.王才勇,译.吉林:辽宁人民出版社,1987.

［5］［德］海德格尔.存在与时间［M］.陈嘉映,王庆节,译.北京:生活·读书·三联书店,1987.

［6］［德］玛克斯·德索.美学与艺术理论［M］.兰金仁,译.北京:中国社会科学出版社,1987.

［7］［德］霍克海默,阿多尔诺.启蒙辩证法［M］.洪佩瑜,蔺月峰,译.重庆:重庆出版社,1990.

［8］［德］黑格尔.逻辑学［M］.杨一之,译.北京:商务印书馆,1966.

［9］［德］黑格尔.小逻辑［M］.贺麟,译.北京:商务印书馆,1996.

［10］［德］黑格尔.历史哲学［M］.王造时,译.北京:生活·读书·新知三联书店,1999.

［11］［德］康德.实践理性批判［M］.韩水法,译.北京:商务印书馆,1999.

［12］［德］沃林.文化批评的观念［M］.张国清,译.北京:商务印书馆,2000.

［13］［德］卡西尔.人文科学的逻辑［M］.沉晖,译.北京:中国人民大学出版社,2004.

［14］［德］康德.纯粹理性批判［M］.邓晓芒,译.北京:人民出版社,2004.

［15］［德］海德格尔.林中路［M］.孙周兴,译.上海:上海译文出版社,2008:60.

［16］［德］哈贝马斯.现代性的哲学话语［M］.曹卫东,译.南京:译林出版社,2011.

［17］［德］席勒.审美教育书简［M］.张玉能,译.南京:译林出版社,2012.

［18］［德］斯宾格勒.西方的没落(上)［M］.齐世荣,等,译.北京:群言出版社,2014.

［19］［德］康德.历史理性批判文集［M］.何兆武,译.北京:商务印书馆,2015.

［20］［德］黑格尔.美学(1—4卷)［M］.朱光潜,译.北京:商务印书馆,2015.

［21］［德］康德.判断力批判(上)［M］.宗白华,译.北京:商务印书馆,2016.

［22］［法］柏格森.时间与自由意志［M］.吴士栋,译.北京:商务印书馆,1958.

［23］［法］柏格森.创造进化论［M］.肖聿,译.南京:译林出版社,2014.

［24］［法］杜夫海纳. 美学与哲学［M］. 王至元,译. 北京:中国社会科学出版社,1985.

［25］［法］杜夫海纳. 审美经验现象学［M］. 韩树站,译. 北京:文化艺术出版社,1992.

［26］［法］梅洛-庞蒂. 眼与心［M］. 刘韵涵,译. 北京:中国社会科学出版社,1993:51.

［27］［法］让-弗朗索瓦·利奥塔. 后现代状态:关于知识的报告［M］. 车槿山,译. 北京:生活·读书·新知三联书店,1997.

［28］［法］波德莱尔. 现代生活的画家［M］. 郭宏安,译. 杭州:浙江文艺出版社,2007.

［29］［法］波德莱尔. 波德莱尔美学论文选［M］. 郭宏安,译. 北京:人民文学出版社,2008.

［30］［古希腊］柏拉图. 理想国［M］. 郭斌和,张竹明,译. 北京:商务印书馆,1986.

［31］［古希腊］亚里士多德. 形而上学［M］. 吴寿彭,译. 北京:商务印书馆,1997.

［32］［荷］斯宾诺莎. 伦理学［M］. 贺麟,译. 北京:商务印书馆,1983.

［33］［荷兰］佛克马,伯顿斯编. 走向后现代主义［M］. 王宁,等,译. 北京:北京大学出版社,1991.

［34］［加］泰勒. 自我的根源:现代认同的形成［M］. 韩震,等,译. 南京:译林出版社,2001.

［35］［美］舒衡哲. 中国启蒙运动［M］. 北京:新星出版社,2007.

［36］［美］苏珊·朗格. 艺术问题［M］. 滕守尧,朱疆源,译. 北京:中国社会科学出版社,1983.

［37］［美］H·加登纳. 艺术与人的发展［M］. 兰金仁,译. 北京:光明日报出版社,1988.

［38］［美］J·格里德. 胡适与中国的文艺复兴［M］. 田禾,译. 南京:江苏人民出版社,1989.

［39］［美］李普曼. 当代美学［M］. 邓鹏,译. 北京:光明日报出版社,1986;

［40］［美］詹姆逊. 后现代主义与文化理论［M］. 唐小兵,译. 西安:陕西师范大学出版社,1986.

［41］［美］郝大维,安乐哲. 孔子哲学思微［M］. 蒋弋为,李志林,译. 南京:江苏人民出版社,1996.

［42］［美］詹姆逊. 文化转向［M］. 胡亚敏,等,译. 北京:中国社会科学出版社,2000.

［43］［美］朗格. 情感与形式［M］. 北京:中国社会科学出版社,1986.

［44］［美］帕克. 美学原理［M］. 张今,译. 桂林:广西师范大学出版社,2001.

［45］［美］格里芬,等. 超越解构:建设性后现代哲学的奠基者［M］. 鲍世斌,等,译. 北京:中央编译出版社,2002.

［46］［美］卡罗尔. 超越美学［M］. 李媛媛,译. 北京:商务印书馆,2006.

［47］［美］丹托. 美的滥用——美学与艺术的概念［M］. 王春辰,译. 南京:江苏人民出版社,2007.

［48］［美］萨义德. 东方学［M］. 王宇根,译. 北京:生活·读书·新知三联书店,2007.

［49］［美］吉莱斯皮. 现代性的神学起源［M］. 张卜天,译. 长沙:湖南科学技术出版社,2011.

［50］［美］卡林内斯库. 现代性的五副面孔［M］. 顾爱斌,李瑞华,译. 南京:译林出版社,2015.

［51］［日］竹内敏雄,主编. 美学百科词典［M］. 哈尔滨:黑龙江人民出版社,1986.

［52］［日］福泽谕吉. 文明论概略［M］. 北京编译社,译. 北京:商务印书馆,1997.

［53］［苏］斯卡尔仁斯卡娅. 马克思列宁主义美学［M］. 潘文学,等,译. 北京:中国人民大学出版社,1958.

[54] [苏]列宁选集(1—4卷)[M].北京:人民出版社,2004.

[55] [德]马克思恩格斯选集(1—4卷)[M].北京:人民出版社,2012.

[56] [英]鲍桑葵.美学史[M].张今,译.北京:商务印书馆,1985.

[57] [英]科林伍德.艺术原理[M].王至元,译.北京:中国社会科学出版社,1985.

[58] [英]吉登斯.现代性的后果[M].田禾,译.南京:译林出版社,2000.

[59] [英]佩特.文艺复兴[M].张岩冰,译.桂林:广西师范大学出版社,2000.

[60] [英]伊格尔顿.审美意识形态[M].王杰,等,译.桂林:广西师范大学出版社,2001.

[61] [英]吉登斯.社会学[M].赵旭东,等,译.北京:北京大学出版社,2003.

[62] [英]怀特海.过程与实在(卷1)[M].周邦宪,译.贵阳:贵州人民出版社,2006.

[63] [英]怀特海.思维方式[M].刘放桐,译.北京:商务印书馆,2006.

[64] [英]李斯托威尔.近代美学史评述[M].蒋孔阳,译.合肥:安徽教育出版社,2007.

[65] Gerth H. H., Mlills . C. W *From Max Weber: Essays in Sociology*[M].New York: Oxford University Press,1946.

[66] Foucault M, *Power/Knowledge: Select Interviews and Other Writings* 1972—1977, translated by Colin Gordon. New York:Pantheon,1980.

[67] Berlin I. *The Roots of Romanticism*, New Jersey:Princeton University Press,1999.

期刊

[1] 陈明远.宗白华谈田汉[J].新文学史料,1983(4).

[2] 陈明远.田汉和少年中国学会[J].新文学史料,1985(1).

[3] 曹顺庆.21世纪中国文化发展战略与重建中国文论话语[J].东方丛刊,1995(3).

[4] 陈文忠,李伟.作为学科出现的"一般艺术学"如何可能?[J].艺术探索,2005(2).

[5] 陈望衡.宗白华的生命美学观[J].江海学刊,2001(1).

[6] 程光炜.一个被重构的"西方"——从"现代西方学术文库"看八十年代的知识范式[J].当代文坛,2007(4).

[7] 葛泳波.气化宇宙与音乐之境——宗白华论中国艺术创造的文化哲学基础[J].安徽师范大学学报(人文社会科学版),1999(4).

[8] 顾春芳.宗白华美学思想的超然与在世[J].中国文学批评,2019(1).

[9] 皇甫晓涛.美的结构:"一个流动范畴"的文化系统——从宗白华到林同华看"流动美学"的历史发展及其哲学趋向[J].西北师大学报(社会科学版),1991(1).

[10] 洪俊峰.胡适"五四文艺复兴"说发微[J].厦门大学学报(哲学社会科学版),1995(3).

[11] 侯敏.宗白华与王光祈的友谊与共识[J].文史杂志,2004(6).

[12] 江冬梅.宗白华艺术理论对柏格森的接受和超越[J].江汉论坛,2011(11).

[13] 金浪.儒家礼乐的美学阐释——兼论抗战时期朱光潜与宗白华的美学分野[J].文艺争鸣,2016(11).

[14] 金浪.以"艺术"重构"中国"——重审宗白华抗战时期美学论述的文化之维[J].文艺争鸣,2018(4).

[15] 金浪.从动静文明论到文化形上学——1930—1940年代宗白华营构中国艺术意境的方法论转移[J].文艺研究,2018(4).

[16] 姜海波.理性的区分与传统形而上学的没落[J].杭州师范大学学报(社会科学版),

2019(2).

[17] 王一川.德国"文化心灵"论在中国——以宗白华"中国艺术精神"论为个案[J].北京大学学报,2016(2).

[18] 李泽厚.康德认识论问题的提出[J].文史哲,1978(1).

[19] 李泽厚.关于康德的"物自体"学说[J].哲学研究,1978(6).

[20] 李泽厚.美学散步·序[J].读书,1981(2).

[21] 李杰.宗白华美学思想研究[J].文艺研究,1988(4).

[22] 刘小枫.湖畔漫步的美学老人:忆念宗白华师[J].读书,1988(1).

[23] 李心峰.艺术学的构想[J].文艺研究,1988(1).

[24] 李心峰.国外艺术学:前史、诞生与发展[J].浙江社会科学,1999(4).

[25] 李醒尘.宗白华传略[J].新文学史料,1989(3).

[26] 凌继尧,方丽晗.论我国早期的艺术学研究[J].东南大学学报,2001(3).

[27] 李欧梵,季进.现代性的中国面孔[J].文艺理论研究,2003(6).

[28] 李丽.中西文化交汇碰撞中美学研究的经典范例——宗白华美学研究的目的及方法探析[J].中山大学学报(社会科学版),2003(1).

[29] 蔺熙民.试论宗白华美学的形上范型之获得途径[J].宁夏大学学报(人文社会科学版),2003(1).

[30] 罗钢.意境说是德国美学的中国变体[J].南京大学学报哲学·人文科学·社会科学,2011(5).

[31] 汪民安.俯视与本体论的缺席[J].文艺研究,2019(8).

[32] 李建盛.中国传统与现代性张力中的宗白华美学[J].中国文学研究,2014(3).

[33] 陆杰荣,李凌云.论马克思对传统形而上学"内在根据"的现实破解[J].北方论丛,2017(4).

[34] 李勇.从"中西对照"到"化异归同"——宗白华形上学美学的跨文化阐释[J].文学评论,2019(4).

[35] 刘强强."生生而条理"——宗白华形而上学与艺术思想的深层结构及内在关联[J].美育学刊,2019(3).

[36] 叶朗.宗白华先生七十年前的一段话[J].中国图书评论,1991(1).

[37] 毛宣国.现象学美学的接受与中国新时期美学基本理论的建构[J].学术月刊,2012(2).

[38] 欧阳文风.现代形态的文化诗学——论宗白华的美学思想[J].文艺理论研究,2002(2).

[39] 彭锋.宗白华美学与生命哲学[J].北京大学学报哲学社会科学版,2000(2).

[40] 桑农.宗白华美学与玛克斯·德索之关系[J].安徽师范大学学报,2000(2).

[41] 孙琪."中国艺术精神":问题的提出及其意义[J].学术交流,2006(9).

[42] 时宏宇.道、气、象、和的生命流动——宗白华生命哲学的构建[J].东岳论丛,2012(11).

[43] 汤拥华."审美化生存":宗白华美学思想研究[J].当代作家评论,2001(1).

[44] 汤拥华.方东美与宗白华生命美学的"转向"[J].江西社会科学,2007(1).

[45] 汤拥华.宗白华与"中国形上学"的难题[J].文艺争鸣,2017(3).

［46］唐莉.二元关系·生命美学·自由精神——论宗白华散步美学的潜逻辑体系［J］.天府新论,2005(6).

［47］唐善林."生命的律动"——宗白华"六法"绘画美学思想探微［J］.文艺争鸣,2017(3).

［48］陶水平.20 世纪"中国艺术精神"论的历史生成与当代发展［J］.文艺理论研究,2019(3).

［49］王德胜.阐扬生命运动表现的理论——宗白华艺术审美理论中的"动"［J］.文艺争鸣,2017(3).

［50］汪晖.预言与危机:中国现代历史中的"五四"启蒙运动(上篇)［J］.文学评论,1989(3).

［51］汪晖.预言与危机:中国现代历史中的"五四"启蒙运动(下篇)［J］.文学评论,1989(4).

后　记

　　至此,终于来到本书最重要的地方,至少在我看来,这也是本书最有意义的地方。由于个性使然,我在生活中并不那么善于表达,所以这块宝贵的空白之地,于我显得尤为重要。从进入大学至今已十余载,虽然天生愚钝,所幸这一路走来,总有良师益友相伴,在他们的帮助下我也走得越来越远,请允许我在这里向他们一一表示感谢:

　　首先,感谢我最敬爱的导师文学武教授,非常幸运地能够成为他的第一个博士生,谢谢他对我的包容和支持。虽然他平常不喜多语,但他从不会给学生压迫感,总是能尊重学生的学术自由,给我们以极大的宽容,同时又总能适时地对某些不当之处给予纠正,这首先在心理上就给了我们一种很大的肯定和支持。之所以选择宗白华美学进行研究,缘起于入学时文老师的提议。我刚开始是略有疑虑的,因为宗白华是如此经典的一位美学大家,虽然看似文献不多,而且前辈学人也都做出了很精细的研究,但是若想做出新意,同时又能把握住宗白华美学的精髓,有很大的挑战性。但我还是选择了这一课题,这是由于最初也正是被宗白华所吸引,我才选择走上美学这条道路,我想这也是对我求学生涯的最好总结,而文老师希望我能研究宗白华,这也正是我们师徒缘分的开始。写作前期,为了找到合适的突破口,经历了不断否定再否定的迷茫过程,文老师一直鼓励我,给我信心,最终才有了这部拙作的诞生。所以,这本书的完成首先要感谢我的导师文学武教授。

　　其次,要感谢我在求学生涯中遇到的每一位良师益友,张中良老师、何言宏老师、易存国老师、张全之老师和符杰祥老师,正是他们的不吝赐教,才使得拙作更加完善,感谢他们的肯定。刘佳林老师和尹庆红老师,正是他们课堂上的授业解惑，我的学识才不断长进。感谢姚大勇老师在生活上的帮助，他的真诚和善良，他的仁厚之心都让我铭记在心。

感谢工作中遇到的好同事，江南大学人文学院杨晖教授、郭勇教授、华枫副教授，本书的出版离不开他们的支持与关怀。

东方出版中心张爱民编审、刘叶编辑为本书的编辑出版付出了大量心力，在此一并表示感谢。

在这里，我还要特别感谢我的家人。我的兄长王正义在本书写作过程中给予指导和帮助，他一直是我前行的榜样；我的先生崔亮在背后一直予以极大的支持。

王冰冰

2023 年春